全国高等院校土建类专业实用型规划教材

工程地质学

主　编　贺瑞霞
副主编　高均昭　余　闯
参　编　张彩霞　尹振羽　宋志飞
主　审　孙进忠

中国电力出版社
www.cepp.com.cn

本书系统介绍了工程地质学的基本原理及分析方法，注重基本理论、基本概念的阐述，强调基本原理的工程应用。全书共分 8 章，主要内容包括地质作用及地质构造、岩石及其工程地质性质、岩体及其工程地质性质、土的成因类型及其工程地质性质、地下水及其工程和环境效应、工程动力地质作用与地质灾害、工程地质勘察。

本书可作为普通高等院校土建类专业及相近专业本科教材，也可作为土建工程设计和科研人员以及工程地质、水文地质专业技术人员参考使用。

图书在版编目（CIP）数据

工程地质学/贺瑞霞主编. —北京：中国电力出版社，2010.5（2016.1 重印）
全国高等院校土建类专业实用型规划教材
ISBN 978 - 7 - 5083 - 9672 - 9

Ⅰ．①工…　Ⅱ．①贺…　Ⅲ．①工程地质 - 高等学校 - 教材　Ⅳ．①P642

中国版本图书馆 CIP 数据核字（2009）第 208929 号

中国电力出版社出版发行
北京市东城区北京站西街 19 号　100005　http://www.cepp.com.cn
责任编辑：关　童　未翠霞　电话：010 - 63412603
责任印制：蔺义舟　责任校对：常燕昆
北京丰源印刷厂印刷·各地新华书店经售
2010 年 5 月第 1 版·2016 年 1 月第 4 次印刷
印数：6501—8000 册
787mm×1092mm　1/16·14 印张·344 千字
定价：28.00 元

前　言

工程地质学是高等学校土建类专业必修的一门课程。本书是根据全国高等学校土木工程专业指导委员会对土木工程专业的培养要求和目标，在教学改革和实践基础上编写而成的。本书在编写过程中，充分吸取了近几年来本学科工程技术的新进展，采用了国家及有关行业的最新规范和规程，是一本与新规范相结合的实用型教材。

本书系统介绍了土建类专业应掌握的工程地质基础理论及知识，主要内容包括地质作用与地质构造、岩石及其工程地质性质、岩体及其工程地质性质、土体的成因类型及工程地质性质、地下水及其工程和环境效应、工程动力地质作用与地质灾害、工程地质勘察共8章，每章都附有思考题，书后给出了必要的参考文献。

本书由河南城建学院贺瑞霞任主编，许昌学院高均昭和温州大学余闯任副主编。全书由贺瑞霞统稿。

编写单位及编写人员分工如下：河南城建学院贺瑞霞编写第1章、第6章和第8章，河南城建学院尹振羽编写第2章，佳木斯大学张彩霞编写第3章，温州大学余闯编写第4章，河北工业大学宋志飞编写第5章，许昌学院高均昭编写第7章。

本书由中国地质大学孙进忠教授主审，在此谨表谢意。

限于作者水平，不妥之处在所难免，敬请读者批评指正。

编　者

目　　录

前言

第1章　绪论 ……………………………………………………………… 1

1.1　工程地质学的定义和研究对象 …………………………………… 1

1.1.1　工程地质条件 ……………………………………………… 1

1.1.2　工程地质问题 ……………………………………………… 3

1.2　工程地质学任务 ………………………………………………… 3

1.3　工程地质学研究方法及其与其他学科的关系 …………………… 4

1.4　我国工程地质学科发展简况 ……………………………………… 5

1.5　工程地质学主要特点、研究内容及学习方法 …………………… 5

第2章　地质作用及地质构造 …………………………………………… 7

2.1　地球概况 ………………………………………………………… 7

2.1.1　地球形状 …………………………………………………… 7

2.1.2　地球的圈层构造 …………………………………………… 8

2.2　地质作用 ………………………………………………………… 10

2.2.1　地质作用的能量来源 ……………………………………… 11

2.2.2　地质作用的分类 …………………………………………… 11

2.3　地质年代 ………………………………………………………… 15

2.3.1　地质年代的分类与地质年代的划分 ……………………… 15

2.3.2　相对地质年代的确定 ……………………………………… 15

2.4　地质构造 ………………………………………………………… 18

2.4.1　水平构造和单斜构造 ……………………………………… 19

2.4.2　褶皱构造 …………………………………………………… 20

2.4.3　断裂构造 …………………………………………………… 24

2.5　地质图 …………………………………………………………… 32

2.5.1　地质图的种类 ……………………………………………… 32

2.5.2　地质图的规格和符号 ……………………………………… 33

2.5.3　工程地质图 ………………………………………………… 36

思考题 ……………………………………………………………… 38

第3章　岩石及其工程地质性质 ………………………………………… 39

3.1　岩石的物质组成 ………………………………………………… 39

3.1.1　矿物的概念 ………………………………………………… 39

3.1.2 矿物的鉴定特征 ·· 39

3.1.3 矿物的肉眼鉴定 ·· 43

3.1.4 常见的主要造岩矿物 ······································ 43

3.2 岩石的地质成因 ··· 45

3.2.1 岩浆岩 ·· 45

3.2.2 沉积岩 ·· 51

3.2.3 变质岩 ·· 58

3.3 岩石的工程性质 ··· 63

3.3.1 岩石的物理性质 ·· 63

3.3.2 岩石的水理性质 ·· 64

3.3.3 岩石的力学性质 ·· 65

3.3.4 影响岩石工程地质性质的因素 ······························ 68

3.4 岩石的工程分类 ··· 70

3.4.1 岩石按坚硬程度分类 ······································ 70

3.4.2 岩石按风化程度的分类 ···································· 70

思考题 ·· 71

第4章 岩体及其工程地质性质 ·································· 72

4.1 岩体结构 ·· 72

4.1.1 结构面 ·· 72

4.1.2 结构体 ·· 74

4.1.3 岩体结构类型 ·· 75

4.2 岩体结构面的变形及强度性质 ································· 76

4.2.1 岩体结构面变形性质 ······································ 77

4.2.2 岩体结构面强度性质 ······································ 77

4.3 岩体的力学性质 ··· 80

4.3.1 岩体的变形性质 ·· 80

4.3.2 岩体的强度性质 ·· 81

4.3.3 岩体蠕变 ·· 82

4.3.4 岩体破坏方式与渐进破坏 ·································· 83

4.4 岩体的工程分类 ··· 83

4.4.1 巴顿岩体质量（Q）分类 ·································· 84

4.4.2 岩体地质力学（RMR）分类 ································ 85

4.4.3 按《工程岩体分级标准》（GB 50218—1994）分级 ·········· 86

4.4.4 岩体工程分类的发展趋势 ·································· 89

思考题 ·· 90

第5章 土的成因类型及其工程地质性质 ························ 91

5.1 风化作用及残积土 ··· 91

　　5.1.1　风化作用类型 ·· 91

　　5.1.2　影响岩石风化的因素 ·· 93

　　5.1.3　残积土 ·· 95

5.2　洪流地质作用及洪积土 ·· 96

　　5.2.1　洪流地质作用 ·· 96

　　5.2.2　洪积土 ·· 97

5.3　河流地质作用及冲积土 ·· 97

　　5.3.1　河流地质作用 ·· 98

　　5.3.2　冲积土 ·· 100

5.4　湖泊和沼泽地质作用及湖积土 ······································ 102

5.5　海洋地质作用及海积土 ·· 103

　　5.5.1　海洋地质作用 ·· 103

　　5.5.2　海积土 ·· 105

5.6　冰川地质作用及冰积土 ·· 106

　　5.6.1　冰川地质作用 ·· 106

　　5.6.2　冰积土的特征及其工程地质评价 ······························ 108

5.7　特殊土及其工程地质特征 ·· 108

　　5.7.1　软土 ·· 109

　　5.7.2　膨胀土 ·· 110

　　5.7.3　红粘土 ·· 111

　　5.7.4　黄土 ·· 111

　　5.7.5　冻土 ·· 113

　　5.7.6　盐渍土 ·· 113

　　思考题 ·· 114

第6章　地下水及其工程和环境效应 ······································ 115

6.1　地下水基本知识 ·· 115

　　6.1.1　岩土中的空隙 ·· 115

　　6.1.2　地下水的存在形式 ·· 117

　　6.1.3　岩土的水理性质 ·· 118

　　6.1.4　含水层与隔水层 ·· 118

6.2　地下水的物理性质和化学性质 ······································ 119

　　6.2.1　地下水的物理性质 ·· 119

　　6.2.2　地下水的化学性质 ·· 120

6.3　地下水类型 ·· 122

　　6.3.1　地下水埋藏类型 ·· 122

　　6.3.2　不同岩土空隙中的地下水 ·· 128

　　6.3.3　泉 ·· 130

6.4　地下水运动的基本规律 ·· 131

6.5　地下水工程和环境效应 ································· 133

  6.5.1　地下水位下降引起的地基沉降 ····················· 133

  6.5.2　动水压力产生的流土现象 ························· 133

  6.5.3　管涌现象和潜蚀作用 ··························· 134

  6.5.4　承压水对基坑产生的基坑突涌现象 ················· 135

  6.5.5　地下水的浮托作用 ····························· 135

  6.5.6　地下水对钢筋混凝土的腐蚀 ····················· 136

思考题 ··· 137

第7章　工程动力地质作用与地质灾害 ······················· 138

7.1　活断层与地震 ··· 138

  7.1.1　活断层 ····································· 138

  7.1.2　地震 ······································· 142

7.2　滑坡与崩塌 ··· 146

  7.2.1　滑坡机理和发育过程 ··························· 147

  7.2.2　滑坡构造特征 ································· 149

  7.2.3　滑坡的分类 ··································· 150

  7.2.4　影响边坡稳定性因素 ··························· 151

  7.2.5　边坡稳定性评价 ······························· 152

  7.2.6　滑坡的防治 ··································· 153

  7.2.7　崩塌机理和形成条件 ··························· 155

  7.2.8　崩塌的防治 ··································· 156

7.3　泥石流 ··· 157

  7.3.1　泥石流分类 ··································· 158

  7.3.2　泥石流形成条件 ······························· 159

  7.3.3　泥石流的防治 ································· 159

7.4　岩溶 ··· 160

  7.4.1　岩溶定义及其形态特征 ························· 160

  7.4.2　岩溶的形成条件 ······························· 162

  7.4.3　岩溶工程地质问题与防治 ······················· 163

7.5　采空区 ··· 164

  7.5.1　采空区地表移动和变形 ························· 164

  7.5.2　采空区工程地质评价 ··························· 165

思考题 ··· 166

第8章　工程地质勘察 ····································· 167

8.1　工程地质勘察的等级划分 ······························· 167

8.2　工程地质勘察基本要求 ································· 169

  8.2.1　工程地质勘察内容 ····························· 169

8.2.2　工程地质勘察阶段 ……………………………………………………… 169

8.3　工程地质测绘和调查 ………………………………………………………… 173

8.3.1　工程地质测绘主要内容 ………………………………………………… 173

8.3.2　工程地质测绘方法 ……………………………………………………… 174

8.4　工程地质勘探 ………………………………………………………………… 174

8.4.1　钻探 ……………………………………………………………………… 175

8.4.2　坑探 ……………………………………………………………………… 178

8.4.3　地球物理勘探 …………………………………………………………… 180

8.4.4　勘探孔的回填 …………………………………………………………… 182

8.5　工程地质原位测试 …………………………………………………………… 182

8.5.1　静力载荷试验（CPT） …………………………………………………… 182

8.5.2　圆锥动力触探试验（DPT） …………………………………………… 185

8.5.3　标准贯入试验（SPT） ………………………………………………… 187

8.5.4　静力触探试验（CPT） ………………………………………………… 191

8.5.5　十字板剪切试验（VST） ……………………………………………… 194

8.5.6　旁压试验（PMT） ……………………………………………………… 195

8.5.7　现场直接剪切试验 ……………………………………………………… 197

8.5.8　激振法测试 ……………………………………………………………… 198

8.5.9　波速测试 ………………………………………………………………… 200

8.6　地基土的野外鉴别与描述 …………………………………………………… 201

8.6.1　地基土的野外鉴别 ……………………………………………………… 201

8.6.2　地基土的野外描述 ……………………………………………………… 202

8.7　工程地质勘察成果报告 ……………………………………………………… 205

8.7.1　勘察报告文字部分 ……………………………………………………… 205

8.7.2　勘察报告图表部分 ……………………………………………………… 205

8.8　现场检验与监测 ……………………………………………………………… 208

8.8.1　地基基础检验和监测 …………………………………………………… 208

8.8.2　不良地质作用和地质灾害的监测 ……………………………………… 210

8.8.3　地下水的监测 …………………………………………………………… 210

思考题 …………………………………………………………………………… 211

参考文献 ………………………………………………………………………… 212

第1章

绪 论

任何工程建设都要在一定的地质环境中进行，工程建筑与地质环境之间的关系是相互关联、相互影响和相互制约。地质环境的优劣会影响工程建筑的安全可靠性、经济合理性以及能否正常使用；而各种工程建设又会使自然地质条件发生一定程度的变化，继而影响到工程的安全和周围环境的质量，甚至威胁人类生产、生活。工程地质学的任务就是协调二者之间的关系，在保证工程建设的安全和稳定的前提下，合理有效地开发利用地质环境。

1.1 工程地质学的定义和研究对象

工程地质学是研究与工程建设有关地质问题的科学，介于工程学与地质学之间，属于应用地质学的范畴。工程地质学研究的核心就是工程建设与地质环境之间的相互关系，预测二者之间相互作用的变化过程及效应；并分析由此可能引发的工程地质问题，评价工程兴建后的地质环境质量，制定维护工程安全和保护地质环境的措施，为建筑的规划、设计、施工和运行提供地质学依据。

工程建筑的类型很多，随着经济建设的飞速发展，工程建筑物高、大、精、深的变化趋势越来越明显，建筑物与地质环境的相互作用也越来越强烈，越来越复杂。工程建设与地质环境二者作用的性质和强度一方面取决于建筑物类型、规模和结构特点，如高层建筑与一般房屋因其规模不同造成作用的强度不同，水库大坝与一般房屋建筑因受力不同而造成的荷载不同；另一方面工程建设与地质环境二者作用的性质和强度还取决于工程地质条件，且在某种程度上工程地质条件往往起着决定性的作用。

1.1.1 工程地质条件

工程地质条件是指与工程建筑有关的地质因素的总和，包括岩土类型及其工程性质、地质结构、地貌、水文地质、不良地质现象和天然建筑材料等方面。它是一个综合概念，单独一两个要素不能称之为工程地质条件。工程地质条件是自然的地质历史产物，它因自然因素不同、地质发展过程不同而不同，即地质要素的组合情况、要素的性质、主次关系不同。

评判工程地质条件的优劣在于其能否满足工程的要求，即二者的相互作用能否被控制在不危害工程安全和不破坏环境质量的范围之内，要做到这一点关键要看各个要素的优劣及相互间的配合。

1. 岩土类型及其性质

工程地质条件的优劣首先取决于岩土的类型及性质。坚硬完整岩石如石英砂岩、花岗岩等，强度高、渗透性小、遇水不易软化，性质优良；页岩、泥岩等遇水易膨胀、软化、性质不良；断层岩等破碎岩类对工程也不利；地层中的一些特殊土如湿陷性黄土、膨胀土、淤泥及淤泥质土、盐渍土等对工程也很不利。岩土性质的优劣对建筑物的安全、经济具有重要意义，大型、重要建筑物应建在性质优良的岩土体上。性质不良的岩土体工程事故不断、地质灾害多发，常需避开。

2. 地质结构和地应力

地质结构和地应力包括地质构造、岩体结构、土体结构及地应力等，含义较广，对工程建筑意义重大。地质构造确定了一个地区的构造格架、地貌特征和岩土分布状况。断层对工程的危害甚大，在选择建筑场地时必须注意断层的规模、性质、产状及其活动性，尤其是活断层更应引起足够重视。岩体结构除岩层构造外更重要的是结构面的特征、组数、分布规律和组合关系，不同结构类型的岩体，其力学性质和变形破坏的力学机制是不同的；结构面愈发育，特别是含有软弱结构面的岩体，其性质愈差。岩体的地应力状态、土体结构与地质构造关系相当密切，对建筑物的施工和稳定性的影响也不容忽视。

3. 地形地貌条件

地形地貌条件对建筑场地的选择至关重要，尤其是对线性建筑如铁路、公路、运河渠道以及输油管线的线路方案选择尤为重要。如能合理利用地形地貌条件，不仅能大量节约挖填方量，减少工程投资，而且对建筑物群体的合理布局、结构类型和规模以及施工条件等也会产生积极影响。

4. 水文地质条件

水文地质条件也是决定工程地质条件优劣的一个重要因素。如水可以软化岩石；粘性土含水量增加可以改变其物理状态，使其强度降低；动水压力可以促进滑坡的形成，造成流土、潜蚀、管涌、坝基的渗透变形、道路发生冻害等现象。许多地质灾害的发生都与地下水的参与密不可分。

5. 不良地质现象

不良地质现象是指对建筑物有不良影响的自然地质作用与现象。通常内动力地质作用和外动力地质作用对建筑物的安全会造成威胁，有时破坏规模很大甚至是区域性的，例如地震的破坏性，滑坡、崩塌、泥石流等不良地质作用。在这些不良地质现象面前只注重工程本身的坚固性是不行的，必须充分考虑不良地质现象对工程和环境造成的不利影响，做到预防为主。

6. 天然建筑材料

天然建筑材料主要是指供建用的土料和石料。为了节省运输费用，应当遵循"就地取材"的原则，用量大的工程尤应如此。天然建筑材料的有无及其质量对工程的造价及环境的治理有较大影响，其类型、质量、数量以及开采运输条件往往成为选择场地、拟定建筑结构类型的重要因素。

以上对六个因素分别来说明工程地质条件的优劣，在实际工作中应从整体着眼、结合建筑物特点，进行综合分析论证。

1.1.2 工程地质问题

工程地质问题是工程地质条件与建筑物之间所存在的矛盾或问题，即工程建筑与地质环境相互作用、相互制约所引起的能够影响建筑物的施工、使用和安全或对周围环境可能产生影响的地质问题。

分析工程地质问题就是要分析工程建筑与工程地质条件之间的相互制约、相互作用的机制与过程，对影响因素、边坡条件等做出准确的定性评价，在此基础上进一步取得各种计算参数和模型，通过计算作出定量评价，明确作用的强度或工程地质问题的严重程度，发生和发展的进程，这也就是工程地质预测，预测出施工过程中和建成以后这种作用会产生何种影响。对此做出工程地质评价和结论，提供设计和施工参考，共同制定防治措施方案，以保证建筑物的安全与消除对周围环境的危害。

由上述可知工程设计和施工所要求的工程地质评价、工程地质结论和处理措施方案都要通过工程地质问题分析才能得出。因而可以说工程地质问题分析是工程地质工作的中心环节，是工程地质研究的核心。

工程地质问题分析与工程地质条件研究不同，必须紧密结合工程建筑的类型、规模和结构特征进行，因为不同的建筑物其工作条件和作用力的大小、方向各异，与工程地质条件相互作用的特点亦不同，因而各有其工程地质问题。如工业与民用建筑的工程地质问题主要是地基承载力和沉降问题；高层建筑开挖基坑较深，则有基坑边坡稳定和基坑排水等问题；如果建于边坡则有边坡稳定问题；地下硐室、地铁、隧道等建筑物的主要工程地质问题是围岩稳定性问题。

1.2 工程地质学任务

工程建设自始至终离不开工程地质工作的配合。工程地质学的总任务就是从地质上为工程建筑的规划、设计、施工和运行提供客观依据，保证工程建筑安全可靠、经济合理、施工顺利、运行正常；同时还要合理开发利用地质环境，论证工程建筑兴建引起的环境问题。我国从建国初期就规定勘测工作必须走在基建的前面，从法规上明确了工程地质勘察的重要性。近年来许多工程建设部门制定了环境保护规程，规定要对工程建筑后环境可能发生的变化进行分析评价，制定保护地质环境的措施，其费用也都包含在工程项目之内。

工程地质学的基本任务要通过工程地质勘察才能完成，工程地质勘察的具体任务主要是：① 研究建筑地区的工程地质条件，指出有利因素和不利因素，阐明工程地质条件的特征及其变化规律；② 分析存在的工程地质问题，作出定性分析，并在此基础上进行定量分析；③ 选择地质条件较为优越的建筑场地；④ 研究工程建筑与地质环境的相互作用，预测工程兴建后对周围地质环境的影响，作出环境质量评价，提出改善工程地质条件和保护地质环境的措施，以提高岩土体的稳定性和环境质量。

实践证明，任何工程建设都必须重视工程地质调查和勘探工作；如在建设中对工程地质工作重视不够，工作粗糙，留下隐患，则会引发严重的后果。据不完全统计，一百多年来，世界上仅水坝失事就发生了 500 多起，其中相当大的比例是由于地质原因造成的。比如：1882 年～1912 年经历了 32 年挖掘而成的巴拿马运河，由于多次发生山崩和滑坡，又多花费

5 年时间，加挖土石方 40% 以上，停航损失达 10 亿美元。意大利的 Waiont 拱坝，坝高 265m，是当时世界上最高的双曲拱坝，此坝在修建过程中不重视工程地质人员的多次建议，结果在 1963 年 10 月 9 日，水库右岸陡峭山坡地石灰岩引蓄水后失稳，产生巨大滑动崩塌，岩体崩入库中，1.5 亿 m³ 库容全被填满，同时库水漫坝，顺流冲下，造成 2400 多人死亡。法国南部的 Mal·Passet 水坝建于 1952 年～1954 年，1958 年投入运营，由于坝基和坝肩的岩体裂隙发育，构成软弱滑动面，1959 年 12 月 2 日，由于连夜暴雨，水库水位猛涨，致使坝体崩溃，洪流下泄，席卷数十公里，下游弗瑞杰斯城被冲为废墟，附近铁路、公路、供电和供水线路几乎全部破坏，387 人死亡，100 余人失踪，约 300 户居民遭殃。西班牙的梦哈特水库，建成后库水从石灰溶洞中漏失，72m 高的大坝耸立在干枯的河谷中。新中国成立初期修建宝成铁路时根本不重视工程地质勘察工作，设计开挖的许多高陡路堑发生了大量崩塌、滑坡、泥石流、路基被冲刷等事故，线路无法正常运营，被称为西北铁路线中的盲肠。

反之，重视工程地质工作的工程，再大的问题也能解决。我国的成昆铁路，沿线地形险峻，地质构造极为复杂，大断裂纵横分布，新构造运动十分强烈，岩层十分破碎，再加上沿线雨量充沛，山体不稳，各种不良地质现象充分发育，被誉为"世界地质博物馆"。中央和铁道部对工程地质勘察工作非常重视，动员和组织全国岩土工程界的专家尽心考察和研究，解决许多工程地质难题，保证了成昆铁路的建成和通车。

工程勘察是工程设计和施工的基础工作。没有高质量的勘察工作，就不可能制定和选择最优的设计和施工方案，更谈不上工程的经济与安全。岩土工程技术人员只有具备扎实的工程理论知识和丰富的实践经验，才能充分利用资料，正确分析工程地质问题，制定合理规划和选择最优设计方案，保证工程经济合理、施工顺利和运营安全。

1.3   工程地质学研究方法及其与其他学科的关系

工程地质学研究方法大致有：自然历史分析法、力学分析法、工程地质类比法及实验法等。研究方法应该与被研究的对象和研究目的相适应。

自然历史分析法，即地质分析法，是工程地质研究主要采用的分析方法。各种地质体、地质构造、地质作用和现象以及地貌形态都是地质历史发展产物，而且随着所处条件的变化，还要继续发展变化。地质分析法以野外观察为主，实地测绘记录各种地质现象，取得丰富信息、分析地质演变过程以及各种现象特征与本质，从中提取与工程有关的内容，结合工程建筑特点，综合为工程地质条件。由此可知，地质学各学科如构造地质学、矿物岩石学，以及地貌与第四纪地质学等都是工程地质学的基础学科。

对工程建设设计及运用而言，只有定性论证是不够的，还要求对一些工程地质问题进行定量预测和评价。因此，在自然历史分析法基础上，还需要用到力学分析法和类比法。力学分析法可适当简化某些影响因素，通过一定的理论分析建立模型，并计算和预测某些工程地质问题发生的可能性和发展规律。例如地基沉降量计算、地基稳定性分析、地震液化可能性计算等。类比法是应用那些已研究的、类型和条件相同或相近的工程地质问题的现成经验和方法，对研究区的工程地质问题作出定量预测。采用定量分析法论证地质问题时，还必须通过试验取得计算参数。工程地质试验方法很多，有室内试验和现场原位测试，应根据工程地质条件特征和工程类型需要，选用合适的试验方法。

可见，工程地质学是地质学和工程学相结合而发展起来的新型实用科学，是多学科交叉的边缘学科。

1.4 我国工程地质学科发展简况

工程地质学作为一门科学与其他科学一样，是在社会生产的发展和需要的推动下发生和发展起来的。我国古代修建的大型工程，已初步具有了工程地质意识，自觉地把地质学知识应用于工程建设。如举世闻名的南北大运河，南起杭州，北达北京附近的通县，全长1782km，它是沿着低洼的盆地、平原修建的，大大减少了挖方量；世界闻名的万里长城，在地形上充分利用了山脊分水岭，选择坚硬岩石作为地基，显示了它的宏伟和坚固。许多古老的桥梁、宝塔、宫殿、寺院以及亭台楼阁的修建也都考虑了地基稳定和地震条件，采取合适加固措施，从而保证了建筑物逾千年而依然屹立。

我国的现代工程地质学是从苏联介绍而来的。解放初期，大量的工厂、矿山、铁路和水利工程建设急需大量工程地质人才。1952 年北京、长春两所地质学院成立，均设有工程地质与水文地质系，南京大学地质系也设立了水文地质和工程地质专业。此后，成都地质学院、同济大学、唐山铁道学院等院校也都设立了这一系或专业，同时还在部分地质学校设此专业，培养中等技术人才，加之留学生和研究生的培养，我国的工程地质队伍逐渐壮大起来，工程地质工作者水平也迅速提高。

与此同时，国内工程地质的相关研究机构也相继成立：地质部设有水文地质工程地质研究所，中国科学院地质研究所设有工程地质研究室，1986 年中国科学院地质研究所成立了工程地质力学开放研究实验室，吸引全国同行专家做客座研究，成为我国工程地质学的研究中心。

1978 年以后，我国的工程地质事业进展迅速，不但制定了新的勘查规范，勘察质量大大提高，而且工程地质正向着新的领域不断拓展，突出表现在环境工程地质学科系统的逐渐形成。环境工程地质问题的研究在国际上得到普遍重视和快速发展，它研究目的是保护环境，指导环境的合理开发，治理和评价开发方案的可行性，是工程地质学发展的新方向；人类工程活动的范围和规模在不断地日益扩大，对工程地质学也提出了许多难度很大的新课题。如大型高坝堤基，高边坡的岩体稳定问题；大跨度的地下洞室，深矿井的围岩稳定问题；高层建筑的软土地基处理和抗震问题等都促使工程地质学要与工程力学、岩土力学等相关学科紧密结合，不断地吸收新理论和新方法，并由定性分析向定量计算研究方向发展，把地质定性分析与数学力学定量计算有机结合起来。此外，先进的勘探技术和新设备的广泛应用，多学科、多专业、多手段的综合研究，都在一定程度上提高了工程地质理论水平，丰富了工程地质的实践经验，促进了工程地质学科的更大发展。

1.5 工程地质学主要特点、研究内容及学习方法

工程地质学实用性强，涉及面广，研究内容十分广泛。而且随着建设事业发展，工程地质学的研究领域不断扩展，内容将更加丰富。工程地质学比较系统的研究内容主要包括：土体工程地质研究、岩体工程地质研究、工程动力地质作用与地质灾害研究、工程地质勘察理论与技术方法研究、区域工程地质研究、环境工程地质研究等。

　　工程地质学是土建类专业的一门重要的专业基础课。学习本课程可以为土建类专业的学生提供必要的地质学基础知识，使学生能够系统掌握工程地质的基本理论知识，了解工程地质勘察的内容、方法、过程以及各个工程地质数据的来源，能够正确运用勘察数据和资料进行设计和施工，并且根据工程地质的勘察成果，运用已学过的工程地质理论知识，进行一般的工程地质问题分析以及对不良地质现象采取处理措施等。

　　针对土建类专业需要，本书主要介绍以下内容：地质作用及地质构造、岩石及其工程地质性质、岩体及其工程地质性质、土体的成因类型及工程地质性质、地下水及其工程和环境效应、工程动力地质作用与地质灾害、工程地质勘察。

　　工程地质学涉及专业领域广、内容多，而且还是一门实践性很强的技术基础课，因此，学习本课程，应该在重视课堂教学的同时，加强野外实习等实践性教学环节，注意理论联系实际，提高学生解决问题和分析问题的能力。

第2章

地质作用及地质构造

地球的表面高低起伏，有高山、大海、河流、湖泊、沙漠、平地等形态各异，千姿百态的地形地貌。地表形态的差异是在长期的地球发展历史中，地壳演变而来的。从地球形成之初到现在，漫长的46亿年间，地壳的变动就从来没有停止过，而是不断的在运动、发展和变化着。人们把引起地壳的物质组成、内部结构和表面形态不断运动、变化和发展的各种自然作用称为地质作用。地质作用是一极其复杂的过程，有些进行的很快，易于直接观察，如地震、火山喷发等。但大多地质作用进行的极其缓慢，不易察觉，如地壳运动，即使在活动强烈地区其活动速度也不过每年几毫米。地质作用的结果，可引起海陆的变迁，形成千姿百态的地貌景观。地质作用也促使各种岩石、矿物的形成与破坏。各种地质作用也会使岩石或岩层发生变形和变位，形成各种构造运动的形迹。地质构造即是在各种内外动力地质作用下形成的岩石变形的产物，具体表现为岩石的弯曲变形和断裂变形等。其中由内动力地质作用形成的构造，无论其分布范围、规模及数量等方面都占绝对优势。

2.1 地球概况

2.1.1 地球形状

地球表面的形态大致可分为陆地和海洋两部分。其中海洋面积占70.7%，陆地面积占29.3%。陆地多集中于北半球，平均海拔高度为860m，最高点为中国珠穆朗玛峰8848.13m。海洋多集中于南半球，平均深度为3700m，最深处为太平洋西北部的马里亚纳海沟（高程 -11 033m）。地球上的陆地被海水分割为许多巨大的陆地和较小的陆块，前者称为大陆或大洲，后者叫岛屿。陆地表面形态按其高程和起伏情况，可分为山地、高原、丘陵、盆地和平原等地貌形态。

为了研究地球形状，大地测量和地球物理协会于1957年公布了修订地球参数如下：

① 赤道半径 R =6378. 16km；② 极半径 R =6356. 755km；③ 扁平率为1/298. 25；④ 体积为 1 083 157 900 000km^3；⑤ 赤道周长为 40 075. 36km；⑥ 平均半径 R = 6371. 229km；⑦ 子午线周长为 39 940. 670km；⑧ 表面积为 510 070 100km^2。

根据以上参数可勾绘出长、短半径相近的椭圆，再绕地球轴回转一周则可得到一个旋转椭球体；而人造地球卫星测量表明，地球南北两极不对称，其北极凸出18.9m，南极则凹下

25.8m，而且北纬45°地带略显突出，地球的大致形状近似像一个不规则的梨（图2-1）。

2.1.2 地球的圈层构造

地球是一个演化的行星，从原始物质均一的球体，经分异演化成为具层圈构造的行星，把地球划分为外圈层和内圈层，其外圈层包括大气圈和水圈、生物圈；而其内圈层包括地壳、地幔和地核，内圈层各层之间的化学成分有显著差异。

1. 外部圈层

（1）大气圈。

大气圈是地球以外的空间，它提供生物需要的 CO_2 和 O_2，对地貌形态变化起着极大的影响。

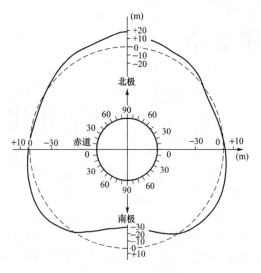

图 2 - 1　地球的形状

1）大气的成分。主要由氮气和氧气、二氧化碳及少量的水汽等多种气体组成，总质量约为5000多亿吨，其中氮气约占空气总容积的78%，氧气约占21%。

2）大气圈的分层。地球大气圈的厚度大约有2000～3000km，按距离地球表面的远近进行划分如下：

① 对流层（厚16～18km）；② 平流层（到约50km高空）；③ 中间层（到约85km高空）；④ 热层（到500～800km高空）；⑤ 散逸层。

风霜雨雪、云雾冰雹等变化多端的大气现象都发生在对流层内。平流层中存在大量臭氧，它对太阳辐射紫外线的强烈吸收构成了对生物的有效天然保护。

（2）水圈。

地球的水是由地球诞生初期弥漫在大气层中的水蒸气慢慢凝结形成的，由地球上广泛分布的江河湖海及地下水组成，水圈为动物、植物、微生物所存在和活动的空间提供了必不可少的条件。水在运动的过程中与地表岩石相互作用，作为一种最活跃的地质营力促进各种地质现象的发育，大陆降水是改变地貌的强大动力因素之一，水圈主要包括：

1）海洋。海洋的面积约占地球表面积的71%，海洋水约占地球总水量的97.3%。

2）陆地水。以冰川水为主，分布在高山和两极地区，其余的陆地水分布在湖泊、江河、沼泽和地壳岩土体的空隙中。

（3）生物圈。

地球表面凡是有生命活动的范围称为生物圈，生物包括动物、植物、微生物。生物在其生命活动过程中，通过光合作用、新陈代谢等方式，形成一系列生物地质作用，从而改变地壳表层的物质成分和结构。生物活动成为改造大自然的一个积极因素，同时生物的繁殖活动和生物遗体的堆积，为形成有用矿物提供了物质基础。

2. 内部圈层

地球内部是由不同形态、不同物质的圈层构成的。了解地球内部构造是一个非常困难的问题，因为人类对地球无法直接进行观察，关于地球内部物质与构造的判断只有依靠间接信息。目前，主要是根据地震波在地球内部传播速度来进行地球圈层划分的。根据对地震资料的研究，发现地球内部地震波的传播速度在两个深度上作跳跃式的变化，反映出地球内部物质以这两个深度作为分界面，上下有显著不同，上分界面称"莫霍面"，下分界面称"古登堡面"。据这两个分界面，把地球内部构造分为地壳、地幔、地核三个圈层（图 2-2），其各层化学成分、密度、压力、温度等都不同，具有同心圆状的圈层构造，同类的物质大致位于相同的深度。

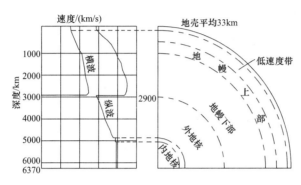

图 2-2　地球的圈层构造

（1）地壳（0～33km）。

由于元素衰变、外界行星撞击等引起地球的平均温度达 2000℃，导致地球内部大部分物质开始熔融，低熔点组分即较原始物质密度小者向上浮动，形成原始的地壳，地壳厚度极不均匀，大陆地壳平均厚度为 33km，我国青藏高原地壳厚度达 70km 左右。大洋地壳平均厚度为 5～8km。地壳约占地球体积的 0.5%，质量占地球总质量的 0.8%。地壳由坚硬的岩层和岩层风化后所形成的土层组成。地壳的平均密度为 2.6～2.9g/cm³。组成地壳的物质主要是地球中比较轻的硅镁和硅铝等物质。地壳的上层为硅镁层，相对密度 2.6～2.7g/cm³，下层为硅铝层，相对密度 2.8～2.9g/cm³，地壳最薄处约 1.6km（在海底海沟沟底处），而其最厚处则约 70km。地球形成至今有 45～46 亿年的历史，其地壳部分则是后来才形成的。按地壳中所含的放射性元素的衰减规律，目前测得的地壳年龄约为 38 亿年。人类的工程活动目前仍限制在地壳的范围之内。组成地壳的化学元素有百余种，但各元素的含量极不均匀，最主要化学成分见表 2-1。

表 2-1　　　　　　　　　　　　组成地壳的主要化学元素及含量

元素	成分（%）	元素	成分（%）	元素	成分（%）
O	46.95	Fe	5.17	Mg	2.06
Si	27.88	Ca	3.65	K	2.58
Al	8.13	Na	2.78	H	0.14

（2）地幔（33～2900km）。

在地壳和地核之间是以 Si、Mg 为主的地幔。约占地球体积的 83.3%，质量占 67.8%，是地球的主体部分，它主要由固体物质组成，根据地震波速的变化，分为上地幔和下地幔。上地幔的平均密度为 3.5g/cm³，上地幔的物质成分可能与陨石相当，它们是由含 Fe、Mg 多的硅酸盐矿物组成，其主要是橄榄质超基性岩石，上地幔 60～250km 存在一个不连续的地震波低速带，认为组成低速带的岩石由较大的塑性，也称软流层。按地热增温率推算，软流层的温度可达 $700 \sim 1300℃$，是高温熔融的岩浆发源地。软流圈以上的固体圈层（包括地壳及软流圈以上的上地幔部分）为岩石圈，它具有刚性特性。岩石圈因其下存在着温度高、塑性大的软流层而易于移动。按照地质学中的板块构造学说，地壳并非是一个整体，而是由若干块相互独立的巨大构造单元"拼凑"而成。这些巨大的构造单元被一些构造活动带和转换断层分割开来，彼此之间又分别以不同的速度向不同的方向在地幔软流层上缓慢漂移。这样的巨大构造单元也被称为板块。目前认为，对全球构造的基本格局起主导作用的有六大板块，它们分别是：太平洋板块、欧亚板块、美洲板块、非洲板块、大洋洲板块和南极洲板块。地幔的下层为地表下约 $1000 \sim 2900km$ 的范围，除硅酸盐外，主要是由铁镁氧化物和硫化物组成，物质比重也明显增大，密度高达 $5.1g/cm^3$，一般认为它的化学成分与上地幔相似，物质呈固态，可能比上地幔含有更多的铁。

（3）地核（大于 2900km）。

铁含量占地球质量的 1/3，铁的熔化和下沉形成地核，按地震波波速的分布，可分为外地核、过渡层和内地核三层。

1）外地核。地表以下 $2900 \sim 4642km$ 的范围，据推测可能是液态的，主要由熔融状态的铁、镍混合物及少量硅、硫等轻元素组成，平均密度约 $10.5g/cm^3$。

2）内地核。厚约 1216km，主要成分是铁、镍等重金属及其氧硫化物，平均密度约 $12.9g/cm^3$，又叫铁镍核心，物质呈固体状态，地核的体积占地球的 16.2%，质量却占地球质量的 31.3%。

3）过渡层。位于外、内核之间，厚约 515km，物质状态从液态过渡到固态。

2.2　地质作用

地球表面高低起伏、千姿百态的地形地貌，地震、火山爆发、滑坡、泥石流等地质灾害是怎样形成的。所有的这些都是地质作用的结果。正是地质作用，使地球表面无时无刻不在发生着变化。

在漫长的地质历史时期，地球的内部结构、构造、物质组成及其地表形态都在不停地变化，某一时间的地表形态只是在漫长地质演变过程中的一个细小片段。形成地球表面变化的地质应力有三种常见类型：第一类地球外营力，主要是太阳辐射、空气、地面流水、地下水、冰川、风、湖泊、海洋等自然营力，地球在这些外营力的作用下，高处不断地被削低，低处正在逐渐被填高。仅我国每年都要发生数万起崩塌、滑坡、泥石流等由山体向下运动的地质灾害。第二类属于地球内营力，地球内部应力的释放（构造运动）、物质迁移（岩浆作用）形成地震、火山喷出大量的火山碎屑物和熔岩，不但给人类带来巨大的灾难，同时还改变了地球内部特征。第三类是人类工程活动，随着社会经济的发展，人类工程活动的规模越来越大，对自然的影响接近甚至超过外自然对地球表面的改造作用。所有这些都是地球内、外部各圈层的物质运动和相互作用的结果。地质学把自然营力引起岩石圈的物质组成、内部结构、构造和地表形态等不断运动、变化和发展的作用称为地质作用。把引起这些变化的各种自然营力称为地质营力。

地质作用所产生的现象称为地质现象，是地质作用的客观物质记录。如流水地质作用产生的峡谷、冲积平原、阶地；构造运动产生的岩石变形、变位等地质现象。通过地质现象可以反演地质作用过程，例如我们看不到某个地质历史时期发生的地质作用，但可以通过保留下来的各种地质现象，反演地质作用的过程，分析地球演变历史。

2.2.1　地质作用的能量来源

任何地质作用都要消耗能量。形成地质作用的能量来源主要有两种，一种是来自地球以外的能量，称之为外能，主要有太阳辐射能、潮汐能和生物能（包含人类的能量）等；另一种是来自地球内部的能量，称之为内能，主要是地内热能、地球旋转能、重力能等。

1. 内能

（1）地内热能。地球本身具有巨大的热能，这是导致地球发生变化的重要能源，地热内能主要有放射性热能、压缩热能、化学能和结晶能等几种常见形式。由地球内部放射性元素蜕变而产生的热能称之为放射性热能，是地球热能的主要来源。地球在由星际物质聚集而成的过程中，在本身重力作用下体积逐渐压缩，产生压缩热，也是地球热能的一种来源。另外，地球内部物质发生化学反应，或者产生结晶作用，也可以释放热，所以化学能和结晶能同样是地球热能的来源。据计算，地球内部每年产生的总热量大于每年经地表散失的总地热流量，这部分剩余的地热能量，是导致火山活动、岩浆活动、地震、变质作用、地壳运动的主要能源，根据岩石圈板块理论，地内热对流是板块运动趋动力的主要能源。

（2）重力能。由地球引力给予物体的位能。在地球表面所有物体都处于重力场的作用之下，使物体具有不同程度的重力能，物质总位能的释放转化为热能，这种热能称为重力分异产生的热能，成为地球热能来源之一。

（3）地球旋转能。地球自转对地球表层物质产生离心力。离心力的大小随纬度而变化，两极为零，赤道最大，故离心力自两极向赤道是逐渐增加的；同时离心力又可分解为两个分力，一是垂直地面的垂直分力，它和重力作用方向相反，并为重力所抵消；一是过地表相应点沿经向的水平分力（切向分力），这是使地壳表层物质产生由高纬度向低纬度沿水平方向移动的有效分力。

2. 外能

（1）太阳辐射能。太阳不断向地球输送热能，根据计算，一年中整个地球可以由太阳获得 $5.4 \times 10^{24} \mathrm{J}$ 的热量。太阳辐射热是大气圈、水圈和生物圈赖以活动、发育并相互进行物质和能量交换的主要能源，并由此产生了一系列的外营力，如风、流水、冰川、波浪等。

（2）潮汐能。地球在日、月引力作用下使海水产生潮汐现象。潮汐具有强大的机械能，是导致海洋地质作用的重要营力之一。

（3）生物能。由生命活动所产生的能量，无论是植物的生长、动物的活动，以及人类大规模的改造自然活动，都会产生改变地球物质和面貌的作用。但归根结底，任何生物能都源于太阳辐射能。

2.2.2　地质作用的分类

依据能量来源的不同，地质作用分为两大类：内力地质作用与外力地质作用。

1. 内力地质作用

由地球的旋转能、重力能、化学能和结晶能等内能引起的整个岩石圈物质成分、内部构造、地表形态发生变化的地质作用称为内力地质作用。包括地壳运动、地震作用、岩浆作用和变质作用四种主要类型。

（1）地壳运动。

地壳运动是指引起地壳发生变形、变位等的内动力地质作用，又常称为构造运动。地壳运动按其运动方向分为水平运动和升降运动两类。

1）水平运动。水平运动是指平行于地表或沿地球切线方向的运动，如美国的圣安德列斯断层水平错断 1000 余千米。

2）升降运动。升降运动是指垂直地表或沿地球半径方向的运动，例如喜马拉雅山在 3000 万年前沉积地层为海相沉积，说明当时还是海洋，现在却上升为世界屋脊。

从实际情况来看，以上两类运动都是存在的，但以何者为主，则存在激烈的争论。板块构造的观点认为，由于板块相互碰撞，才使某些地区上升隆起，当板块某些地区受到拉张时，则发生下降接受沉积，因此，构造运动是以水平运动为主，升降运动为次要的。而传统的固定论观点则相反，他们认为自从大陆和海洋形成以来，海陆的空间格局是固定的，仅其分布范围有变化。陆地可以下降或上升，使陆地面积缩小与海洋面积扩大，或者相反，但升降基本上在原地进行。因此，升降运动是主要的，水平运动是在升降运动中派生出来的。

地壳运动速度虽然是十分缓慢，但却是在不断进行。通常把第三纪以后发生的地壳运动称之为新构造运动，第三纪以前的地壳运动称之为古构造运动。

（2）地震作用。

地应力的突然释放使地壳产生快速颤动的地质作用为地震作用。地震是地壳长期缓慢运动的结果，不易被人感觉到，但是一旦地壳运动所积累的地应力超过了组成地壳的岩石应力强度时，岩石就要发生断裂而引起地震。关于地震将在第 7 章中 7.1 节有详细介绍。

（3）岩浆作用。

岩浆沿地壳软弱地带上升时发生的一系列物理化学变化直至冷凝成岩的作用。当岩浆冲破地壳，喷出地面时，称之为喷出作用（火山作用）；如果上升到地壳某一部位，侵入到围岩中的一系列过程称之为侵入作用。

1）喷出作用（火山作用）。火山喷发过程也是火山释放物质和能量的过程。经过一段持续的喷发后大量的物质排出，能量得到释放，岩浆的内压力减小，喷出作用也就暂时停止下来，直到重新聚集起大量的岩浆，开始新的喷发为止。因此火山喷发总是断断续续的，喷发间隔长短也不一致。无论间隔期多长，凡是在人类历史时期中有过活动的火山称为活火山，在人类历史中未曾喷发过的火山成为死火山。

2）侵入作用。由侵入作用形成的岩浆岩体称为侵入岩体，侵入岩体又可分为深成侵入体和浅成侵入体两类。关于侵入岩体在第 3 章中有详细介绍。

（4）变质作用。

地壳中已经存在的岩石受温度、压力或化学流体的加入而改变其成分、结构和构造形成新的岩石的作用称为变质作用。

1）变质作用因素。变质过程中最重要变化是矿物成分的变化。变质岩形成于地下一定深处的温度、压力条件下，矿物组合与一定的温度、压力相适应，当温度、压力条件改变时，矿物组合就会变得不稳定，并发生化学反应，形成新温度、压力条件下稳定的新的矿物组合，由此可见，温度、压力是发生变质作用的主要因素。此外，变质作用还受化学活动性流体及时间等因素的影响。

① 温度。高温是引起岩石变质最基本、最积极的因素。温度升高可以使原岩中元素的化学活性增大，大大加快变质反应速率和晶体生长，是重结晶的决定性因素，隐晶变显晶、细晶变粗晶，从而改变原结构，并产生新的变质矿物。温度升高还可以改变岩石的变形行为，从脆性变形向塑性变形转化。温度升高利于吸热反应（如脱水反应等），经脱水反应、脱碳酸反应形成变质热液，它们作为催化剂、搬运剂和热媒介对变质作用施加影响。温度降低反应向放热方向进行。促使岩石温度增高的热量有三种来源：一是地下岩浆侵入地壳带来的热量；二是随地下深度增加而增大的地热，一般认为自地表常温带以下，深度每增加33m，温度提高1℃；三是地壳中放射性元素蜕变释放出的热量。变形产生的摩擦生热可能在局部范围内有重要意义，但对大规模变质作用而言，其作用尚未得到证实。

② 动压力。动压力是由地壳运动而产生的。由于地壳各处地壳运动的强烈程度和运动方向都不同，故岩石所受动压力的性质、大小和方向也各不相同。压力增加，有利于体积缩小的反应，形成高密度矿物组合。在动压力作用下，原岩中各种矿物发生不同程度变形甚至破碎的现象。在最大压力方向上，矿物被压融，不能沿此方向生长结晶；与最大压力垂直的方向是变形和结晶生长的有利空间。因此，原岩中的针状、片状矿物在动压力作用下，它们的长轴方向发生转动，转向与压力垂直方向平等排列；原岩中的粒状矿物在较高动压力作用下，变形为椭圆或眼球状，长轴也沿与压力垂直方向平等排列。由动压力引起的岩石中矿物沿与压力垂直方向平行排列的构造称片理构造，是变质岩最重要的构造特征。

③ 化学活动性流体。化学活动性流体包括水蒸气，O_2，CO_2，含 B、S 等元素的气体和液体。对整个岩石圈而言，水蒸气及 CO_2 是流体的最主要成分，可近似看成流体相由水蒸气及 CO_2 组成。除挥发性成分外，流体中还溶解有 K、Na、Ca、Si 等造岩组分和 Fe、Cu、Ag 等成矿组分，在开放系统条件下，岩石在流体作用下发生元素带入带出与环境发生物质交换，造成岩石的化学成分变化，并可形成矿床，因此流体对成矿作用起促进作用。流体作为变质作用中的一个重要因素的另一方面表现是，在变质过程中起溶剂和催化剂的作用，可大大提高变质反应的速率。这些流体是岩浆分化后期的产物，它们与周围原岩中的矿物接触发生化学交替或分解作用，形成新矿物，从而改变了原岩中的矿物成分。

④ 时间。变质作用时间通常从两个角度理解：一是变质作用发生的地质时代，即不同时代变质作用的特点不同，这是由地球发展的方向性和不可逆性决定的；二是一次变质作用自始至终所经历的时间，不同时间变质作用的特点不同。

2）变质作用分类。按变质作用原因可分为接触变质作用、动力变质作用、区域变质作用和混合岩化作用。

① 接触变质作用。是由岩浆作用引起的，发生在侵入体与围岩的接触带内的一种变质作用，并主要由温度和挥发物质所引起的变质作用。当地壳深处的岩浆上升侵入围岩时，围岩受岩浆高温的影响，或受岩浆中分异出来的挥发成分及热液的影响而发生变质，所以它仅局限在侵入体与围岩的接触带内。距侵入体越远，围岩变质程度越浅。根据变质过程中侵入体与围岩间有无化学成分的相互交代，又可分为接触热力变质作用和接触交代变质作用两种类型。其中接触热力变质作用中引起变质的主要因素是温度。岩石受热后发生矿物的重结晶、脱水、脱炭以及物质的重新组合，形成新的矿物与变晶结构。在接触交代变质作用中引

起变质的因素除温度外，从岩浆中分异出来的挥发性物质所产生的交代作用同样具有重要意义。故岩石的化学成分有显著变化，产生大量的新矿物。接触变质作用形成的岩石有大理岩、角岩、矽卡岩等。

② 动力变质作用。主要受动压力因素影响，在地壳构造变动时产生强烈的定向压力，使岩石发生变质作用，又叫碎裂变质作用。原岩结构和构造特征发生改变，特别是产生了变质岩特有的片理构造。其特征是常与较大的断层带伴生，原岩挤压破碎，变形并有重结晶现象，可与不同的区域变质伴生，可形成糜棱岩、压碎岩。并可有叶腊石、蛇纹石、绿帘石等变质矿物产生。

③ 区域变质作用。在一个范围较大的区域内，例如数百或数千平方千米范围内，高温、压力和化学活动性流体三因素综合作用的变质作用，称区域变质作用。一般该区域内地壳运动和岩浆活动都较强烈，作用规模和范围都较大，在区域变质地区，很难找到变质岩与未变质岩的界限。变质作用的方式以重结晶为主，有时还伴有明显的部分熔融。区域变质岩的岩性在很大范围内是比较均匀一致的，其强度则决定于岩石本身的结构和成分等。

④ 混合岩化作用。混合岩化作用指原有的区域变质岩体与岩浆状的液体互相混合交代而形成新的岩石（混合岩）的作用。流体的来源可能是原来的变质岩体局部熔融产生的重熔岩浆，也可能是地壳深部富含 K、Na、Si 的热液引起的再生岩浆。

2. 外力地质作用

外力地质作用是指主要来自于地球之外，作用于地表及其附近使地表矿物和岩石遭破坏而形成新的矿物和岩石，同时也引起地表形态不断变化的地质作用。按其作用方式可分为：

（1）风化作用。风化作用是指在温度变化、大气、水和生物等作用下，岩石、矿物在原地发生变化的作用。按其性质分为物理风化作用、化学风化作用和生物风化作用。

岩石物理风化作用是岩石的机械破碎作用，在地表条件下，通过破碎作用使固体岩石破碎成细小的碎块。岩石化学风化作用使岩石在地表条件下发生化学分解，使原有的矿物转化为另一种成分和性质不同的新矿物。另外，岩石在动、植物及微生物作用下也会发生破坏。三种作用往往是同时进行。

（2）剥蚀作用。风、流水、冰川、湖海中的水在运动状态下对地表岩石、矿物产生破坏并把破坏的产物剥离原地的作用。按动力来源分为风的吹蚀作用、流水的侵蚀作用、地下水的潜蚀作用、冰川的刨蚀作用等。

（3）搬运作用。风化、剥蚀作用的产物被迁移到他处的过程。由于搬运介质的不同，可分为风的搬运作用、流水的搬运作用、冰川的搬运作用等。

（4）沉积作用。当搬运动力的动能减小，搬运介质的物理化学条件发生变化或者在生物的作用下，被搬运的物质在新的环境下堆积起来。按沉积方式分为机械沉积作用、化学沉积作用和生物沉积作用。

（5）成岩作用。使各种松散堆积物变成坚硬的沉积岩的作用。包括胶结作用、压实作用和结晶作用。

内、外力地质作用互有联系，但发展趋势相反。内力作用使地球内部和地壳的组成和结构复杂化，造成地表高低起伏；外力作用使地壳原有的组成和构造改变，夷平地表的起伏，向单一化发展。总的来说，内力作用控制着外力作用的过程和发展。

2.3　地质年代

地质年代是表示地壳表层不同地质历史时期形成的岩石和地层、地质事件等在形成过程的时间和先后顺序。通过地质年代可以阐明地壳发展变化的历史过程和生物演化的情况，确定岩层形成的先后次序和生成环境以及构造变动等。因此，为了认识各种地质构造和地层的接触关系，阅读和分析地质资料和图件等，都必须具有一定的地质年代基本知识。

2.3.1　地质年代的分类与地质年代的划分

1. 地质年代的分类

地层的地质年代有绝对地质年代和相对地质年代之分。绝对地质年代是指地层形成到现在的实际年数，是用距今多少年来表示。目前，主要是根据岩石中所含放射性元素的蜕变来确定。相对地质年代是指地层形成的先后顺序和地层的相对新老关系。绝对地质年代，能说明岩层形成的确切时间，但不能反映岩层形成的地质过程。相对地质年代，不包含用"年"表示的时间概念，但能说明岩层形成的先后顺序及其相对的新老关系。

2. 地质年代的划分

在地壳发展的漫长历史过程中，地质环境和生物种类都经历了多次变迁。地质（地层）年代划分主要根据地壳运动和生物的演变。地学界根据几次大的地壳运动和生物界大的演变，把地壳发展的历史过程分为隐生宙和显生宙两个大阶段；宙以下分为代，隐生宙分为太古代、元古代，显生宙分为古生代、中生代和新生代；代以下分纪，纪以下分世，依此类推。宙、代、纪、世为国际上统一规定的相对地质年代单位。

每个地质年代，都划分有相对应的地层，与宙、代、纪、世、期对应的地层单位分别是宇、界、系、统、阶。对应关系见表 2 - 2 所示。

表 2 - 2　　　　　　　　　　地质年代与相对应的地层单位表

地质单位	宙	代	纪	世	期
地层单位	宇	界	系	统	阶

根据全世界各地的地层划分对比，结合我国实际情况确定地质年代表（表 2 - 3）。表中列入相对地质年代从老到新的划分次序，各个地质年代单位的名称、代号和绝对年龄值以及世界和我国主要的构造运动的时间段落和名称等。

2.3.2　相对地质年代的确定

在工程地质工作中，用得较多的是相对地质年代。相对地质年代的确定方法主要包括地层层序法、古生物层序法、岩性对比法、地层接触关系法。

1. 地层层序法

未经剧烈构造变动的沉积岩，新岩层在上，较老的岩层在下 [图 2 - 3 (a)]。也就是说原始产出的地层具有下老上新的规律。地层层序法是确定地层相对年代的基本方法。若岩层经剧烈的构造运动，地层层序倒转 [图 2 - 3 (b)]，就须利用沉积岩的泥裂、波痕、雨痕、交错层等构造特征，来恢复原始地层的层序，以便确定其新老关系。

表 2−3　　　　　　　　　　地 质 年 代 表

代	纪	世	距今年代（百万年）	主要地壳运动	主 要 现 象
新生代 Kz	第四纪 Q	全新世 Q$_4$ 更新世上 Q$_3$ 更新世中 Q$_2$ 更新世下 Q$_1$	2～3	喜马拉雅运动	冰川广布，黄土形成，地壳发育成现代形势，人类出现发展
	第三纪 R	晚第三纪 N	上新世 N$_2$ 中新世 N$_1$	25		地壳初具现代轮廓，哺乳类动物、鸟类急速发展，并开始分化
		早第三世 E	渐新世 E$_3$ 始新世 E$_2$ 古新世 E$_1$	70	燕山运动	
中生代 Mz	白垩纪 K	上白垩世 K$_2$ 下白垩世 K$_1$	135		地壳运动强烈，岩浆活动
	侏罗纪 J	上侏罗世 J$_3$ 中侏罗世 J$_2$ 下侏罗世 J$_1$	180	印支运动	除西藏等地区外，中国广大地区已上升为陆，恐龙极盛，出现鸟类
	三叠纪 T	上三叠世 T$_3$ 中三叠世 T$_2$ 下三叠世 T$_1$	225	海西运动（华力西运动）	华北为陆，华南为浅海，恐龙、哺乳类动物发育
古生代 Pz	上古生代 Pz$_2$	二叠纪 P	上二叠世 P$_2$ 下二叠世 P$_1$	270		华北至此为陆，华南浅海，冰川广布，地壳运动强烈，间有火山爆发
		古炭纪 C	上石炭世 C$_3$ 中石炭世 C$_2$ 下石炭世 C$_1$	350		华北时陆时海，华南浅海，陆生植物繁盛，珊瑚、腕足类、两栖类动物繁盛
		泥盆纪 D	上泥盆世 D$_3$ 中泥盆世 D$_2$ 下泥盆世 D$_1$	400	加里东运动	华北为陆，华南浅海，火山活动，陆生植物发育，两栖类动物发育，鱼类极盛
	下古生代 Pz$_1$	志留纪 S	上志留世 S$_3$ 中志留世 S$_2$ 下志留世 S$_1$	440		华北为陆，华南浅海，局部地区火山爆发，珊瑚、笔石发育
		奥陶纪 O	上奥陶世 O$_3$ 中奥陶世 O$_2$ 下奥陶世 O$_1$	500		海水广布，三叶虫、腕足类、笔石极盛
		寒武纪 ∈	上寒武世 ∈$_3$ 中寒武世 ∈$_2$ 下寒武世 ∈$_1$	600	蓟县运动	浅海广布，生物开始大量发展，三叶虫极盛
元古代 Pt	晚元古代 Pt$_2$ Z	震旦亚代 Z	震旦纪 Zz	700		浅海与陆地相间出露，有沉积岩形成，藻类繁盛
			青白口纪 Zq	1000		
			蓟县纪 Zj	1400±50		
			长城纪 Zc	1700±	吕梁运动	海水广布，构造运动及岩浆活动强烈，开始出现原始生命现象
	早元古代 Pt$_1$	古代		2050±	五台运动	
太古代 Ar				2400～2500		
				3650	鞍山运动	
地球初期发展阶段				6000		

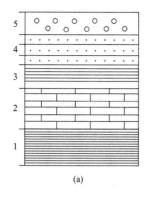 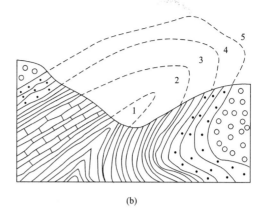

图 2－3　地层正常层序及倒转层序示意图

（a）正常层序；（b）倒转层序

2. 古生物层序法

地质历史上的生物称为古生物。其遗体和遗迹可保存在沉积岩层中，形成化石。生物的演变从简单到复杂，从低级到高级不可逆地不断发展。因此，岩层中出现的生物越原始、越简单、低级则说明地层形成的年代越古老；反之地层中所含的生物越进步、复杂、高级，说明地层时代越新。

3. 岩性对比法

在同一时期、同一地质环境下形成的岩石，具有相同的颜色、成分、结构、构造等岩性特征和层序规律。因此，可根据岩性特征对比来确定某一地区岩石地层的时代。

4. 地层接触关系法

地层间的接触关系是构造运动、岩浆活动和地质发展历史的记录。沉积岩、岩浆岩及其相互间均有不同的接触类型，据此可判别地层间的新老关系。岩层的接触关系有沉积岩之间的整合接触、平行不整合接触、角度不整合接触，岩浆岩与沉积岩之间的沉积接触和侵入接触，以及岩浆岩与围岩之间的穿插接触关系。

（1）整合接触［图 2－4（a）］。是指相邻的新、老两套地层产状一致，它们的岩石性质与生物演化连续而渐变，沉积时间没有间断。它反映了岩层形成时期的地壳运动相对较为稳定，是在地壳均匀下沉、连续沉积的环境中形成的。

（2）不整合接触。由于地壳运动，上下两套地层之间往往出现明显的沉积间断，且岩石性质与古生物演化顺序也不连续，这种接触关系称为不整合接触。由于发生阶段性的变化，接触面上下的地层，在岩性和古生物等方面往往都有显著不同，因此，不整合接触是划分地层相对地质年代的一个重要依据。沉积岩间的不整合接触可分为平行不整合接触和角度不整合接触。

1）平行不整合接触。平行不整合接触或者称之为假整合接触，是指相邻的新、老地层产状基本相同，但两套地层之间发生了较长期的沉积间断，其间缺失了部分时代的地层［图 2－4（b）］。两套地层之间的界面叫做剥蚀面，也叫不整合面，它与相邻的上、下地层产状一致，并有一定程度的起伏。界面上可能保存有风化剥蚀的痕迹，有时在界面靠近上覆岩层底面一侧还有源于下伏岩层的底砾岩。平行不整合主要由地壳的升降运动造成。即由于地壳均衡上升，老岩层露出水面，遭受剥蚀，发生沉积间断．随后地壳均衡下降，在剥蚀面上重新接受沉积，形成上覆新地层。

2）角度不整合接触。角度不整合接触是指相邻的新、老地层之间缺失了部分地层，且彼此之间的产状也不相同，成角度相交［图2-4（c）］。剥蚀面上具有明显的风化剥蚀痕迹，保存着古风化壳、古土壤层，常具有底砾层。角度不整合接触表示较老的地层形成以后。因强烈的构造运动形成褶皱、断裂，并隆起、遭受剥蚀，造成沉积间断。然后，地壳再下降，在剥蚀面上接受沉积，形成新地层。

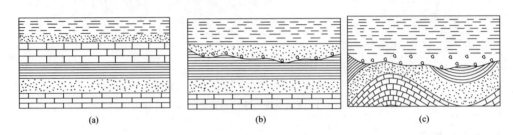

图2-4　沉积岩的接触关系
（a）整合；（b）平行不整合；（c）角度不整合

（3）侵入接触。侵入接触是指由岩浆侵入于先形成的沉积岩层中形成的接触关系（图2-5）。侵入接触的主要标志是侵入体与其围岩之间的接触带有接触变质现象、侵入体边缘常有捕房体、侵入体与围岩的界线常常不很规则等。侵入接触说明岩浆岩侵入体形成的年代晚于沉积岩层的地质年代。

（4）沉积接触。岩浆岩经风化剥蚀后，又继续接受沉积，剥蚀面上部的沉积岩层无变质现象，而在沉积岩的底部往往存在有由岩浆岩成分的砾岩或风化剥蚀的痕迹（图2-6）。根据岩浆岩与沉积岩的沉积接触关系说明岩浆岩形成的年代早于上覆沉积岩的形成年代。

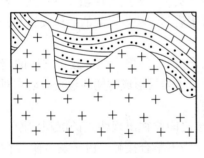

图2-5　侵入接触

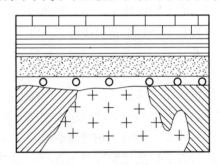

图2-6　沉积接触

（5）穿插接触。穿插接触主要表现为后期生成的岩浆岩脉或岩株等侵入体插入早期生成的围岩（岩浆岩或沉积岩）中，将早期形成的围岩切隔开。穿插接触表明穿插的岩浆岩侵入体总是比被它们所穿过的最新围岩还要年轻。

2.4　地质构造

在构造运动的作用下，组成地壳的岩石和岩体发生变形变位形成各种构造运动的形迹称为地质构造。地质构造的基本类型包括水平构造、倾斜构造、褶皱构造、断裂构造等。其中褶皱构造和断裂构造是最主要的构造类型。

2.4.1　水平构造和单斜构造

水平构造是最简单的一种构造形态 [图 2 - 7 (a)]。沉积作用形成的沉积岩，在没经受构造变动时期，岩层的产状是水平的或者近似水平，称之为水平构造。水平构造的岩层，通常表现为新岩层在上，老岩层在下。一般来说，在地壳的发展过程中，岩层的原始产状都发生了不同程度的改变，水平构造只是一个相对的概念，多指那些受构造运动影响比较轻微的岩层。

受地壳变动影响，使原来水平的岩层，产状发生变动，最简单的形式就是岩层发生倾斜，岩层层面与水平面形成一定的夹角，岩层向同一方向倾斜，称之为单斜构造 [图 2 - 7 (b)]。单斜构造岩层主要表现为三种形式：一种为褶曲构造的一翼；一种为断层构造的一盘，再就是区域内的不均匀抬升或下降运动形成的。

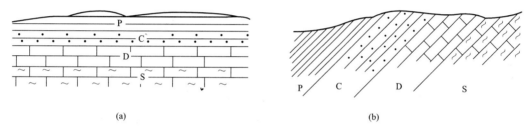

图 2 - 7　水平构造和单斜构造示意图（P、C、D、S 为地层代号）

(a) 水平构造；(b) 单斜构造

岩层的空间位置用岩层产状描述。倾斜构造的产状可以用岩层层面的走向、倾向和倾角三个产状要素（图 2 - 8）来表示。

（1）走向。走向指岩层的层面与水平面交线（图 2 - 8 中 AC 线）的方位角，表示岩层在空间的延伸方向。在几何形态上是一条直线。也就是说，对于同一岩层，走向的表示有两种，角度相差 180°。

（2）倾向。倾向是指垂直走向沿岩石层面向下做一条射线，该射线在水平面上投影线（图 2 - 8 中射线 BD）的方位角，其表示岩层在空间的倾斜方向。

（3）倾角。倾角是指岩层层面与水平面所形成的锐角（图 2 - 8 中角 α）。倾角大小表示岩层在空间倾斜程度。

通过岩层产状三要素，可以表示出构造变动后岩层在空间的位置关系。岩层产状的测定是野外地质调查中的一项主要工作。野外工作中，常采用地质罗盘在岩层层面上直接测定岩层的产状，测定方法如下：

在野外现场要确定岩层的真正露头，选择有代表性的岩层层面来测定岩层产状。测走向时，罗盘水平放置，将罗盘平行于南北方向的

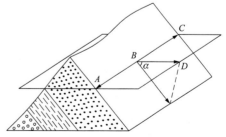

图 2 - 8　岩层产状要素

AC—走向；BD—倾向；α—倾角

长边与层面紧贴，调整圆形固定水准泡居中，这时罗盘边与岩层面的接触线即为走向线，指南针或指北针所指刻度环上的读数就是走向。测倾向时，罗盘水平放置，将罗盘平行于东西方向的短边与岩层面紧贴，且使方向盘上的北端朝向岩层的倾斜方向，调整圆形水准泡居中，这时指北针所指刻度环上的读数就是倾向。测倾角时，罗盘直立摆放，将罗盘平行于南北方向的长边紧贴岩层面，并垂直于走向线，转动罗盘背面的倾角旋钮，使长柱状活动水准泡居中，这时倾角旋钮所指方向盘上的读数就是倾角。

在文字记录中，岩层产状常用三种表示方法。如一组走向为北西320°，倾向南西230°，倾角30°的岩层可表示为N320°W，S230°W，∠30°或SW230°∠30°。由于岩层的走向和倾向相差90°，所以在野外调查记录时，一般采用最简单的表示方法230°∠30°，即只记录岩层的倾向和倾角。

在地质图上，岩层产状通常用符号"╱30°"表示，符号中长线表示岩层的走向，与长线垂直的短线表示岩层的倾向，数字表示岩层的倾角，值得注意的是，在图中，长短线指示的方位均为岩层走向和倾向实测方位。

2.4.2　褶皱构造

在强烈的构造应力作用下，组成地壳的岩层产生一系列的波状弯曲而没有丧失其整体性和连续性的构造形态称之为褶皱构造。褶皱构造属于岩层的塑性变形，为地壳表层发育广泛的构造形态之一，在沉积岩层中最为明显，在块状岩体中则很难见到。褶皱构造产生的主要原因是地壳运动中形成的水平挤压力，但少数是由于垂直力或者力偶的作用而形成。褶皱构造多发育在夹于两个坚硬岩层间的较弱岩层中或断层带附近。

1. 褶曲

褶皱构造通常是一系列的波状弯曲，我们把其中的一个弯曲称为褶曲，褶曲是褶皱构造的基本组成单位。每个褶曲一般有核、翼、轴面、轴、枢纽及转折端等几个部分组成，称之为褶曲要素（图2-9）。

（1）褶曲要素。

1）核。核是褶曲的中心部分一个岩层，也就是褶曲中央最内部的一个岩层。

2）翼。翼是指位于核部两侧，向不同方向倾斜的岩层（图2-9中 ABH 或 BCH）。

3）轴面。轴面从褶曲顶部能平分两翼的面称为褶曲轴面（DHFE）。褶曲轴面不是一个真实存在的面，而是为了标定褶曲方位及产状而划定的一个假想面。褶曲轴面的形态不是固定的，可以是一个简单的平面，也可以是一个复杂的曲面，可以是直立的，倾斜的，也可以是平卧的。

4）轴。轴是指褶曲轴面与水平面的交线（DH）。通常用轴的方位表示褶曲的方位，轴的长度表示褶曲的延伸的规模。

5）枢纽。枢纽是指褶曲岩层同一层

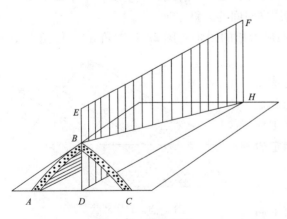

图2-9　褶曲要素

面与轴面的交线（*BH*）。由于褶曲层面的形态不同，褶曲枢纽有水平的，有倾斜的，有波状起伏的。通过枢纽形态的变化可以考察褶曲在延伸方向产状的变化情况。

转折端是从一翼转到另一翼的过渡的弯曲部分，即两翼的汇合部分。

（2）褶曲基本形态。

褶曲有背斜和向斜两种基本形态（图 2 - 10）。

1）背斜。背斜是指岩层向上隆起的弯曲。背斜褶曲的岩层以褶曲轴为中心向两翼倾斜，地表受到剥蚀露出有不同地质年代的岩层时，年代较老的岩层出现在轴部，从轴部向两翼依次出现较新的岩层，并且两翼岩层呈对称出现。

2）向斜。向斜是指岩层向下凹陷弯曲的褶曲形态。向斜褶曲中，岩层的倾斜方向与背斜相反，两翼的岩层都向褶曲的轴部倾斜。地面遭受剥蚀时，向斜褶曲轴部出露的是较新的岩层，向两翼依次出露的较老的岩层，其两翼岩层也对称分布。

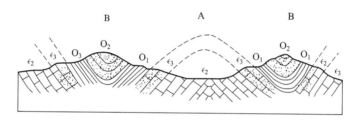

图 2 - 10　背斜与向斜剖面示意图（左边为未剥蚀；右边为经剥蚀）

（3）褶曲形态分类。

褶曲的形态多种多样，为了便于描述和研究，可以从不同轴面产状、枢纽产状等几个方面对褶曲进行分类。

1）依据轴面产状分类。

① 直立褶曲。直立褶曲的轴面直立，两翼岩层倾向相反，倾角基本相同，在横剖面上两翼呈对称分布［图 2 - 11（a）］。

② 倾斜褶曲。倾斜褶曲的轴面倾斜，两翼岩层倾向相反，但倾角不相等。在横剖面上两翼不对称分布［图 2 - 11（b）］。

③ 倒转褶曲。倒转褶曲的轴面倾斜，两翼也呈倾斜形态，两翼岩层倾向相同，倾角相等或不相等，一翼岩层层序正常，另一翼岩层层序倒转［图 2 - 11（c）］。

④ 平卧褶曲。平卧褶曲的轴面水平，两翼岩层近于水平重叠，一翼层序正常，另一翼倒转［图 2 - 11（d）］。

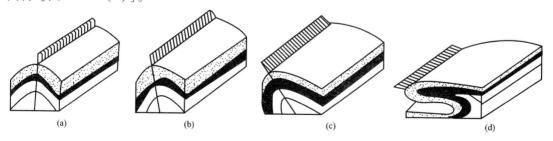

图 2 - 11　根据轴面产状划分的褶曲形态类型

（a）直立褶曲；（b）倾斜褶曲；（c）倒转褶曲；（d）平卧褶曲

褶曲的轴面产状形态和两翼岩层倾角大小，通常由岩石的受力性质和强度控制。受力强度比较小，受力类型比较单一的地区，多形成两翼岩层较舒缓的直立褶曲或者是倾斜褶曲；如果区域受力类型比较复杂或者受力强烈的地区，褶曲类型常表现为倒转褶曲或者平卧褶曲。

2）如果按褶曲枢纽的产状类型，褶曲可以分为：

① 水平褶曲。水平褶曲是指其枢纽水平或者近于水平展布，两翼岩层走向大致平行延伸并对称分布（图2-12）。

② 倾伏褶曲。倾伏褶曲的枢纽向一端倾伏，两翼岩层走向发生弧形合围，在转折端处闭合（图2-13）。对于背斜，合围的尖端指向枢纽的倾伏方向；对于向斜，合围的开口指向枢纽的倾伏方向。

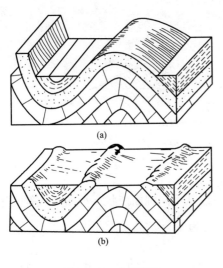

图2-12　水平褶曲

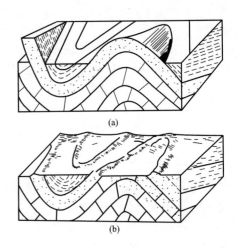

图2-13　倾伏褶曲

值得注意的是，褶曲构造延伸的规模大小不一，并且相差非常悬殊。长的可以达数百千米，甚至数千千米以上，短的可以仅有几个厘米。褶曲根据长宽比例的不同，划分为几个形态。一般把长宽比大于10的褶曲称为线性褶曲；长宽比在10～3之间的，褶曲向两端倾斜，如果是背斜称之为短背斜，如果是向斜称之为短向斜。长宽比小于3的圆形背斜称为穹窿，向斜则称之为构造盆地。

2. 褶皱构造

褶皱构造是褶曲的组合形态，一般而言，两个或两个以上的褶曲组合成褶皱构造。在构造活动强烈区域，单一的褶曲构造存在的现象比较少见，通常是向斜与背斜相间排列，走向大致平行，有规律的组合成不同形式的褶皱构造（图2-14）。有时候是单一的褶皱构造，但有的时候，后期的褶皱构造叠加在早期褶皱构造上，形成复杂的构造体系。一些很著名的山脉，如祁连山、秦岭和昆仑山等，都是这些复杂的褶皱构造山脉。

（1）褶皱构造的野外识别。

正常情况下，背斜为山，向斜为谷。但在野外实际情况要复杂得多。前面提到过，早期形成的背斜山，当出露地表在遭受长期剥蚀时，不仅可以逐渐地夷为平地，而且往往由于背

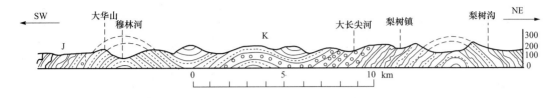

图 2－14　吉林穆林河至梨树沟地质剖面图
J—侏罗纪煤系；K—白垩纪砾岩及砂岩

斜轴部岩层遭到构造作用的强烈破坏，甚至在一定的外力条件下可以发展成为谷地。同样的道理，由于地形的抬升隆起，向斜山的情况在野外比较常见。因此不能够完全以地形的起伏情况作为识别褶皱构造的主要标志。

褶皱构造的规模有较小的，也有很大的。小的褶皱可以在小范围内，通过几个在基岩面上的露头进行观察。但规模较大的褶皱，分布的范围大，并常受地形高低起伏的影响，很难一览无余，也不可能通过少数几个露头就能窥其全貌。对于这样的大型褶皱构造，在野外通常根据实际情况采用穿越法或者追索法来进行识别。

1）穿越法。穿越法是指垂直岩层走向，沿着选定的路线进行调查。穿越法的优点是有利于调查岩层的产状、层序及其新老关系。如果在路线通过地带的岩层呈有规律的重复出现，且对称分布，说明为褶皱构造。然后根据岩层出露的层序及其新老关系，判断是背斜还是向斜，如果老岩层在中间，新岩层在两边，是背斜；如果新岩层在中间，老岩层在两边，则是向斜。然后进一步分析两翼岩层的产状，如果两翼岩层均向外或向内倾斜，倾角大体相等者，为直立背斜或向斜；倾角不等者，为倾斜背斜或向斜。

2）追索法。追索法是指沿着平行于岩层走向的调查路线进行观察的方法。平行岩层走向进行追索观察，便于调查褶皱构造延伸的方向及其构造变化的情况。当两翼岩层在平面上平行展布，为水平褶皱，如果是两翼岩层在转折端闭合或呈 S 形时，为倾伏褶皱。

穿越法和追索法各有优缺点，在野外调查工作中，要根据实际条件，综合选用，在实践中，一般以穿越法为主，追索法为辅，根据不同情况，二者穿插运用。

（2）褶皱构造的工程地质评价。

对于规模稍大的褶皱构造，相对于建筑物来说，起主导作用的主要是褶皱构造的翼部，而褶曲的翼部一般来说是单斜构造。单斜构造对于一般建筑工程的工程地质问题主要是斜坡稳定性问题。

对于路线或者隧道工程、大坝等线性构筑物而言，褶皱构造的工程地质问题就是倾斜岩层的产状与路线或隧道轴线走向的关系问题。

一般来说，褶皱构造对建筑工程的影响主要有以下几个方面：

1）褶曲核部或转折端岩层由于受水平张拉应力作用，节理发育，破坏岩体结构的完整性和强度，另外在石灰岩地区还往往导致岩溶较为发育，所以在核部布置各种建筑工程，如房屋建筑、道路桥梁、坝址、隧道等，必须注意岩层的坍落、漏水、涌水问题。

2）在褶曲翼部布置建筑工程，要重点注意岩层的倾向及倾角的大小，注意其滑动性对岩体稳定性有一定影响。

3）地下工程（隧道或道路工程线路），一般宜设计在褶皱翼部。让线性工程（如隧道）

通过性质均一岩层，有利于稳定。

4）对于深路堑和高边坡来说，路线垂直岩层走向，或路线与岩层走向平行但岩层倾向与边坡倾向相反时（也就是通常所说的反向坡），仅从岩层产状与路线走向的关系方面而言，对路基边坡的稳定性是有利的。不利的情况是路线走向与岩层的走向平行，边坡与岩层的倾向一致，特别在云母片岩、绿泥石片岩、滑石片岩、千枚岩等松软岩石分布地区，坡面容易发生风化剥蚀，产生严重碎落坍塌，对路基边坡及路基排水系统会造成经常性的危害。最不利的情况是路线与岩层走向平行，岩层倾向与路基边坡一致，而边坡的坡角大于岩层的倾角，特别在石灰岩、砂岩与粘土质页岩互层，且有地下水作用时，如路堑开挖过深，边坡过陡，或者由于开挖使软弱构造面暴露，都容易引起斜坡岩层发生大规模的顺层滑动，破坏路基稳定。

5）隧道工程一般从褶曲构造的翼部通过是比较有利的。但是中间若遇到有松软岩层或软弱构造面时，那么隧道在顺倾向一侧的洞壁，可能出现明显的偏压现象，甚至能导致支撑破坏，发生局部坍塌。

6）在褶曲构造的轴部，从岩层的产状来说，是岩层倾向发生显著变化的地方，就构造作用对岩层整体性的影响来说，又是岩层受应力作用最集中的地方，所以在褶曲构造的轴部，不论公路、隧道或桥梁工程，容易遇到工程地质问题，主要是由于岩层破碎而产生的岩体稳定问题和向斜轴部地下水的问题。

2.4.3　断裂构造

构成地壳的岩层在强烈构造应力作用下发生变形，当变形达到一定程度时，发生断裂，导致岩层的连续性和完整性遭到破坏，产生各种大小不一样的断裂，称为断裂构造。断裂构造和褶皱构造一样，是地壳表层最为常见的构造形态。断裂构造在地壳表层发育分布十分广泛，特别是在一些断裂构造发育的地带，断裂构造常成群分布，形成很大的断裂构造带。由于断裂构造破坏了岩层的整体性和完整性，它往往是工程岩体稳定性的控制性因素。

一般来说，根据岩体断裂后，断裂面两侧岩体相对位移的情况，断裂构造分为断层和节理两大类型。

1. 节理

节理也称之为裂隙，是存在于岩体中的裂缝，是指岩层受力断开后，裂面两侧岩层沿断裂面没有明显的相对位移时的断裂构造。

节理的断裂面称为节理面。节理分布十分普遍，自然界存在的岩体几乎都有不同程度的节理发育。节理的延伸范围变化较大，由几厘米到几十米不等。节理面在空间的状态称为节理产状，其定义和测量方法与我们前面讲到的岩层面产状类似。

节理常把岩体分割成形状不同、大小不等的岩块，小块岩石的强度与包含节理的岩体的强度明显不同。在工程建设中，岩石边坡失稳和隧道洞顶坍塌往往与节理有关。

（1）节理的类型。

1）按成因分类。节理按成因可分为原生节理、构造节理和表生节理；但值得注意的是，有些学者将节理分为原生节理和次生节理，次生节理再进一步细分为构造节理和非构造节理。

① 原生节理。原生节理是指岩石形成过程中形成的节理。如玄武岩在冷却凝固时形成的枝状节理。

② 构造节理。构造节理是指在构造运动而产生的构造应力的作用下形成的节理。构造节理在成因上与相关构造（母体）和应力作用的方向和性质有着较为密切的联系，因此构造节理在空间分布上具有一定的规律性。构造节理常常成组出现，可将其中一个方向的一组平行节理称为一组节理，同一期构造应力形成的各组节理有成因上的联系，并按一定规律组合。不同时期的节理对应错开。

③ 表生节理。由风化、爆破以及沿沟壁岸坡发育的卸荷等作用形成的节理，分别称为风化节理、爆破节理、卸荷节理等。表生节理常直接称之为裂隙，属非构造次生节理。表生节理一般分布在地表浅层，大多无一定方向性。在表生节理中，具有普遍意义的是风化裂隙（节理），风化裂隙主要发育岩体靠近地表的部位，地面以下 10～15m 以上的深度，就很少见到风化裂隙。表生节理（裂隙）分布多为凌乱，没有规律性可考，表生节理的存在，多使岩体切割成大小不等，形状不一的碎块。

2）按力学性质分类。根据节理的力学性质，可把构造节理分为剪节理（亦称扭节理）和张节理两类。

① 剪（扭）节理。岩石受剪（扭）应力作用形成的破裂面称剪节理，其两组剪切面一般形成 X 型的节理，故又称 X 节理（或称之为共轭节理）。剪节理常与褶皱、断层相伴生。剪节理的主要特征是：节理产状稳定，沿走向和倾向延伸较远；节理面平直光滑，常有剪切滑动留下的擦痕，可用来判断两侧岩石相对移动方向；剪节理面两壁间的裂缝很小，一般呈闭合状；在砾岩中可以切穿砾石。剪节理常成对呈 x 型出现，发育较密，节理之间距离较小，特别是软弱薄层岩石中常密集成带。由于剪节理交叉互相切割岩层成碎块体，破坏岩体的完整性，故剪节理面常是易于滑动的软弱面。多发育在褶曲的翼部和断层附近。

② 张节理。岩层受拉张应力作用而形成，断裂面两侧岩块没有发生显著位移的断裂构造，称张节理。当岩层受挤压时，初期是在岩层面上沿先发生的剪节理追踪发育形成锯齿状张节理。在褶皱岩层中，多在弯曲顶部产生与褶皱轴走向一致的张节理。

张节理的主要特征是：节理产状不稳定，延伸不远即行消失。节理面弯曲且粗糙，张节理两壁间的裂缝较宽，呈开口或楔形，并常被岩脉充填；张节理一般发育较稀，节理间距较大，很少密集成带，张节理往往是渗漏的良好通道。

剪节理和张节理是地质构造应力作用形成的主要节理类型，故又称为构造节理，在地壳岩体中广泛分布，对岩体的稳定性影响很大。

3）按与岩层产状的关系分类。按与岩层产状的关系可分为走向节理、倾向节理、斜交节理

① 走向节理。节理的走向与岩层走向平行；

② 倾向节理。节理的走向与岩层走向垂直；

③ 斜交节理。节理的走向与岩层走向斜交。

（2）节理发育程度分级。

按节理（裂隙）的组数、密度、长度、张开度及充填情况，对节理发育情况分级。表2-4 为公路工程地质常用的节理发育程度的分级。

表 2 - 4   公路工程地质常用的节理发育程度分级表

发育程度等级	基 本 特 征	备 注
节理不发育	节理 1 ～ 2 组，规则，构造型，间距在 1m 以上，多为密闭型节理，岩体被切割成巨块状	对基础工程无影响，在不含水且无其他不良因素时，对岩体稳定性影响不大
节理较发育	节理 2 ～ 3 组，呈 X 形，较为规则，以构造型为主，多数间距大于 0.4 米，多为密闭型节理，少有填充物。岩体被切割成大块状	对基础工程影响不大，对其他工程可能产生相当的影响
节理发育	节理 3 组以上，不规则，以构造型或风化型为主，多数节理间距小于 0.4m，多数为张开节理，部分有填充物。岩体被切割成小块状	对工程建（构）筑物可能产生很大的影响
节理很发育	节理 3 组以上，杂乱，以风化型和构造型为主，多数间距小于 0.2m，以张开裂隙为主，一般均有填充物。岩体被切割成碎块状	对工程建（构）筑物产生严重影响

注：节理宽度小于 1mm 的为密闭节理；1 ～ 3mm 的为微张节理；3 ～ 5mm 的为张开节理；大于 5mm 的为宽张节理。

（3）节理的调查、统计和表示方法。

为了反映节理分布规律及它对岩体稳定性的影响，需要进行节理的野外调查和室内资料整理工作，并利用统计图式，把岩体节理的分布情况表示出来。

调查时应先在工作地点选择一具代表性的基岩露头，对一定面积内的节理，调查内容包括以下几个部分：

1）节理的成因类型、力学性质。

2）节理的产状要素。

3）节理的组数、密度和产状。节理的密度一般采用线密度或体积节理数表示。线密度以"条/m"为单位进行计算。体积节理数用单位体积内的节理数表示。

4）节理的张开度、长度和节理面壁的粗糙度。

5）节理的充填物质及厚度、含水情况。

6）节理发育程度分级。

调查过程中，填写节理野外调查测量记录表（表 2 - 5）。节理产状的测定方法和岩层产状的测定方法完全相同。但在测量过程中，为测量的方便，通常用一硬纸片，在裂隙面出露不佳时，将纸片插入节理中，此时纸片的产状代替节理的产状。

表 2 - 5   节理野外调查测量记录表

编号	节 理 产 状			长度	宽度	条数	填充情况	成因类型
	走向	倾向	倾角					
1	NW312°	NE42°	18°			20	有	扭性
2	NW330°	NE60°	40°			15	加泥	扭性
3	NE30°	NW300°	75°			40	无	扭性

统计节理有多种图式，节理玫瑰图就是常用的一种，它可用来表示节理的发育程度。节理玫瑰图可以用节理走向编制，也可以用节理倾向编制，分别称之为节理走向玫瑰图和节理

倾向玫瑰图。其资料的编制方法如下：

1）节理走向玫瑰图　通常是在一任意半径的半圆上，画上刻度网，把所得的节理按走向以每 5°或每 10°分组，统计每一组内的节理条数并算出平均走向。自圆心沿半径引射线，射线的方位代表每组节理平均走向的方位，射线的长度代表每组节理的条数。然后用折线把射线的端点连接起来，即得到节理玫瑰花，[图 2 – 15（a）]。图中的每一个"玫瑰花瓣"越长，反映沿这个方向分布的节理越多。从图中可以看出，比较发育的节理有：共五组。

2）节理倾向玫瑰图　通常是先将测得的节理，按倾向以每 5°或每 10°为一组，统计每组内节理的条数，并算出其平均倾向，用绘制走向玫瑰图的方法，在注有方位的圆周上，根据平均倾向和节理条数，定出各组相应的端点。用折线将这些点连接起来，即为节理倾向玫瑰图 [图 2 – 15（b）]。

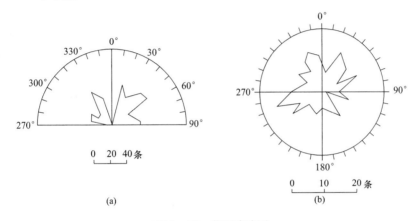

图 2 – 15　节理玫瑰图
（a）节理走向玫瑰图；（b）节理倾向玫瑰图

如果用平均倾角表示半径方向的长度，用同样方法可以编制节理倾角玫瑰图。节理玫瑰图编制方法的优点是简单，但最大的缺点是不能在同一张图上把节理的走向、倾向和倾角同时表示出来。

（4）节理的工程地质评价。

岩石中发育节理，在工程建设上除有利于开挖外，对岩体的强度和稳定性均有不利影响。岩体中存在节理，节理破坏了岩体的整体性，促使风化速度加快；增强了岩体的透水性，使岩体强度和稳定性降低。若节理的主要发育方向与路线走向平行，倾向与边坡一致，不论岩体的产状如何，路堑边坡都容易发生崩塌或碎落。在路基施工时，还会影响爆破作业的效果。所以，当节理有可能成为影响工程设计的重要因素时，应当进行深入的调查研究，详细论证节理对岩体工程建筑条件的影响，采取相应措施，以保证建筑物的稳定和正常使用。

2. 断层

岩体受到强烈构造应力作用断裂后，两侧岩块沿断裂面发生了显著位移的断裂构造称为断层。断层发育十分广泛，并且断层的规模相差很大，大的断层延伸数百公里甚至上千公里，小的断层则仅有几厘米，甚至在手标本上就能见到。有的断层切穿了地壳岩石圈，有的则发育在地表浅层。断层面两侧岩块的相对位移也是从几厘米到几十千米不等。

断层是一种重要的地质构造，地震与活动性断层有关；建筑工程的工程地质问题多与断层构造有关，例如隧道中大多数的塌方、涌水均与断层有关。

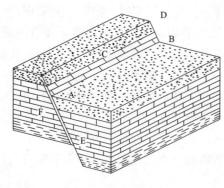

图 2 – 16　断层要素

（1）断层的要素。

断层的基本组成部分称之为断层要素，主要有断层面（破碎带）、断层线、断盘及断距等（图 2 – 16）。

1）断层面和破碎带（C）。两侧岩块发生位移错动的破裂面称为断层面，它可以是平面或曲面。断层面可以是直立的，但多数情况下是倾斜的。断层面的产状可以用走向、倾向及倾角来表示。规模较大的断层，断层两侧岩块的运动并非沿一个简单的面发生，而是沿着由许多的破裂面组成的错动带发生，这个错动带称为断层破碎带。断层破碎带的宽度从数厘米到数十米不等，例如我国著名的红河断裂，其破碎带最宽的地方甚至达到了数千米，断层的规模越大，破碎带就越宽，越复杂。由于两侧岩块沿断层面发生错动，所以在断层面上往往留有明显的擦痕，早期的断层带中还会形成断层糜棱岩、断层角砾岩和断层泥等构造遗迹。

2）断层线（AB）。断层面与地面的交线称为断层线。断层线反映了断层在地表的延伸方向。它可以是直线，也可以是曲线，决定于断层面的形状和地面的起伏情况。

3）断盘（E 和 F）。是指断层面两侧发生相对移动的岩块，称之为断盘。当断层面是倾斜的，则在断层面以上的断盘称为上盘（E），在断层面以下的断盘称为下盘（F）；若断层面是直立的，在根据断块所在的方位表示，如南盘、北盘，东盘和西盘等。按两盘相对运动方向划分的话，通常把相对上升的一盘叫上升盘；把相对下降的一盘叫下降盘。值得注意的是上盘既可以是上升盘，也可以是下降盘，下盘亦如此，两种概念不能混淆。

4）断距。断层两盘沿断层面发生的相对位移称之为断距（图 2 – 16 中 DB 的长度），断距的水平分量称为水平断距，铅直分量称铅直断距。

（2）断层的基本类型。

断层的分类方法很多，所以有各种不同的类型。按断层两盘相对位移的方式，可把断层分为正断层、逆断层和平移断层三种基本的类型。

1）正断层。正断层是指上盘相对下降，下盘相对上升的断层（图 2 – 17）。正断层一般受地壳水平张拉应力作用或受重力作用，导致断层上盘沿断层面向下错动而形成。正断层的规模一般不大，断层线比较平直，断层面多陡直，倾角大多在 45°以上。

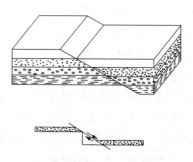

图 2 – 17　正断层

2）逆断层。逆断层是指断层的上盘相对上升，下盘相对下降的断层（图 2 – 18）。逆断层主要受地壳水平挤压应力作用，使上盘沿断层面向上错动而形成的。逆断层常与褶皱构造相伴生。逆断层断层线的走向常与岩层走向或褶皱轴的走向近于一致，和压应力作用的方向相垂直。按断层面倾角的大小有大有小，也就是说断层面从陡倾角到缓倾角都有，断层面倾角大于 45 度的称之为冲断层，断层面倾角在 25°~ 45°之间的逆断层，常由倒转褶曲进一步发展而成，称之为逆掩断层（图 2 – 19），断层面倾角小于 25°的逆断层称之为辗掩断层。逆掩断层和辗掩断层一般规模巨大，常有时代老的地层被推埋到时代新的地层之上，形成推覆构造。

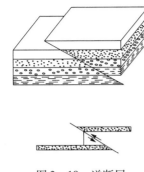

图 2 - 18　逆断层

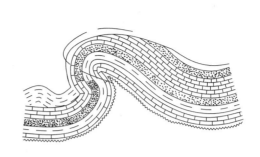

图 2 - 19　逆掩断层

　　3）平移断层。平移断层是指断层两盘主要在水平方向上相对错动的断层（图 2 - 20）。平移断层主要由地壳水平剪切作用形成，断层面常陡立，断层线比较平直。

　　正断层、逆断层、平推断层是断层的三个基本类型，由于实际情况岩体受力条件和边界条件都比较复杂，因此，在野外常见到平推断层和正断层或逆断层的复合类型和各种断层的组合形式。平推断层和正断层、平推断层和逆断层的复合类型分别称为平推正断层、平推逆断层。

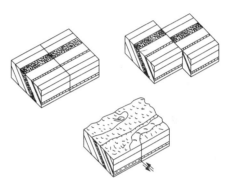

图 2 - 20　平移断层

　　（3）断层的组合类型。

　　断层形成和分布，不是偶然的孤立的现象。断层受着区域性或地区性地应力场的控制，并与相关构造相伴生，很少单独出现。在各构造之间，通常依据一定的力学性质，以一定的排列方式有规律的组合在一起，形成不同形式的断层带。断层带也称之为断裂带，是局限于一定地带内的一系列走向大致平行的断层组合，也就是说断层在一个地区内往往是成群出现，并呈有规律的排列组合。常见的断层组合类型有下列几种。

　　1）阶梯状断层。阶梯状断层是由若干条产状大致相同的正断层平行排列组合而成，在剖面上各个断层的上盘呈阶梯状相继向同一方向依次下滑（图 2 - 21）。

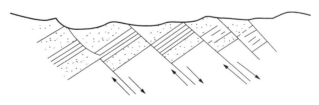

图 2 - 21　阶梯状断层

　　2）地堑与地垒。地垒或者地堑是由走向大致平行、倾向相反、性质相同的两条或两条以上断层组合而成的（图 2 - 22），如果两个或两组断层之间岩块相对下降，两边岩块相对上升为地堑，反之中间上升两侧下降则称为地垒。两侧断层一般是正断层，有时也可以是逆断层。地堑比地垒发育更广泛，地质意义更重要。地堑在地貌上是狭长的谷地或成串展布的长条形盆地与湖泊，我国规模较大的有汾渭地堑等。

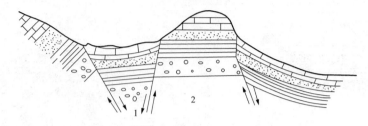

图 2-22　地堑与地垒

1—地堑；2—地垒

在地形上，地垒多形成块状山地，如天山、阿尔泰山等都广泛发育有地垒构造。地堑常形成狭长的凹陷地带，像我国的汾河谷地、渭河河谷等都是比较著名的地堑构造。

3）叠瓦状构造。叠瓦状构造指一系列产状大致相同呈平行排列的逆断层的组合形式，各断层的上盘岩块依次上冲，在剖面上呈屋顶瓦片样依次重叠。

在断层分布密集的断层带内，岩层一般受到较为强烈的构造变形破坏，产状紊乱，岩层破碎，地下水多，沟谷斜坡崩塌、滑移、泥石流等不良工程地质问题多发，应引起工程技术人员的高度重视。

（4）断层的野外识别标志。

断层的存在，在许多情况下对工程建设是不利的。为了采取措施，防止断层对工程建筑物的不良影响，必须识别断层的存在。

当岩层发生断裂形成断层后，不仅会改变原有地层的分布规律，还常在断面及相关部分形成各种伴生构造，并形成与断层构造有关的地貌现象。在地表留下这样那样的直接证据和地貌、水文等方面的间接证据可用于判断断层的存在与否及断层类型。

1）构造线和地质体的不连续。任何线状或面状的地质体，如地层、岩脉、岩体、不整合面、侵入体与围岩的接触界面、褶皱的枢纽及早期形成的断层等，在平面或剖面上的突然中断、错开等不连续现象是判断断层存在的一个重要标志。

2）地层的重复与缺失。在层状岩石分布地区，沿岩层的倾向，原来层序连续的地层发生不对称的重复现象或者是某些层位的缺失现象，一般是走向正（或逆）断层造成的。地层重复与缺失的几种形式［图 2-23（a）、图 2-23（b）］。断层造成的地层重复和褶皱构造造成的地层重复的区别是前者是单向重复，后者为对称重复。断层造成的缺失与不整合造成的缺失是不同的，断层造成的岩层缺失只限于断层两侧．而不整合造成的岩层缺失却是区域性的。

3）断层面（带）的构造特征。

① 岩层因断层两盘发生相对错动，断层面两侧岩层常常形成一些刻痕、小阶梯或磨光的平面，分别称为擦痕［图 2-23（f）］、阶步等。

② 构造岩。断层带岩层在巨大的地应力作用下，相互错动，导致断层带岩层十分破碎，形成一个破碎带．称断层破碎带。破碎带宽几十厘米至数百米不等，破碎带内碎裂的岩、土体经胶结后成岩，称为构造岩。构造岩颗粒直径大于 2mm 时叫断层角砾岩［图 2-23（e）］；有时断层面被研磨成细泥，称之为断层泥。

③ 牵引现象［图 2-23（d）］。断层运动时，断层面附近的岩层受断层面上摩擦阻力的

影响，在断层面附近形成弯曲现象，称为断层牵引现象，其弯曲方向一般为本盘运动方向。

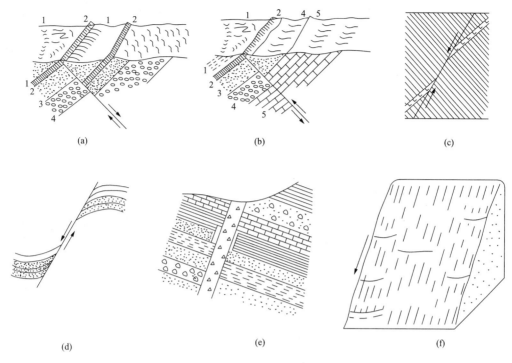

图 2-23 断层现象
（a）岩层重复；（b）岩层缺失；（c）岩脉错断；（d）岩层牵引弯曲；（e）断层角砾；（f）断层擦痕

（5）地貌标志。

在断层通过地区，沿断层线常形成一些特殊地貌现象。

① 断层崖和断层三角面。在断层两盘的相对运动中，上升盘常常形成陡崖，称为断层崖。如峨眉山金顶舍身崖。当断层崖受到与崖面垂直方向的地表流水侵蚀切割，使原崖面形成一排三角形陡壁时，称为断层三角面。

② 断层湖、断层泉。沿断层带常形成一些串珠状分布的断陷盆地、洼地、湖泊、泉水等，可指示断层延伸方向。

③ 错断的山脊、急转的河流。正常延伸的山脊突然被错断，或山脊突然断陷成盆地、平原，正常流经的河流突然产生急转弯，一些顺直深切的河谷，均可指示断层延伸的方向。

在野外调查中，判断一条断层是否存在，主要是依据地层的重复、缺失和构造不连续这两个标志。其他标志只能作为辅证，不能依此下定论。

（6）断层的工程地质评价。

断层的存在，从总体上说，破坏了岩体的完整性，断层面或破碎带的抗剪强度远低于岩体其他部位的抗剪强度。由此断层一般从以下几个方面对工程建筑产生影响。

1）首先断层的存在降低了地基岩体的强度及稳定性。断层破碎带力学强度低，压缩性增大，会发生较大沉陷，易造成建筑物断裂或倾斜。断裂面是极不稳定的滑移面，对岩质边坡稳定及桥墩稳定常有重要影响。其次断裂构造带不仅岩体破碎，而且断层上、下盘的岩性也可能不同，如果在此处进行建筑工程，有可能产生不均匀沉降。

2）针对道路建设工程来说，由于断层的存在，致使岩层岩体裂隙增多，岩石破碎，风化严重，地下水发育，从而降低岩石强度和稳定性，因此，在道路工程建设中，如确定路线布局，选择桥位和隧道位置时，要尽量地避开大的断层破碎带。

3）在道路线路布局，特别是安排河谷路线时，要特别注意河谷地貌与断层构造的关系。当路线与断层走向平行，路基靠近断层破碎带时，由于开挖路基，容易导致路堑边坡的坍塌和滑移，直接影响施工安全和道路的正常使用。在进行大桥桥位勘测时，要注意查明桥基部分有无断层存在及其影响程度，以便在设计基础工程时采取相应的处理措施。

2.5　地质图

地质图是反映一个地区各种地质条件的图件，是将自然界的地质情况，用规定的符号按一定的比例缩小投影绘制在平面上的图件，是工程实践中需要搜集和研究的一项重要地质资料。要清楚地了解一个地区的地质情况，需要花费不少的时间和精力，如果通过对已有地质图的分析和阅读，就可帮助我们具体了解一个地区的地质情况。这对我们研究路线的布局，确定野外工程地质工作的重点等，都可以提供很好的帮助。因此，学会分析和阅读地质图，是十分必要的。

2.5.1　地质图的种类

由于工作目的不同，绘制的地质图也不同，常见的地质图有普通地质图、工程地质图、水文地质图、第四纪地质图等几种。

（1）普通地质图。普通地质图是表示某地区地形、地层分布、岩性和地质构造等基本地质内容的图件。它把出露于地表的不同地质时代的地层分界线、主要构造线等地质界线投影在地形图上，并附有一两个典型的地质剖面图和综合地层柱状图。平面图是反映地表地质条件的图，它一般是通过野外地质勘测工作，直接填绘到地形图上编制出来的。剖面图是反映地表以下某一断面地质条件的图。它可以通过野外测绘或勘探工作编制，也可以在室内根据地质平面图来编制。综合地层柱状图综合反映一个地区各地质年代的地层特征、厚度和接触关系等。

地质平面图全面地反映了一个地区的地质条件，是最基本的图件。地质剖面图是配合平面图，反映一些重要部位的地质条件。它对地层层序和地质构造现象的反映比平面图更清晰、更直观，因此，一般地质平面图都附有剖面图。

普通地质图通常简称为地质图。根据地质图可编绘其他地质图。

（2）工程地质图。根据不同的工程地质条件，为各种工程专门编制的地质图。它是在相应比例尺的地质图上表示各种工程地质勘察成果的综合图件。为工程建筑专用的地质图有：房屋建筑工程地质图、水库坝址工程地质图、矿山工程地质图、铁路工程地质图、公路工程地质图、港口工程地质图、机场工程地质图等。如铁路工程地质图上还应标明滑坡、崩塌、泥石流等不良地质现象及其分布。

（3）水文地质图。表示一个地区水文地质条件和地下水形成、分布规律的地质图件。根据某项工程建筑需要而编制的水文地质图称为专门水文地质图。

反映地区水文地质资料的图件。可分为岩层含水性图、地下水化学成分图、潜水等水位线图、综合水文地质图等类型。

（4）第四纪地质图。主要反映第四纪松散沉积物的成因、形成年代、成分、地貌类型、岩性及分布情况而编制的综合图件。

2.5.2　地质图的规格和符号

1. 地质图的规格

地质平面图应有图名、图例、比例尺、编制单位和编制日期等。

图例是用各种颜色和符号，说明地质图上所有出露地层的新老顺序、岩石成因和产状及其构造形态。图例通常放在图幅右侧，一般自上而下或自左而右按地层（上新下老或左新右老）、岩石、构造顺序排列，所用的岩性符号、地质构造符号、地层代号及颜色都有统一规定。

比例尺的大小反映地质图的精度。比例尺越大，图的精度越高，对地质条件的反映越详细。比例尺的大小取决于地质条件的复杂程度和建筑工程的类型、规模及设计阶段。

2. 地质图的符号

地质图是根据野外地质勘测资料在地形图上填绘编制而成的。它除了应用地形图的轮廓和等高线外，还需要用各种地质符号来表明地层的岩性、地质年代和地质构造情况。所以，要分析和阅读地质图，了解地质图所表达的具体内容，就需要了解和认识常用的各种地质符号。

（1）地层年代符号。在小于 1:10 000 的地质图上，沉积地层的年代是采用国际通用的标准色来表示的（表 2-6），在彩色的底子上，再加注地层年代和岩性符号。在每一系中，又用淡色表示新地层，深色表示老地层。岩浆岩的分布一般用不同的颜色加注岩性符号表示（表 2-7）。在大比例尺的地质图上，多用单色线条或岩石花纹符号再加注地质年代符号的方法表示。当基岩被第四纪松散沉积层覆盖时，在大比例的地质图上，一般根据沉积层的成因类型，用第四纪沉积成因分类符号表示。

表 2-6　　　　　　　　　　　　　地质年代代号及色谱

地质年代	代号	色谱	地质年代	代号	色谱
第四纪	Q	浅黄色	志留纪	S	橄榄绿色
第三纪	R	橙黄色	奥陶纪	O	浅蓝色
白垩纪	K	草绿色	寒武纪	∈	深橄榄绿色
侏罗纪	J	蓝色	震旦纪	Z	黄灰色
三叠纪	T	紫色	元古代	Pt	深灰黄色
二叠纪	P	棕黄色	太古代	Ar	玫瑰色
石炭纪	C	灰色	时代不明显的变质岩层	M	深桃红色
泥盆纪	D	褐色			

表 2-7　　　　　　　　　　　　　主要岩浆岩代号及色谱

岩石名称	代号	色谱	岩石名称	代号	色谱
花岗岩	γ	红色	安山岩	α	橘红色
流纹岩	λ		辉长岩	β	深绿色
闪长岩	δ	橘红色	玄武岩	ε	深绿色

（2）岩石符号。岩石符号是用来表示岩浆岩、沉积岩和变质岩的符号，由反映岩石成因特征的花纹及点线组成。在地质图上，这些符号画在什么地方，表示这些岩石分布到什么地方（图2-24）。

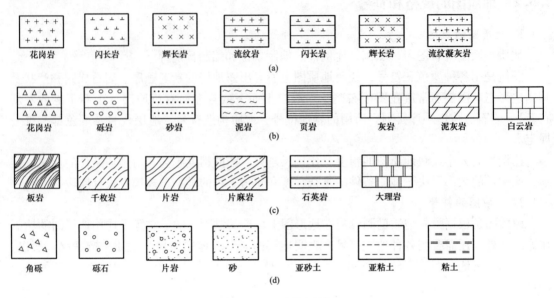

图2-24　岩性图例

（a）岩浆岩类；（b）深积岩类；（c）变质岩类；（d）松散沉积岩类

（3）地质构造符号。地质构造符号是用来说明地质构造的。组成地壳的岩层，经构造变动形成各种地质构造，这就不仅要用岩层产状符号表明岩层变动后的空间形态，而且要用褶曲轴、断层线、不整合面等符号说明这些构造的具体位置和空间分布情况（图2-25）。

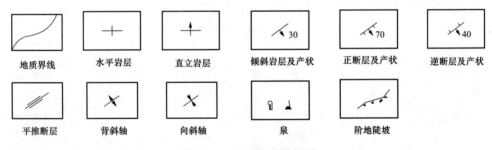

图2-25　地质构造符号图

3. 地质条件在地质图上的反映

（1）不同产状岩层界线的分布特征。

1）水平岩层。水平构造的地层界线是与地形等高线相同方向的平行线。老岩层出露在地势较低地方，新岩层分布在地形地势较高的地方［图2-26（a）］。

2）直立岩层。走向无变化的直立岩层分界线为一条不受地形影响的与地形等高线相交的直线［图2-26（b）］。

3）单斜岩层。倾斜岩层的分界线在地质图上是一条与地形等高线相交的"v"字形曲线。由于岩层产状不同，"v"朝向也不同。

① 当岩层倾向与地面倾斜的方向相反时，在山脊处 v 字形的尖端指向山麓，在沟谷处 v 字形的尖端指向沟谷上游，但岩层界线的弯曲程度比地形等高线的弯曲程度要小 [图 2 - 26 (c)]。

② 当岩层倾向与地形坡向一致时，若岩层倾角大于地形坡角，则岩层分界线的弯曲方向和地形等高线的弯曲方向相反 [图 2 - 26 (d)]。

③ 当岩层倾向与地形坡向一致时，若岩层倾角小于地形坡角，则岩层分界线弯曲方向和等高线相同，但岩层界线的弯曲度大于地形等高线的弯曲度 [图 2 - 26 (e)]。

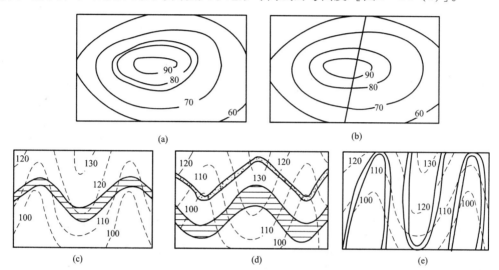

图 2 - 26　水平、直立、单斜岩层在地质图上的表现
(a) 水平；(b) 直立；(c) 岩层倾向与地面坡向相反；
(d) 岩层倾向与地面坡向一致，倾角大于地面坡度；
(e) 岩层倾向与地面坡向一致，倾角小于地面坡度

(2) 褶曲。

1) 水平褶曲的地层分界线在地质图上呈带状分布，新老岩层分别对称于轴（图 2 - 27）。

2) 倾伏褶曲两翼呈不平行对称分布，似抛物线形（图 2 - 28）。可根据核部和两翼地层的新老关系来判断是向斜或背斜。

(3) 断层。一般也是根据断层符号识别断层。断层在地质图上用断层线表示。由于断层倾角一般较大，所以断层线在地质平面图上通常是一段直线，或近于直线的曲线。在断层线两侧存在有岩层中断、重复、缺失、宽窄变化或前后错动现象。

(4) 地层接触关系。整合和平行不整合在地质图上的表现是上下相邻岩层的产状一致，岩层分界线彼此平行，即相邻岩层的界线弯曲特征一致，只是前者相邻岩层时代连续，而后者则不连续。角度不整合在地质图上的特征是上下相邻两套岩层之间的地质年代不连续，而且产状也不相同，新岩层的分界线遮断了下部老岩层的分界线。侵入接触表现为沉积岩层界线在侵入体出露处中断，但在侵入体两侧无错动；沉积接触表现为侵入体界线被沉积岩层覆盖切断。

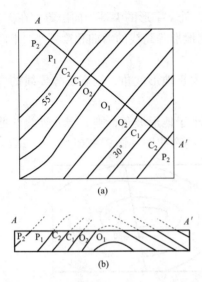

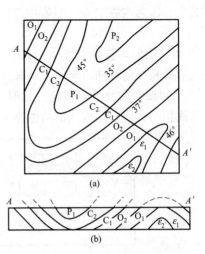

图 2 - 27   水平褶曲在地质图上的表现   图 2 - 28   倾伏褶曲在地质图上的表现
　　　(a) 平面图；(b) 剖面图   (a) 平面图；(b) 剖面图

2.5.3   工程地质图

工程地质图是为工程建设项目服务的专门服务的地质图件。工程地质图是综合反映区域或地区工程地质条件并给予综合评价的图面资料。它综合了通过各种工程地质勘察方法：比如测绘、勘探、试验以及长期观测取得的成果，结合建筑工程项目需要编制而成。因此，工程地质图往往不是单一的，通常是由一套图组成的，一般除了最主要的工程地质平面图之外，还有一系列附件，例如单项因素（水文地质、物理地质现象等）的分析图，附有物理力学指标的岩层综合柱状图、剖面图、切面图、立体投影图等。另外还可以根据图的比例尺，以及工程的特点和要求，编绘一些其他的图作为附件。

1. 工程地质图的分类

工程地质图一般可以根据其内容和用途进行分类。

（1）依据内容分类。

1）分析图。分析图仅反映工程地质条件的某一要素或岩土的某一指标变化规律。例如地下水埋深变化或地下水等水位线图，某一土层的压缩系数等值线图等。分析图表现的内容，多为对建筑工程具有重要意义，甚至有些时候是决定意义，或者为分析某一重要工程地质问题必须的。因此仅在进行详细勘察阶段才有可能编绘这类图件。

2）综合图。综合图是把区域内的工程地质条件综合地反映在图上，并对全区提出工程地质条件综合评价，但不进行分区。

3）分区图。分区图是在评价区域内，按照工程地质条件相似程度，在制图范围内划分为若干个区域，并可作几级划分。图面上一般仅有分区界限和各区代号。对各区的工程地质特征列表，并作出评价。

4）综合分区图。是工程地质综合图与分区图的结合，图上综合表现了工程地质条件的相关资料，又进行了分区，且对各区建筑适宜性作出评价。通常意义上的工程地质图就是综合分区图，是生产实际中最为常见的图式。

（2）依据图的用途划分。

1）通用工程地质图。该类工程地质图是为各类建筑服务，而不是专为某一建筑工程项目服务的。通用工程地质图对各种工程地质条件一般都有所反映，可以用于一般性的工程地质条件评价。通用工程地质图一般为一个较大区域服务，多为小比例尺图件，例如1∶10 000 000 的《中国工程地质图》就是通用工程地质图的代表。

2）专用工程地质图。该类工程地质图专为某一类型的建筑工程服务，具有专门性质。图中反映的工程地质条件和作出的评价，与该建筑工程的要求有紧密结合。专门工程地质图的内容既全面地把工程地质条件表现出来，也针对建筑工程需要和存在的主要工程地质问题加以选择，突出重点，以避免图面拥挤。专门工程地质图一般多为大中比例尺，但有时也见小比例尺的专用工程地质图。

2. 工程地质图的阅读与分析

工程地质图综合反映了某一区域内工程地质条件和工程地质问题，为工程建设提供基础地质资料。工程地质图提供工程建设的规划、设计和施工参考应用。下面以一副专用工程地质图（图 2 - 29）为例，了解工程地质图的阅读与分析。

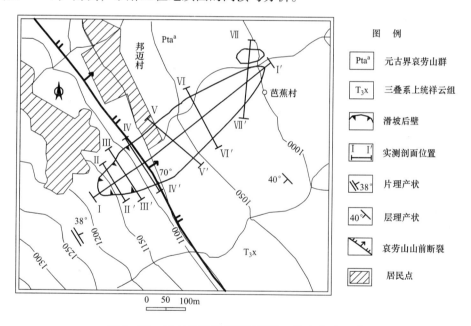

图 2 - 29　云南省某县芭蕉树滑坡工程地质平面图

阅读与分析一副工程地质图分为以下几个步骤：

第一步，阅读图名，该图为云南省某县芭蕉树滑坡工程地质平面图，该图属于专用工程地质图，是为芭蕉树滑坡防治工程而编绘的。

第二步，阅读比例尺，该图比例尺为1∶5000，属中等比例尺图件。由此可知，图中1cm代表50m（值得注意的是书本上图已经做了相应的缩小，与真实图件大小有差别），通过读图可知滑坡平面形态呈纺锤形，纵向最大平面长度540m，后缘至剪出口长度130m，主滑方向 N60°E。滑坡后壁呈弧形圈椅状，横向最大宽度120m。中前部主堆积区平均宽约120m。

第三步参照图例读图，图中综合反映了滑坡体与居民点的关系，岩土层的地质年代和产状特征，滑坡体由元古界哀牢山群变质岩（片麻岩、大理岩、混合岩等）以及三叠系祥云组页岩和长石石英砂岩等组成；区域构造特征，哀牢山山前断裂横穿芭蕉树滑坡，该断裂为红河断裂南段的一支，沿红河西岸发育，境内长约130km，走向北西－南东，主要倾向北东，倾角60°～70°，为一具有右行压扭性质的正断裂，沿断裂线有数百米的糜棱岩带。图中还综合反映了区域高程（等高线）变化情况，岩层产状等工程地质条件。

总之，工程地质图与工程地质报告相互映照，互为补充，共同达到为工程建设的规划、设计和施工提供基础地质资料。

思 考 题

2-1　地质作用和地质年代的定义分别是什么？二者如何进行分类的？

2-2　如何分析地层各种接触关系及其在工程实践中的应用？

2-3　如何从理论和实践两方面识别和掌握褶皱构造和断层构造的特征？如何进行工程地质评价？

2-4　如何进行工程地质图的阅读和分析？

第 3 章

岩石及其工程地质性质

地壳是由岩石组成的，自然界中各种各样的岩石按成因可分为岩浆岩、沉积岩和变质岩三大类。而组成地壳的岩石都是在一定地质条件下由一种或几种矿物自然组合而成的矿物集合体。各种类型的岩石其矿物成分、结构、构造都不一样，其工程性质也就存在着很大差别。因此，掌握组成岩石的矿物特征、各类岩石的特征，对于了解岩石的工程地质性质有重要意义。

由于岩石是由矿物组成的，所以要认识岩石，分析岩石在各种自然条件下的变化，进而对岩石的工程地质性质进行评价，就必须先从岩石的基本物质组成讲起。

3.1 岩石的物质组成

3.1.1 矿物的概念

矿物是组成岩石的基本物质，所以要认识岩石，就必须先认识矿物。矿物是指地壳中具有一定化学成分和物理性质的自然元素和化合物。地壳和地球内部有近百种元素，除少数以自然元素形式存在外，如金刚石（C）、硫磺（S）等，绝大多数以两种或多种元素组成化合物的形式存在，如石英（SiO_2）、方解石（$CaCO_3$）等，自然界中已发现的矿物约有 3300 多种，其中能够组成岩石的矿物称为造岩矿物，通常主要造岩矿物只有 100 多种，而最常见的仅 20～30 种。矿物在自然界中绝大多数呈固体状态，如石英、正长石等，但也有少数液态矿物，如水银、石油、自然汞等，以及气态矿物，如天然气、碳酸气、硫化氢气等。

自然界的矿物，都是在一定的地质环境中形成的，随后并因经受各种地质作用而不断地发生变化。每一种矿物只是在一定的物理和化学条件下才是相对稳定的，当外界条件改变到一定程度后，矿物原来的成分、内部构造和性质就会发生变化，形成新的次生矿物。地质学家不但把矿物看作是岩石的组成单元，而且把矿物看作是研究岩石生成环境和随后历史的一把重要钥匙。

3.1.2 矿物的鉴定特征

由于每种矿物都具有其特定的内部构造，这就决定了各种矿物都具有其特定的外部形态和物理性质，因此在绝大多数情况下，无须进行化学分析，而仅根据其外部形态和主要物理性质即可鉴定矿物。常用的矿物鉴定标志有矿物的形态、物理力学性质两方面。

1. 矿物的形态

矿物的形态是指矿物的外形特征，一般包括矿物单体及同种矿物集合体的形态。矿物形态受其内部构造、化学成分和生成时的环境制约。

（1）矿物单体形态。

1）固态矿物按其质点的有无规则排列分为结晶质和非结晶质。造岩矿物绝大部分是结晶质，其基本特点是组成矿物的元素质点（离子、原子或分子）在矿物内部按一定的规律

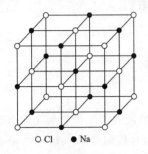

○ Cl　● Na

图 3 - 1　食盐晶格构造

重复排列，形成稳定的结晶格子构造（图 3 - 1）。具有结晶格子构造的矿物叫做结晶质。结晶质在生长过程中，若无外界条件限制、干扰，则可生成被若干天然平面所包围的固定几何形态（图 3 - 1）。这种有固定几何形态的结晶质称为晶体，如食盐（NaCl）呈立方体，水晶呈六方柱和六方锥等。在结晶质矿物中，还可根据肉眼能否分辨而分为显晶质和隐晶质两类。非晶质矿物内部质点排列没有一定的规律性，所以外表就不具有固定的几何形态，例如蛋白石（$SiO_2 \cdot nH_2O$）、褐铁矿（$Fe_2O_3 \cdot nH_2O$）等。非晶质可分为玻璃质和胶质两类。

2）矿物的结晶习性。在相同条件下生长的同种晶粒，总是趋向于形成某种特定的晶形的特性叫结晶习性。尽管矿物的晶体多种多样，但归纳起来，根据晶体在三度空间的发育程度不同，可分为以下三类：

① 一向延长。晶体沿一个方向特别发育，其余两个方向发育差，呈柱状、棒状、针状、纤维状等。如普通辉石、石英等［图 3 - 2（c）、图 3 - 2（d）］。

② 二向延长。晶体沿两个方向发育，其中相对两晶面，一个恰好是另一个的映象，或者一个正好相当于另一个旋转 180°的位置，呈板状、片状、鳞片状等。如石膏、云母等［图 3 - 2（b）、图 3 - 2（f）］。

③ 三向延长。晶体在三度空间发育，呈等轴状、粒状等。如食盐、正长石等［图 3 - 2（a）、图 3 - 2（e）］。

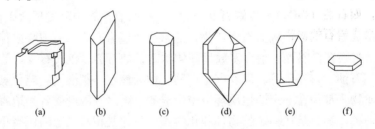

（a）　（b）　（c）　（d）　（e）　（f）

图 3 - 2　矿物晶体

（a）食盐；（b）石膏；（c）普通辉石；（d）石英；（e）正长石；（f）云母

（2）矿物集合体形态。

同种矿物多个单体聚集在一起的整体就是矿物集合体。矿物集合体的形态取决于单体的形态和它们的集合方式。

1）晶簇。在岩石空洞或裂隙中以共同的基底生长许多单晶。如石英晶簇、方解石晶簇。

2）纤维状。由许多针状矿物或柱状矿物平行排列，如纤维石膏。

3）粒状。大小略等，不具一定规律聚合而成的形状。

4）鲕状。胶体围绕一个质点凝聚而成一个结核，形似鱼卵。如鲕状赤铁矿。

5）块状。无特征。如蛋白石等。

6）钟乳状。石钟乳、石笋等。

2. 矿物的物理力学性质

不同的矿物具有不同的化学成分和内部构造，因此，它们具有各不相同的物理力学性质。矿物的物理力学性质主要有颜色、条痕、透明度、光泽、硬度、解理及断口等。它们是鉴别矿物的主要特征。

（1）颜色。

颜色是矿物对不同波长可见光吸收程度不同的反映。它是矿物最明显、最直观的物理性质，是肉眼鉴定矿物的重要依据。按成色原因分为自色、他色、假色。

1）自色。自色是矿物本身具有的成分、结构所决定的矿物固有的颜色，颜色比较固定。自色具有鉴定意义，一般来说，含铁、锰多的矿物，颜色较深，多呈灰绿、褐绿、黑绿以至黑色；含硅、铝、钙等成分多的矿物，颜色较浅，多呈白、灰白、淡红、浅黄等各种浅色。

2）他色。他色是矿物混入了某些杂质所引起的，与矿物的本身性质无关。他色不固定，随杂质的不同而异。如纯净的石英晶体是无色透明的，混入杂质就呈紫色、玫瑰色、烟色等。由于他色不固定，对鉴定矿物没有很大意义。

3）假色。假色是由于矿物内部的裂隙或表面的氧化薄膜对光的折射、散射所引起的，如方解石解理面上常出现的虹彩，斑铜矿表面常出现斑驳的蓝色和紫色。

（2）条痕色。

条痕色是指矿物粉末的颜色，通常使用白色无釉瓷板摩擦时留下的痕迹，它可消除假色的干扰，是一种鉴别不透明矿物的主要标志。有些矿物的条痕色与其颜色相同，例如孔雀石（鲜绿色）、自然金（金黄色）。另一些矿物的条痕色与颜色不同，例如黄铁矿颜色为铜黄色，而条痕色为绿黑色。条痕色去掉了矿物因反向所造成的色差，增加了吸收率，扩大了眼睛对不同颜色的敏感度，因而比矿物的颜色更为固定，但只适用于一些深色矿物，对浅色矿物无鉴定意义。

（3）透明度。

透明度是指矿物透过可见光波的能力，即光线透过矿物的程度，透明度受厚度影响，故一般以 0.03mm 的规定厚度作为标准进行对比，要使矿物样本具有相同的厚度。肉眼鉴定矿物时，据透光程度或矿物透明度的不同，一般可分成透明、半透明、不透明三类。

1）透明矿物。如水晶、冰洲石等。

2）半透明矿物。如滑石等。

3）不透明矿物。如黄铁矿，磁铁矿等。

这种划分无严格界限，鉴定时用矿物的边缘较薄处，并以相同厚度的薄片及同样强度的光源比较加以确定。

（4）光泽。

矿物新鲜表面反射光线的能力称为光泽。它是用来鉴定矿物的重要标志之一。按其强弱程度可分为金属光泽（如黄铁矿）、半金属光泽（如磁铁矿）和非金属光泽。金属光泽，反光很强，犹如电镀的金属表面那样光亮耀眼；半金属光泽，比金属的亮光弱，似未磨光的铁器表面；非金属光泽表明矿物表面的反光能力较弱，是大多数非金属矿物如石英、滑石等所固有的特点。由于矿物表面的性质或矿物集合体的集合方式不同，非金属光泽又会反映出以下不同特征的光泽：

1）玻璃光泽。矿物表面与玻璃的反光相似，如长石、方解石解理面上呈现的光泽。

2）油脂光泽。矿物表面好像涂了一层油脂一样，如石英断口上呈现的光泽。

3）珍珠光泽。矿物表面像贝壳内珍珠层所呈现的光泽一样，如云母。

4）丝绢光泽。矿物表面犹如丝绢反光，如石膏。

5）土状光泽。矿物表面粗糙，无光泽，暗淡如土，如高岭石。

（5）硬度。

矿物抵抗外力摩擦和刻划的能力称硬度。它是通过一种矿物与已知硬度的另一种矿物或物体互相刻划得出的。目前一般用摩氏硬度计来决定矿物的相对硬度。摩氏硬度计是从软到硬选用 10 种矿物的硬度分为 10 级，作为硬度对比的标准，用来对其它矿物进行互相刻划比较以确定矿物的相对硬度，如表 3-1 所示。例如，将需要鉴定的矿物与摩氏硬度计中的方解石对刻，结果被方解石刻伤而自身又能刻伤石膏，说明其硬度大于石膏而小于方解石，在 2～3 之间，即可将该矿物的硬度定为 2.5。可以看出，摩氏硬度计只反映矿物相对硬度的顺序，并不是矿物绝对硬度值，并非意味着硬度为 10 的矿物比硬度为 1 的矿物硬 10 倍。实际上金刚石的硬度要比石英硬 1000 倍，比刚玉硬 150 倍。

表 3-1　　　　　　　　　　　　　　　矿 物 硬 度 表

硬度	1	2	3	4	5	6	7	8	9	10
矿物	滑石	石膏	方解石	氟石	磷灰石	长石	石英	黄玉	刚玉	金刚石

硬度是矿物的一个主要鉴别特征，不同的矿物由于其化学成分和内部构造不同而具有不同的硬度。在鉴别矿物的硬度时，应在矿物的新鲜晶面或解理面上进行。为了便于利用硬度这一鉴定标志，我们常用指甲（2～2.5）、铅笔刀（5～5.5）、玻璃（5.5～6）、铡刀刃（6～7）鉴别矿物的硬度。例如，当我们在岩石中发现一些白色脉状矿物时，如果用小刀或铁钉能刻出白色刻痕，该矿物就是方解石，如果小刀刻不动则该矿物就是石英。

（6）解理与断口。

矿物受敲击后，能沿一定的方向裂开成光滑平面的性质称解理。裂开的光滑平面称为解理面。矿物晶体的这一性质，完全由其内部构造所决定，而与晶体外形无关。如方解石有菱面体、柱状体甚至完全不规则的晶体外形，但其解理同为菱面体。根据解理方向的多少，解理可以分为一组解理（如云母）、二组解理（如长石）和三组解理（如方解石）等。依照解理形成的难易和解理面的光滑程度，将矿物解理分为五级：

1）极完全解理。矿物受敲击时，极易裂成薄片，解理面非常光滑，如云母、绿泥石等。

2）完全解理。矿物受敲击时，裂成块状或板状，解理面平滑闪光，如方解石、岩盐等。

3）中等解理。矿物被敲碎后，在其碎块上既有平滑的解理面，又可在另外方向上出现不规则的断裂面，如长石、角闪石等。

4）不完全解理。矿物被敲碎后，很难发现解理面，其解理面须在碎块中仔细寻找，如磷灰石、橄榄石等。

5）极不完全解理。这类矿物实际上不存在解理性质，所以被击碎的颗粒无解理，如磁铁矿、刚玉等。

如矿物受敲击后，不按一定方向裂开，而形成凹凸不平的断开面称为断口。矿物解理的完全程度和断口是相互消长的，解理完全时则不显断口，解理不完全时，则断口显著。常见的断口有贝壳状断口、锯齿状断口、土状断口等。

（7）其他性质。

1）磁性。矿物能被磁铁吸引的性质。如磁铁矿等具有磁性。

2）电性。电性包括导电性与荷电性。导电性指矿物对电流有传导能力，如金属、黄铁矿、方铅矿、石墨等是电的良导体；云母、石棉是电的不良导体，可用作绝缘材料。

3）放射性。含铀（U）、钍（Th）、镭（Ra）等放射性元素矿物，因蜕变放出 α、β、γ 射线的性质。

4）发光性。矿物在外加能量如紫外光和 X 射线等照射下，能发射可见光的性质称为发光性，如萤石在暗处发磷光，石钨矿在紫外光照射下发出荧光。

此外，部分矿物还具有可燃性（如煤、自然硫等）、味感（如石盐等）、嗅味（如毒砂以锤击之有臭蒜味）、韧性（如软玉很难压碎）、挠性（如绿泥石、滑石等）、弹性（如云母等）、延展性（如自然金、自然银、自然铜等），有些矿物遇盐酸或硝酸起泡（加方解石等碳酸盐类矿物遇冷的稀盐酸起泡）等较特殊的性质，对鉴别某些矿物具有重要的意义。

3.1.3 矿物的肉眼鉴定

岩石中含量较多的造岩矿物称为主矿物，它常是岩石命名的重要依据。当造岩矿物的晶体颗粒不小于 1mm 时，可以在手标本上做肉眼鉴定。

肉眼鉴定法是利用各种感官，并借助一些简单的工具（如小刀、铁锤、条痕板、磁铁、10 倍放大镜、10% 的稀盐酸等），对矿物的物理性质进行全面观察，然后定出矿物的名称。一般肉眼鉴定有两三个物理性质就足以鉴定一个矿物。还有一些矿物具有特殊的性质，也是有用的鉴定标志，如云母薄片有弹性，方解石有可溶性，滑石有滑感，高岭石有吸水性（粘舌）等。最有用的矿物鉴定特征有：形状、颜色、硬度、解理。

鉴定时，先观察矿物的颜色，确定它是浅色的，还是深色的；然后鉴定矿物的硬度，在颜色相同的矿物中，硬度相同或相近的只有 2～3 种。通过看颜色、定硬度，可逐步缩小被鉴定矿物的范围。最后，根据矿物的解理、断口及其他特征，确定出矿物的名称。

鉴定时需注意以下三点：

（1）对矿物的物理性质进行测定时，应找矿物的新鲜面，这样试验的结果才会正确，因风化面上的物理性质已改变了原来矿物的性质，不能反映真实情况。

（2）在使用矿物硬度计鉴定矿物硬度时，可以先用小刀（其硬度在 5 度左右），如果矿物的硬度大于小刀，这时再用硬度大于小刀的标准硬度矿物来刻划被测定的矿物，以便能较快的进行。

（3）在自然界中也有许多矿物，它们之间在形态、颜色、光泽等方面有相同之处，但一种矿物确具有它自己的特点，鉴别时应利用这个特点，即可较正确地鉴别矿物。

3.1.4 常见的主要造岩矿物

常见的主要造岩矿物分类及其特征见表 3-2。

表 3 - 2　　　　　　　　　　　　常见造岩矿物的主要特征表

矿物名称	化学名称	形状	颜色	条痕	光泽	硬度	解理断口	主要鉴定特征
石英	SiO_2	块状、粒状、六方棱柱体或呈晶簇	无色乳白其他色	无	玻璃油脂	7	无解理贝壳状断口	形状、硬度
正长石	$K[AlSi_3O_8]$	短柱状、板状	浅玫瑰色、肉红色	无	玻璃	6	两向完全解理	解理、颜色
斜长石	$Na[AlSi_3O_8]$ $Ca[AlSi_2O_8]$	柱状、板状	白色、灰白色	白色	玻璃	6	两向完全解理	颜色、解理面有细条纹
方解石	$CaCO_3$	菱形体、粒状	灰白色	无	玻璃	3	三向解理完全	解理、硬度、遇盐酸强烈起泡
白云石	$CaMa[CO_3]_2$	粒状、块状、菱面体	无色、乳白色	白	玻璃	3.5~4	三向解理完全	解理、硬度、晶面弯曲、遇盐酸强烈起泡
石榴子石	$(Mg,Fe,Mn,Ca)_3$ $(Al,Fe,Cr)_2[SiO_4]_3$	菱形十二面体二十四面体粒状	棕红褐色黑色	白色各种浅色	油脂玻璃	6.5~7.5	通常无解理断口不平坦	形状、颜色、硬度
绿泥石	$(Mg,Fe)_5Al$ $[AlSi_3O_{10}][OH]_8$	片状板状体	暗绿色	无	珍珠	2~2.5	一向完全解理	颜色、薄片无弹性有挠性
高岭石	$Al_4[Si_4O_{16}][OH]_8$	薄片状粒状块体	白色浅黄色	白	土状	1	一向的极完全解理，土状断口	性软、具有可塑性
滑石	$Mg_3[Si_4O_{10}][OH]_2$	片状块状	白色浅黄浅绿	白或绿	油脂	1	一向完全解理	颜色、硬度、抚摸有滑腻感
石膏	$CaSO_4 \cdot 2H_2O$	板状纤维状	白色灰白色	白	玻璃丝绢	2	一向解理完全	解理、硬度、薄片无弹性、挠性
萤石	CaF_2	八面体立方体粒状	黄、绿天青紫色	白色	玻璃	4	四向完全解理	颜色、加热或阴极射线照射后发荧光
橄榄石	$(Fe,Mg)_2[SiO_4]$	粒状	橄榄绿黄绿色	无	玻璃油脂	6.5~7	解理中等，贝壳状断口	颜色、硬度
白云母	$KAl_2[AlSi_3O_{10}][OH]_2$	板状片状	无色灰白色浅灰色	无	玻璃珍珠	2~3	一向解理极完全	解理、薄片有弹性

矿物名称	化学名称	形状	颜色	条痕	光泽	硬度	解理断口	主要鉴定特征
黑云母	$K(Mg,Fe)_3$ $[AlSi_3O_{10}][OH]_2$	片状鳞片状	黑色棕黑	无	珍珠玻璃	2~3	一向解理极完全	解理、颜色、薄片有弹性
角闪石	$(Ca,Na)(Mg,Fe)_4$ (Al,Fe) $[(Si,Al)_4O_{11}]_2[OH]_2$	长柱状纤维状	黑色绿黑色	白色浅绿色	玻璃	5.5~6	两组解理完全锯齿状断口	形状、颜色
辉石	$(Na,Ca)(Mg,Fe,Al)$ $[(Si,Al)_2O_6]$	短柱状粒状	绿黑色褐黑色	灰绿	玻璃	5~6	两组解理中等平坦状断口	形状、颜色
褐铁矿	$Fe_2O_3 \cdot nH_2O$	土状、钟乳状、块状	黄褐色黑褐色	铁锈色	半金属或土状	4~5.5	二向完全解理	形状、颜色
黄铁矿	FeS_2	立方体粒状	黄铜色	黑色绿黑色	金属	6~6.5	参差状断口	形状、颜色、光泽
赤铁矿	Fe_2O_3	块状肾状	钢灰铁黑色	砖红	金属至半金属	5.5~6	无解理	形状、颜色
蛇纹石	$Mg_6[Si_4O_{10}][OH]_8$	块状纤维状片状	浅黄绿淡绿淡黄色	白色淡绿色	油脂丝绢	3~4	断口为贝壳状	颜色、光泽

3.2　岩石的地质成因

　　自然界有各种各样的岩石，按成因可分为岩浆岩、沉积岩和变质岩三大类，它们的特征和形成作用具有明显差异，但三类岩石间也有密切联系，可以相互转换、相互过渡。三大类岩石在岩石圈中的分布情况是：在地壳表面 16km 深度范围内，岩浆岩、变质岩占总体积的 95%，沉积岩占 5%；而沉积岩的地表分布面积占陆地面积的 75%；海洋底的绝大部分为沉积物所覆盖。

3.2.1　岩浆岩

　　岩浆岩是由地壳深处的岩浆在地壳发生变动或受到其他内动力地质作用时，沿地壳构造薄弱带上升侵入地壳或喷出地面冷却凝固后形成的岩石。岩浆是地壳深处一种处于高温高压下的硅酸盐熔融体，它的主要成分是 SiO_2，也可以含有挥发性物质及部分固体物质，如晶体及岩石碎块等。岩浆经常处于活动状态，具有流动性。岩浆在上升过程中，压力减小，热量散失，经复杂的物理化学过程，最后冷却凝结，就形成了岩浆岩。

　　1. 岩浆岩的物质成分及分类

　　岩浆岩的物质成分包括化学成分和矿物成分，研究物质成分不仅有助于了解各类岩浆岩的内在联系、成因及次生变化，而且可以作为岩浆岩分类的主要依据。

（1）岩浆岩的物质成分。

1）岩浆岩的化学成分。地壳中存在的元素在岩浆岩中几乎都有，其主要成分有：二氧化硅（SiO_2），各种金属氧化物，少量的金属元素和稀有元素，挥发性物质。其中二氧化硅（SiO_2）和各种金属氧化物约占 95% 左右，并相互化合，形成复杂的硅酸盐类矿物。对岩石的矿物成分影响最大的是 SiO_2。

2）岩浆岩的矿物成分。组成岩浆岩的矿物大约有 30 多种，按颜色和化学成分的特点，它可分为浅色矿物和深色矿物两类：

① 浅色矿物。浅色矿物有石英、正长石、白云母等。它们富含硅、铝成分，如 SiO_2 及 Al_2O_3 等，所以又称为含铝的硅酸盐矿物或硅铝矿物。

② 深色矿物。深色矿物有黑云母、辉石、角闪石、橄榄石等。它们富含铁、镁成分，如 FeO 及 MgO 等，所以又称为富含铁、镁的硅酸盐矿物。

对某一具体岩石来讲，通常是仅由两三种主要矿物组成，并不是上述矿物都同时存在的。例如辉长岩，就主要是由斜长石和辉石组成的；花岗岩则是由石英、正长石和黑云母组成的。岩浆岩的矿物成分既可以反映岩石的化学成分，又可以反映岩石的生成条件和成因。

（2）岩浆岩的分类。

自然界中的岩浆岩种类繁多，其工程地质性质也有明显区别。因此，为了掌握各种岩石的共性、特性和彼此之间的关系，有必要对岩浆岩进行分类。

1）岩浆岩按其生成环境分类可分为侵入岩和喷出岩。岩浆侵入地壳内部，在高温下缓慢冷却结晶而成的岩浆岩称为侵入岩。岩浆在岩浆源附近凝结而成的岩浆岩称深成侵入岩，一般规模大、分布广、面积达几十平方千米以上，由于热量大、压力大，对围岩有同化现象，边缘有捕虏体；如果是在接近地表不远的地段，但未上升至地表而凝结的岩浆岩称浅成侵入岩，一般规模不大、出露面积几十平方千米。喷出地表在常压下迅速冷凝而成的岩石称喷出岩。侵入岩和喷出岩由于冷凝空间的限制，使其大小和形态差异很大。

2）根据岩浆岩的化学成分（主要是 SiO_2 的含量）及由化学成分所决定的岩石中矿物的种类与含量关系，将岩浆岩分为四类：

① 超基性岩。SiO_2 含量小于 45%，矿物成分有橄榄石、辉石、角闪石等，一般不含硅铝矿物，岩石颜色很深，密度较大，块状构造。

② 基性岩。SiO_2 含量 45%～52%，矿物成分以斜长石、辉石为主，含有少量的角闪石及橄榄石，岩石的颜色较超基性岩浅，但较其他岩类深，密度也比较大，侵入岩常呈块状构造和带状构造，而喷出岩常具气孔和杏仁构造。

③ 中性岩。SiO_2 含量 52%～65%，矿物成分以正长石、斜长石、角闪石为主，并含有少量的黑云母和辉石，硅铝矿物显著增多，铁镁矿物相应减少，岩石的颜色比较深，一般为灰色或浅灰色，密度比较大。

④ 酸性岩。SiO_2 含量大于 65%，硅铝矿物大量增多，铁镁矿物大大减少，矿物成分以石英、正长石为主，并含有少量的黑云母和角闪石，岩石的颜色浅，常为浅灰红色，密度小。酸性岩类分布较广，特别是侵入岩常呈岩基大面积分布。

从超基性岩至酸性岩，随着 SiO_2 增加，岩石的颜色、矿物成分等发生有规律的变化。了解上述变化规律，不仅有助于探讨岩浆岩的成因，而且对于了解岩浆岩中的矿物成分也有很大好处。

2. 岩浆岩的产状

岩浆岩生成的空间位置和形状、大小以及与周围岩石相接触的关系称岩浆岩的产状（图 3-3）。

（1）侵入岩的产状。

1）岩基和岩株。岩基是一种规模庞大的巨型侵入体，分布面积一般大于 $100km^2$，平面上常呈椭圆形，常在褶皱的隆起带侵入。构成岩基的岩石多是花岗岩或花岗闪长岩等，岩性成分均匀稳定，是良好的建筑地基，如三峡坝址区是选定在面积约 200 多平方千米的花岗岩—闪长岩岩基的南部。

岩株是一种形体较岩基小的岩体，是基岩边缘的分支，深部与岩基相连，上部可分枝切穿围岩，

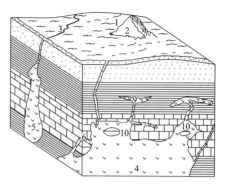

图 3-3　岩浆岩的产状
1—火山锥；2—熔岩流；3—熔岩被；
4—岩基；5—岩株；6—岩墙；
7—岩床；8—岩盘；9—岩盆；10—捕虏体

成圆形或不规则状，分布面积一般小于 $100km^2$，也常是岩性均一的良好地基，如黄山—九华山花岗岩体。

2）岩脉、岩床、岩盘。岩盘是一种中心厚度较大，底部较平，顶部穹隆状的层间侵入体，分布范围可达数平方千米，多由酸性、中性岩石组成。岩床是一种沿原有岩层层面侵入、延伸分布且厚度稳定的层状侵入体，常见厚度多为几十厘米至几米，延伸长度多为几百米至几千米。组成岩床的岩石以基性岩为主，岩浆侵入与围岩层理或片理斜交形成板状岩体称岩墙，厚度从几毫米到几米，长几百米到几十千米。岩墙可一次或多次侵入，可平行排列，或成放射状、环状排列等由构造断裂的方向控制，不规则的岩墙或其分支称为岩脉，岩脉与围岩层理或片理斜交。

（2）喷出岩的产状。

火山喷发方式和喷出物性质决定了喷出岩的产状。

1）中心式喷发产状。中心式喷发是指岩浆沿着一定的圆管状管道喷达地表，是近代火山活动最常见的喷发形式之一，如山西大同、东北五大连池火山群。随着喷发常有强烈的爆发现象，常见形状是火山喷发物—熔岩和火山碎屑物围绕火山通道堆积形成的锥状体，叫火山锥，顶部圆形的漏斗状凹陷就是火山口，如日本富士山、我国长白山的火山群。黏度较小的基性熔岩自火山口或火山裂隙熔浆沿山坡或河谷顺流而下，冷凝后形成的岩体，形成熔岩流，其形状常呈狭长带状或舌状。

2）裂隙式喷发产状。裂隙式喷发是岩浆沿一定方向的深大断裂或裂隙活动，这种断裂或裂隙形成的火山通道在地表成窄而长的线状，向下呈墙壁状。岩浆可以沿着这个通道全面喷发溢流到地表形成熔岩流等，甚至形成熔岩高原，如美国夏威夷以及峨嵋山玄武岩。喷发的均是黏度小的基性熔浆，常沿地面向四处流动，当喷发量多时，熔岩可大面积地覆盖在地面上，形成面积广大的熔岩被。如四川峨嵋山玄武岩。

3. 岩浆岩的结构

岩浆岩的结构是指岩石中矿物的结晶程度、颗粒大小、晶体形状、自形程度以及矿物之间（包括玻璃）的相互组合关系。岩浆岩的结构特征，是岩浆成分和岩浆冷凝时的物理环境的综合反映，岩浆岩是由岩浆结晶形成的，岩浆本身的物理化学性质和它所处的物理化学环境都会对岩石的矿物组成和岩石结构产生影响，因此，同一种岩浆在不同的物理化学环境

下可固结形成矿物组合和结构特征完全不同的岩浆岩，它是区分和鉴定岩浆岩的重要标志之一，同时也直接影响岩石的强度。岩浆岩的结构分类如下：

（1）全晶质结构。岩石全部由全晶质矿物组成（图3-4中的a），这种结构是岩浆在温度缓慢降低的情况下形成的，通常是侵入岩特有的结构，多见于深成岩和浅成岩中，如花岗岩等。

同一种矿物的结晶颗粒大小近似者，称为等粒结构。等粒结构按结晶颗粒绝对大小，可以分为：

1）粗粒结构。颗粒粒径大于5mm。

2）中粒结构。颗粒粒径2～5mm。

3）细粒结构。颗粒粒径0.2～2mm。

4）微粒结构。颗粒粒径小于0.2mm。

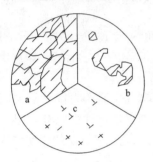

图3-4　按结晶程度划分的三种结构
a—全晶质结构；b—半晶质结构；
c—非晶质结构

岩石中的同一种主要矿物其结晶颗粒如大小悬殊，则称为似斑状结构。其中晶形比较完好的粗大颗粒称为斑晶，小的结晶颗粒称为石基。

（2）半晶质结构。岩石由结晶质矿物和非晶质矿物组成（图3-4中的b）。结晶的矿物如颗粒粗大，晶形完好，就称为斑状结构。半晶质结构多见于浅成岩，有时在喷出岩中也能见到。

（3）非晶质结构。岩石全部由非晶质矿物组成（图3-4中的c），又称玻璃质结构，这种结构是岩浆喷出地表迅速冷凝来不及结晶的情况下形成的，其中原子的排列处于完全无序的状态，是一种十分不稳定的固态物质，为喷出岩所特有的结构，如黑曜岩。

4. 岩浆岩的构造

岩浆岩的构造是指岩石中矿物在岩石中的组合方式和空间分布情况所反映出来的宏观特征。岩浆岩的构造特征主要决定于岩浆冷凝时的环境。常见岩浆岩构造有：

（1）块状构造。矿物在岩石中分布杂乱无章，不显层次，呈致密块状。它是一系列深成岩与浅成岩的构造，如花岗岩、花岗斑岩等。

（2）流纹状构造。岩石中不同颜色的条纹、拉长的气孔和长条形矿物，按一定方向排列形成的流纹状构造。它反映岩浆喷出地表后流动的痕迹，多见于喷出岩中，如流纹岩。

（3）气孔状构造。岩浆喷出地表迅速冷凝过程中，岩浆中所含气体或挥发性物质从岩浆中逸出后，在岩石中形成的大小不一的圆形、椭圆形或长管形的气孔，称气孔状构造，这种构造常为玄武岩等喷出岩所具有，这种结构常分布于熔岩的表层。

（4）杏仁状构造。具有气孔状构造的岩石，气孔被次生矿物（如方解石、石英等）所充填形成的一种形似杏仁的构造，多见于喷出岩中，如安山岩、玄武岩。这种结构常分布于熔岩的表层。

5. 岩浆岩的肉眼鉴别方法

根据岩石的外观特征对岩浆岩进行鉴定时，首先要注意岩石的颜色，其次是岩石的结构和构造，最后分析岩石的主要矿物成分。

（1）先看岩石整体颜色的深浅。岩浆岩颜色的深浅，是岩石所含深色矿物多少的反映。

一般来说，从酸性到基性（超基性岩分布很少），深色矿物的含量是逐渐增加的，因而岩石的颜色也随之由浅变深。如果岩石是浅色的，那就可能是花岗岩或正长岩等酸性或偏于酸性的岩石。但不论是酸性岩或基性岩，因产出部位不同，还有深成岩、浅成岩和喷出岩之分，究竟属于那一种岩石，需要进一步对岩石的结构和构造特征进行分析。

（2）分析岩石的结构和构造。岩浆岩的结构和构造特征，是岩石生成环境的反映。如果岩石是全晶质粗粒、中粒或似斑状结构，说明很可能是深成岩。如果是细粒、微粒或斑状结构，则可能是浅成岩或喷出岩。如果斑晶细小或为玻璃质结构，则为喷出岩。如果具有气孔、杏仁或流纹状构造，则为喷出岩无疑。

（3）根据岩石的主要矿物成分，确定岩石的名称。这里可以举例说明。假定需要鉴别的是一块含有大量石英，颜色浅红，具全晶质中粒结构和块状构造的岩石。浅红色属浅色，浅色岩石一般是酸性或偏于酸性的，这就排除了基性或偏于基性的不少深色岩石。但酸性的或偏于酸性的岩石中，又有深成的花岗岩和正长岩、浅成的花岗斑岩和正长岩以及喷出的流纹岩和粗面岩。但它是全晶质中粒结构和块状构造，因此可以肯定，是深成岩。这就进一步排除了浅成岩和喷出岩。但究竟是花岗岩还是正长岩，这就需要对岩石的主要矿物成分作仔细地分析之后，才能得出结论。在花岗岩和正长岩的矿物组成中，都含有正长石，同时也都含有黑云母和角闪石等深色矿物。但花岗岩属于酸性岩，酸性岩除含有正长石、黑云母和角闪石外，一般都含有大量的石英。而正长岩属于中性岩，除含有大量的正长石和少许的黑云母与角闪石外，一般不含石英或仅含有少许的石英。矿物成分的这一重要区别，说明被鉴别的这块岩石是花岗岩。

6. 常见的岩浆岩

自然界中岩浆岩是多种多样的，它们之间存在着成分、结构、构造及成因等多方面差异，但它们之间存在着一定的过渡关系，这就说明它们有着内在联系。为了把它们的共性、特殊性和彼此之间的内在联系总结出来，就必须对岩浆岩进行分类。根据岩浆岩的形成条件、产状、矿物成分、结构以及构造等方面，将岩浆岩分为三大类：即深成岩、浅成岩、喷出岩，每类中又根据成分的不同分出具体的各类见表 3 - 3。

表 3 - 3　　　　　　　　　　　岩浆岩分类简表

岩 石 类 型				酸性岩	中性岩	基性岩		超基性岩
SiO_2 质量百分数（%）				>65	65～52	52～45		<45
颜色				浅（浅灰、黄、褐、红）～深（深灰、黑绿、黑）				
主要矿物				正长石		斜长石		不含长石
				石英 黑云母 角闪石	黑云母 角闪石	黑云母 角闪石 辉石	橄榄石 角闪石 辉石	橄榄石 角闪石 辉石
产状		构造	结构					
侵入岩	深成岩	岩基 岩株	块状	等粒	花岗岩	正长岩	闪长岩	辉长岩	橄榄岩 辉岩
	浅成岩	岩床 岩盘 岩墙	块状 气孔	等粒 似斑状 及斑状	花岗斑岩	正长斑岩	闪长玢岩	辉绿岩	少见

续表

岩　石　类　型			酸性岩	中性岩	基性岩	超基性岩
SiO$_2$ 质量百分数（%）			>65	65～52	52～45	<45
颜色			浅（浅灰、黄、褐、红）～深（深灰、黑绿、黑）			
主要矿物			正长石		斜长石	不含长石
			石英 黑云母 角闪石	黑云母 角闪石	黑云母 角闪石 辉石	橄榄石 角闪石 辉石	橄榄石 角闪石 辉石
产状	构造	结构				
喷出岩 火山锥 熔岩流 熔岩被	块状 气孔 杏仁 流纹	斑状 隐晶质 玻璃质	流纹岩	粗面岩	安山岩	玄武岩	少见
	块状 气孔	玻璃质	浮岩、黑曜岩			少见

　　常见的岩浆岩有：酸性的花岗岩、花岗斑岩、流纹岩，中性的闪长岩、闪长玢岩、安山岩，基性的辉长岩、辉绿玢岩、玄武岩，超基性的辉岩、橄榄岩和火山玻璃岩类等。

　　（1）花岗岩。花岗岩主要由正长石、石英，黑云母等矿物组成，有时含斜长石、角闪石、白云母。全晶质粒状结构，块状构造。颜色常呈肉红色、淡红色、灰白色、浅黄色等。花岗岩常形成较大的侵入体，出现在大山脉的核心部分，是深成岩中最为常见的岩类，在我国兴安岭、阴山、秦岭、南岭等处均有分布。当花岗岩所含的次要矿物不同时，可形成不同的亚类，如白云母花岗岩、二云母花岗岩、角闪花岗岩、辉石花岗岩等等。当岩石中的正长石、石英和云母减少，斜长石和角闪石矿物含量增多时，还会形成一种酸性和中性岩之间的过渡型岩类，如花岗闪长岩。其他这样的过渡型岩类还有很多。

　　（2）花岗斑岩。花岗斑岩主要由正长石、石英、黑云母组成，有时还含有少量斜长石、角闪石等。全晶质斑状结构，由正长石或斜长石构成粗大的斑晶，基质常为显晶质细粒结构。块状构造。颜色常呈肉红、灰红等色。花岗斑岩是酸性岩类中浅成岩的代表，常呈岩株、岩脉出现。

　　（3）流纹岩。流纹岩主要由正长石、石英及黑云母组成，有时含少量角闪石。斑状结构，斑晶常由正长石、石英组成。基质常为隐晶质或玻璃质。流纹岩的颜色常呈淡红、浅黄、灰紫或棕色，多呈岩熔流产出，流纹构造很明显，并因此而得名。在我国内蒙及东南沿海的福建、浙江一带有较广的分布。

　　（4）闪长岩。由于中性岩石中的 SiO$_2$ 含量较酸性岩石为少，因此这类岩石中一般已见不到石英。岩石主要由斜长石及角闪石组成。深色矿物的含量较酸性岩类增多，颜色也较酸性岩类的深些。闪长岩的矿物主要由斜长石及角闪石组成，此外还含有少量正长石、云母及辉石。全晶质粒状结构，块状构造。颜色主要为灰色、灰绿色和灰黑色，是中性岩石中的深成岩。含有少量石英的亚类称为石英闪长岩。一般以岩株、岩脉或岩床产出。

　　（5）闪长玢岩。闪长玢岩属于浅成岩，主要由斜长石和角闪石矿物组成。全晶质斑状结构，斑晶常是斜长石，基质为细晶质或隐晶质。块状构造。有时其中的角闪石也可形成斑晶。颜色为灰绿色或灰褐色。多呈小型岩脉或在其他中性岩体的边缘部分出现。

（6）安山岩。安山岩主要由斜长石、角闪石组成，还可有少量辉石、黑云母等。斑状结构，浅色斑晶为斜长石，暗色斑晶为角闪石、辉石或黑云母；基质是玻璃质或隐晶质。气孔状或杏仁状构造、有时也有块状构造。颜色一般为灰、褐、棕、绿及紫红等色。安山岩为火山喷发产物，常形成熔岩流，有时与火山凝灰岩交互成层分布。安山岩在我国东北地区阜新、鸡西，华北地区西北部及北京西山、宣化下花园，华东地区闽、浙及山东中部的煤田附近均有分布。

（7）辉长岩。基性岩类岩石的 SiO_2 含量较中性岩类少。深色矿物以辉石为主，其次是橄榄石、角闪石。浅色矿物以斜长石为主。深色矿物与浅色矿物的含量近于相等，所以岩石的颜色显得更深。辉长岩的矿物组成主要为斜长石及辉石，此外还常含有少量橄榄石，这种岩石也被称为橄榄辉长岩。全晶质、粗粒至中粒结构。块状构造。颜色常呈深灰色或灰黑色，是典型的深成基性岩。

（8）辉绿玢岩。辉绿玢岩主要由斜长石和辉石组成，有时含有少量橄榄石、角闪石。细粒状结构。块状构造的称辉绿岩；斑状结构的称为辉绿玢岩，斑晶多为斜长石、辉石、橄榄石等矿物，基质常为隐晶质，颜色常呈暗绿色或灰黑色，呈岩脉、岩床产出。

（9）玄武岩。玄武岩主要由斜长石和辉石组成，有时含有少量橄榄石。致密状或斑状结构，其中斑晶为橄榄石、辉石或斜长石，基质为隐晶质或玻璃质。玄武岩常有气孔构造及杏仁状构造。杏仁状构造常由方解石、玛瑙等充填气孔而成。颜色一般呈黑色、褐灰色、棕黑色。玄武岩是基性岩浆的喷出产物，分布较广，是最为常见的一种喷出岩。在我国西南云、贵、川三省交界地区有广大的玄武岩流分布。在东北的抚顺、阜新等煤田、山西的大同、浑源等煤田、福建及台湾的煤田地层中均有玄武岩分布。

（10）橄榄岩。超基性的橄榄岩一般呈橄榄绿色，主要由橄榄石组成（矿物中橄榄石的含量一般超过 50%），此外还含有少量的辉石和角闪石。全晶质中粒结构。块状构造。全部由橄榄石组成的橄榄岩被称为纯橄榄岩。出露的橄榄岩很少有新鲜的，因为橄榄石极易风化为蛇纹石或绿泥石。

3.2.2　沉积岩

沉积岩是在地壳表层常温常压条件下，先前存在的岩石（岩浆岩、变质岩和早已形成的沉积岩）经搬运、沉积和成岩等一系列地质作用而形成的层状岩石。沉积岩是地壳表面分布最广的一种岩石，也是被应用得最广的一种建筑材料。

1. 沉积岩的形成

沉积岩的形成是一个长期而复杂的地质作用过程。

（1）风化阶段。出露地表或接近地表的各种岩石，经长期的日晒雨淋，风化破坏，在原地逐渐地发生机械崩解或化学分解破碎，或成为松散的岩石碎屑，或成为细粒粘土矿物等新的矿物，或成为其他溶解物质，称为风化阶段。

（2）搬运阶段。这些先成岩石的风化产物，除一部分残留在原地外，大部分被流水、风、冰川、重力及生物等运动介质搬运到河、湖、海洋等低洼的地方沉积下来，成为松散的堆积物，即搬运阶段。搬运方式包括机械搬运和化学搬运两种。流水搬运使得碎屑物质颗粒逐渐变细，并从棱角状变成浑圆形。化学搬运可将溶解物质带到湖、河和海洋。

（3）沉积阶段。当搬运能力减弱或物理化学环境改变时，被搬运的物质逐渐沉积下来，即沉积阶段。一般分为机械沉积、化学沉积和生物化学沉积。机械沉积作用是受重力支配的，碎屑物质通常按颗粒大小顺序沉积，即沿搬运方向依次沉积砾粒、砂粒、粉粒和粘粒。化学沉积包括胶体溶液和真溶液的沉积，如氧化物、硅酸盐、碳酸盐等的沉积。生物化学沉积主要是由生物遗体沉积及生物活动所引起的，如藻类进行光合作用，吸收 CO_2，促进碳酸盐的沉积。

（4）固结成岩阶段。这些松散的堆积物经过压密、胶结、重结晶等作用，形成坚硬的沉积岩。固结成岩作用方式有三种：

1）压密。即上覆沉积物的重力压固，导致下伏沉积物孔隙减小，水分挤出，从而变得紧密坚硬。

2）胶结。其他沉积物充填到碎屑沉积物粒间孔隙中，使其胶结变硬。

3）重结晶作用。使新成长的矿物产生结晶质间联结。

2. 沉积岩的物质组成

组成沉积岩的物质来自陆地上已生成的各类岩石，它们称为沉积岩的母岩（或源岩）。除以上母岩外，火山喷发物、生物物质、水体中的化学沉淀物等也是沉积岩的组成部分。沉积岩分为碎屑岩、粘土岩、生物化学岩、化学沉积岩等类型。

（1）碎屑矿物。碎屑矿物主要是来自原岩经物理风化作用产生的难溶于水的原生矿物碎屑，其中大部分是一些耐磨损而抗风化较强和化学性质比较稳定的矿物，如石英、长石、白云母等。一部分则是原先岩浆岩、沉积岩和变质岩的碎屑。此外还有其他方式生成的一些物质，如火山喷发产生的火山灰等。

（2）粘土矿物。粘土矿物是一些含硅酸盐类的矿石经风化分解后而生成的次生矿物，如高岭石、蒙脱石、水云母等。这类矿物的颗粒极细，具有很大的亲水性、可塑性及膨胀性。

（3）化学沉积矿物。化学沉积矿物是经化学作用或生物化学作用从溶液中沉淀结晶而形成的矿物，如方解石、白云石、石膏、石盐、铁和锰的氧化物或氢氧化物等。

（4）有机质及生物残骸。有机质及生物残骸是由生物残骸或经有机化学变化而形成的矿物，如贝壳、泥炭及其他有机质等。

在沉积岩的矿物组成中，粘土矿物、方解石、白云石、有机质等，是沉积岩所特有的，是物质组成上区别于岩浆岩的一个重要特征。在沉积岩的组成物质中还有胶结物，这些胶结物或是通过矿化水的运动带到沉积物中，或是来自原始沉积物矿物组分的溶解和再沉淀。碎屑岩类岩石物理力学性质的好坏，与其胶结物有密切关系。

3. 沉积岩的分类

根据组成的物质成分和结构特征，沉积岩可以分为如下类型：

（1）碎屑岩类。主要由碎屑物质被压紧胶结而成的岩石，称为碎屑岩。可分为火山碎屑岩和沉积碎屑岩。

1）火山碎屑岩。在成因上具有火山喷发与沉积的双重性，是由火山喷发的碎屑物质，在地表经短距离搬运或就地沉积而成的，是介于喷出岩和沉积岩之间的过渡类型。火山碎屑岩类包含有火山集块岩、火山角砾石、凝灰岩等类型。

2）沉积碎屑岩。又称正常碎屑岩，是由先成岩石风化剥蚀的碎屑物质，又分为砾岩、砂岩和粉砂岩等不同类型。

由于碎屑岩是由各种砾石或砂粒经胶结而成的岩石，它的坚固性与胶结物的性质及胶结形式有密切的关系。碎屑岩的胶结物主要是指充填于碎屑颗粒孔隙中的化学沉淀物质和粘土物质，常见的有硅质（SiO_2）、铁质、钙质和泥质。碎屑岩的胶结类型是指胶结物、基质与碎屑颗粒之间的接触关系，常见的有基底胶结、接触胶结和孔隙胶结三种（图 3-5）。

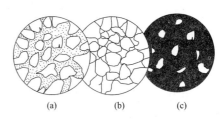

图 3-5　碎屑岩的胶结类型
（a）孔隙胶结；（b）接触胶结；
（c）基底胶结

① 基底胶结。基底胶结的碎屑物质散布于胶结物中，碎屑颗粒互不接触。所以基底胶结的岩石孔隙度小，强度和稳定性完全取决于胶结物的成分。当胶结物和碎屑的成分相同时（如硅质），经重结晶作用可以转化为结晶联结，强度稳定性将会随之提高。

② 孔隙胶结。孔隙胶结的碎屑颗粒相互间直接接触，胶结物充填于碎屑间的孔隙中，所以其强度与碎屑和胶结物的成分都有关系。

③ 接触胶结。接触胶结则仅在碎屑的相互接触处有胶结物联结，所以接触胶结的岩石，一般都是孔隙度大、容重小、吸水率高、强度低、易透水。

对具有同一类型的胶结物质，但具有不同胶结类型的岩石，一般情况下，基底胶结的强度最高，孔隙胶结的次之，接触胶结的最差。

（2）粘土岩类。主要成分由粘土质矿物组成的岩石称为粘土岩，是沉积岩中最常见的一类岩石，约占沉积岩总体积的 50%～60%，它是介于碎屑岩与化学岩间的过渡类型。并具有独特的成分、结构、构造等。这类岩石由 50% 以上粒径小于 0.005mm 的物质组成，其主要矿物成分为粘土矿物，粘土岩夹于坚硬岩层之间，形成软弱夹层，浸水后易于软化滑动。如泥岩、页岩等。

（3）化学沉积岩。化学沉积岩是岩石风化产物中的溶解物质经过化学作用沉积而成的岩石，又称化学岩。如石灰岩、白云岩等。

（4）生物化学岩类。生物化学岩是岩石风化产物中的溶解物质经过生物化学作用或由生物生理活动使某种物质经蒸发结晶或胶凝作用聚集而成的岩石。

4. 沉积岩的结构和构造

（1）沉积岩的结构。

沉积岩的结构是指组成岩石的物质颗粒大小、形状及其组合关系，它是沉积岩分类命名的重要依据。按组成物质、颗粒大小及形状等方面的特点，一般分为碎屑结构、泥质结构、化学结构和生物结构四种。

1）碎屑结构。碎屑物质被胶结物胶结形成的结构，一般按碎屑颗粒的大小划分为三种：

① 砾状结构。砾状结构的碎屑粒径大于 2mm。

② 砂质结构。砂质结构的碎屑粒径 0.05～2mm，它又可分为粗粒结构（粗粒结构的碎

屑粒径 0.5～2mm，如粗粒砂岩）、中粒结构（中粒结构的碎屑粒径 0.25～0.5mm，如中粒砂岩）和细粒结构（细粒结构的碎屑粒径 0.05～0.25mm，如细粒砂岩）。

③ 粉砂状结构。粉砂质结构的碎屑粒径 0.005～0.05mm，如粉砂岩。

2）泥质结构（粘土结构）。它是由粒径小于 0.005mm 的陆源碎屑和粘土矿物经过机械沉积而成，如泥岩、页岩。外观呈均匀致密的泥质状态，特点是手摸有滑感，用刀切呈平滑面，断口平坦。

3）结晶结构。化学结构是由化学沉淀或胶体重结晶所形成的结构，如石灰岩、白云岩等。沉积岩的结晶结构与岩浆岩的结晶结构类似，但其成因和物质组成两者截然不同。沉积岩的结晶结构可分为晶质结构，由结晶颗粒直径大于 0.01mm 矿物集合体组成；隐晶质结构，由颗粒直径在 0.01～0.001mm 之间的微晶矿物集合体组成。

4）生物结构。生物结构是由生物遗体或碎片所形成的结构，如珊瑚结构、贝壳结构等。

（2）沉积岩的构造。

沉积岩的构造是指其物质组分的空间分布及其相互间的排列关系。沉积岩最主要的构造是层理构造、层面构造、生物构造（图 3-6）。

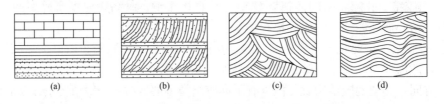

图 3-6　层理类型

（a）水平层理；（b）单斜层理；（c）交错层理；（d）波状层理

1）层理构造。层理构造是沉积岩在形成过程，由于沉积环境的改变，使先后沉积的物质在颗粒大小、形状、颜色和成分上发生变化而显示出来的成层现象。不同类型的层理反映了沉积岩形成时的古地理环境的变化。沉积物在一个基本稳定的地质环境条件下，连续不断沉积形成的单元岩层简称层。相邻两个层之间的界面称层面，它是由于上下层之间产生较短的沉积间断而形成的。一个单元岩层上下层面之间的垂直距离称岩层厚度。岩层按厚度可分为巨厚层（>1m）；厚层（0.5～1m）；中厚层（0.1～0.5m）；薄层（<0.1m）。厚层中所夹的薄层称夹层。有些岩层一端较厚，另一端逐渐变薄以致消失，这种现象称为尖灭层，若在不大的距离内两端都尖灭，而中间较厚，则称为透镜体。根据层理的形态，可将层理分为下列几种类型：

① 水平层理 [图 3-6（a）]。水平层理是由平直且与层面平行的一系列细层组成的层理，主要见于细粒岩石（粘土岩、粉细砂岩、泥晶灰岩等）中。它是在比较稳定的水动力条件下（如河流的堤岸带、闭塞海湾、海和湖的深水带），从悬浮物或溶液中缓慢沉积而成的。

② 单斜层理 [图 3-6（b）]。上下主层面之间有许多细层与主层面呈一定交角，细层的层理向同一方向倾斜并相互平行，上下层面也互相平行。它是由单向水流所造成的，多见于河床或滨海三角洲沉积物中。

③ 交错层理 [图 3-6（c）]。交错层理是由多组不同方向的斜层理互相交错重叠而成

的，是由于水流的运动方向频繁变化所形成的，反映当时水流动荡的环境，多见于河流沉积层中。

④ 波状层理［图 3 - 6（d）］。层理面呈对称或不对称，规则或不规则的波状线，其总方向与层面大致平行，又可分为平行波状层理和斜交波状层理。波状层理是在流体发生波动情况下形成的，形成于波浪运动的浅水区。

2）层面构造。层面构造是指未固结的沉积物，由于搬运介质的机械原因或自然条件的变化及生物活动，在层面上留下痕迹并被保存下来，如波痕、泥裂、雨痕等。这些特征同样反映了沉积岩生成条件和形成环境的特殊性，同时也是我们研究古地理古地貌的标志。

① 波痕。由于风力、流水或波浪的作用，在沉积层表面所形成的波状起伏现象。波痕是由无数波峰和波谷组成的，按其成因可以分为风成波痕、水流波痕和浪成波痕。

② 泥裂。主要是由于沉积物在尚未固结时即露出水面，经暴晒后由于失水收缩而形成的多边形网状裂缝，断面呈 V 字形。刚形成时泥裂是空的，以后常被砂、粉砂或其他物质填充。

③ 雨痕。雨点滴落在湿润而柔软的泥质或砂质沉积物的表面上时，便形成圆形或椭圆形的凹穴，在适当条件下，在沉积岩层面上保存下来，这种凹穴称为雨痕，多半是保存当时干旱气候地区的泥质岩中。

3）生物构造。

① 化石。经石化作用保存在沉积岩中的动植物遗骸和遗迹称为化石，如三叶虫、鳞木和蚌壳、树叶等，常沿层理面平行分布，根据化石可以确定岩石的形成环境和地质年代。

② 结核。结核是成分、结构、构造及颜色等与周围沉积物（岩）不同的、规模不大的团块体。结核形态很多，有球状、椭球状、不规则团块状等。如石灰岩中常见的燧石结核，主要是 SiO_2 在沉积物沉积的同时以胶体凝聚方式形成的。黄土中的钙质结核，是地下水从沉积物中溶解 $CaCO_3$ 后在适当地点再沉积形成的。

沉积岩的层理、层面构造和含有化石，是沉积岩在构造上区别于岩浆岩的重要特征。

5. 沉积岩的鉴别方法

（1）沉积岩与岩浆岩的区别。

1）沉积岩的层理构造、层面特征和含有化石，是沉积岩在构造上区别于岩浆岩的重要特征。

2）在沉积岩的组成物质中，粘土矿物、方解石、白云石、有机质等，是沉积岩所特有的，是物质组成上区别于岩浆岩的一个重要特征。

（2）常见沉积岩的肉眼鉴定。鉴定时，先观察岩石的结构和构造，把松散沉积物（土）与固结的沉积岩区别开。若被鉴定的岩石是较硬的，泥质，具薄层理，就是页岩；泥质，但不具薄层理，则是泥岩。如果岩石是由被胶结的碎屑颗粒组成，手摸有砂粒的感觉，则为砂岩；若碎屑主要粒径大于 2mm，则为砾岩。若被鉴定的岩石结构致密，颜色单一，非泥质和无砂感，就属于化学岩及生物化学岩。

6. 常见的沉积岩

（1）常见沉积岩分类。沉积岩的具体分类见表 3 - 4。

表 3 – 4   **沉积岩的分类简表**

岩类	结构		岩石分类名称	主要亚类	组 成 物 质
碎屑岩类	火山碎屑岩	粒径大于 100mm	火山集块岩		主要由粒径大于 100mm 的熔岩碎块、火山灰尘等经压密胶结而成
		粒径 100～2mm	火山角砾岩		主要由 100～2mm 的熔岩碎屑、晶屑、玻屑及其他碎屑混入物组成
		粒径小于 2mm	凝灰岩		主要由 50% 以上粒径小于 2mm 的火山灰组成。其中有岩屑、晶屑、玻屑等细粒碎屑物质
	沉积碎屑岩	碎屑结构	砾状结构（粒径大于 2mm）	砾岩	角砾岩	由带棱角的角砾经胶结而成
				砾岩	由浑圆的砾石经胶结而成
			砂质结构（粒径 2～0.5mm）	砂岩	石英砂岩	石英（含量大于 90%）、长石和岩屑（含量小于 10%）
					长石砂岩	石英（含量小于 75%）、长石（含量大于 25%）、岩屑（含量小于 10%）
					岩屑砂岩	石英（含量小于 75%）、长石（含量小于 10%）、岩屑（含量大于 25%）
			粉砂结构（粒径 0.05～0.005mm）	粉砂岩		主要由石英、长石及粘土矿物组成
粘土岩类	泥质结构（粒径小于 0.005mm）		泥岩		主要由粘土矿物组成
			页岩	粘土质页岩	由粘土矿物组成
				碳质页岩	由粘土矿物及有机质组成
化学及生物化学岩类	结晶结构及生物结构		石灰岩	石灰岩泥灰岩	方解石（含量大于 90%）、粘土矿物（含量小于 10%）
					方解石（含量为 75%～50%）、粘土矿物（含量 25%～50%）
			白云岩	白云岩	白云石（含量 100%～90%）、方解石（含量为小于 10%）
				灰质白云岩	白云石（含量为 75%～50%）、方解石（含量为 25%～50%）

（2）常见沉积岩。

1）砾岩及角砾岩。砾状结构，由含量占 50% 以上，粒径大于 2mm 的粗大碎屑胶结而成，粘土含量大于 25%。由浑圆状砾石胶结而成的称为砾岩；由棱角状的角砾胶结而成的称为角砾岩。角砾岩的岩性成分比较单一。砾岩的岩性成分一般比较复杂，由多种岩石的碎屑和矿物颗粒组成。胶结物的成分有钙质、泥质、铁质及硅质等。

2）砂岩。砂质结构，层状构造，层理明显。由含量占 50% 以上，粒径介于 0.05～2mm 的砂粒胶结而成，粘土含量小于 25%。按砂粒的矿物组成，可分为石英砂岩、长石砂岩和岩屑砂岩。按砂粒粒径的大小，可分为粗粒砂岩、中粒砂岩和细粒砂岩。胶结物的成分对砂岩的物理力学性质有重要影响。根据胶结物的成分，又可将砂岩分为硅质砂岩、铁质砂岩、钙质砂岩及泥质砂岩几个亚类。硅质砂岩的颜色浅，强度高，抵抗风化的能力强。泥质砂岩一般呈黄褐色，吸水性大，易软化，强度和稳定性差。铁质砂岩常呈紫红色或棕红色，钙质砂岩呈白色或灰白色，强度和稳定性介于硅质与泥质砂岩之间。砂岩分布很广，易于开采加工，是工程上广泛采用的建筑石料。

3）粉砂岩。粉砂质结构，薄层状构造，粉粒成分以石英为主，次为长石和白云母，胶结物以钙质、铁质为主。常有清晰的水平层理。粉粒的含量占 50% 以上，粉砂的粒径介于 0.005 ～ 0.05mm 之间，粘土含量小于 25%。结构较疏松，强度和稳定性不高。

4）页岩。是由松散粘土脱水胶结而成，为粘土岩。它具有能沿层理面分裂成薄片或页片的性质，常可见显微层理，称为页理，页岩因此得名，具有页理构造的粘土岩常含水云母等片状矿物，呈定向排列。页岩成分复杂，以粘土矿物为主，尚有少量石英、绢云母、绿泥石、长石等混入物，岩石颜色多种，一般呈灰色、棕色、红色、淡黄色、绿色和黑色。依混入物成分不同，可分为硅质页岩、铁质页岩、土质页岩、砂质页岩、钙质页岩及碳质页岩和油页岩等。除硅质页岩强度稍高外，其余均岩性软弱，易风化成碎片，强度低，与水作用易于软化而丧失稳定性。

5）泥岩。成分与页岩相似，常成厚层块状构造，但层理不发育。以高岭石为主要成分的泥岩，常呈灰白色或黄白色，吸水性强，遇水后易软化。以微晶高岭石为主要成分的泥岩，常呈白色、玫瑰色或浅绿色，表面有滑感，可塑性小，吸水性高，吸水后体积急剧膨胀。页岩和泥岩可夹于坚硬岩层之间，形成软弱夹层，浸水后易于软化滑动。

6）石灰岩。简称灰岩，矿物成分以结晶细小的方解石为主，其次含有少量的白云石、粘土、菱铁矿及石膏等混合矿物，纯质石灰岩呈白色、深灰、浅灰色。当含有杂质时为浅黄色、浅红色、灰黑色及黑色等。以加冷稀盐酸后会强烈起泡为其显著特征。按成因、物质成分和结构构造，又可分为普通灰岩、生物灰岩、碎屑灰岩等。由纯化学作用生成的石灰岩具有结晶结构，但晶粒极细，经重结晶作用即可形成晶粒比较明显的结晶灰岩。由生物化学作用生成的灰岩，常含有丰富的有机物残骸。石灰岩中一般都含有一些白云石和粘土矿物，当粘土矿物含量达 25% ～ 50% 时，称为泥灰岩，泥灰岩通常为隐晶质或微粒结构，加冷稀盐酸后会起泡，且有黄色泥质沉淀物残留；白云石含量达 25% ～ 50% 时，称为白云质灰岩。石灰岩分布相当广泛，岩性均一，易于开采加工，是烧制石灰和水泥的重要原材料，冶金工业的主要溶剂材料，是一种用途很广的建筑材料。但由于石灰溶于水，易形成裂隙和溶洞，对基础工程影响很大。

7）白云岩。主要矿物成分为细小的白云石，也含有少量的方解石、石膏、菱镁矿和粘土矿物。结晶结构。纯质白云岩为白色，随所含杂质的不同，可出现不同的颜色，性质与石灰岩相似，但强度和稳定性比石灰岩要高，是一种良好的建筑石料。白云岩的外观特征与石灰岩近似，在野外难于区别，可用盐酸起泡程度辨认。

8）火山集块岩。主要由粒径大于 100mm 的粗大火山碎屑物质组成，火山碎屑主要是岩屑，部分为火山弹。其胶结物主要为火山灰或熔岩，有时为碳酸钙、二氧化硅或泥质物。

9）火山角砾岩。火山碎屑物质占 90% 以上，粒径一般为 2 ～ 100mm，多数为大小不等的熔岩角砾，亦有少数其他岩石的角砾。火山角砾多呈棱角状，分选性差，常为火山灰或硅质胶结。其颜色常呈暗灰、蓝灰或褐灰色、绿色及紫色。

10）凝灰岩。组成岩石的碎屑较细，一般由粒径小于 2mm 的火山灰及细碎屑组成。其碎屑主要是晶屑、玻屑及岩屑，胶结物为火山灰等。外表颇似砂岩或粉砂岩，但其表面粗糙。颜色多呈灰色、灰白色。凝灰岩孔隙度高，密度小，易风化。各地的凝灰岩工程地质性质差异很大，有些强度很低，遇水有软化现象，有些强度较好，可用作建筑石材。

11）泥灰岩。碳酸盐岩与粘土岩之间的过渡类型。其中粘土的含量在 25% ～ 50% 之间，若粘土的含量为 5% ～ 25%。则称为泥质灰岩。泥灰岩通常为隐晶质或微粒结构，加冷稀盐酸起泡，且有黄色泥质沉淀物残留。其颜色有浅灰、浅黄、浅绿、天蓝、红棕等。

12）硅质岩。主要由蛋白石、石髓及石英组成，SiO_2 的含量在 70% ～ 90% 之间，此外尚有粘土、碳酸盐、铁的氧化物等。这类岩石包括硅藻土、燧石岩、碧玉铁质岩和硅华等，其中燧石岩最常见。燧石岩致密坚硬，锤击后有火花，多呈结核状、透镜状产出，也有呈层状产于碳酸岩之中的，其颜色多为深灰色和黑色，也有浅红色、黄色、灰白色等，常具隐晶质结构，带状构造。

13）粘土岩。一般呈较松散的土状岩石，主要矿物成分为高龄石、蒙脱石及水云母，并含有少量极细小的石英、长石、云母、碳酸盐矿物等。粘土颗粒占 50% 以上，具有典型的泥质结构，质地均匀，有细腻感，可塑性和吸水性很强，岩石吸水后易膨胀。颜色多为黑色、褐红色、绿色等，但也有呈浅灰色、灰白色和白色。粘土岩中，由于粘土颗粒与砂粒含量的不同，可分为亚粘土（粘土的含量为 10% ～ 30%）、亚砂土（粘土的质量分数为 3% ～10%）、砂土（粘土的质量分数小于 3%）等过渡类型。根据主要矿物成分的含量不同，又可分为高岭石粘土岩、蒙脱石粘土岩和水云母粘土岩。

3.2.3 变质岩

在地球发展演化的历史进程中，原已形成的岩石（岩浆岩、沉积岩以及先期形成的变质岩）由于变质作用形成的新岩石，称为变质岩。

变质岩在我国分布较广，多分布在古老的结晶地块和构造活动带。在变质作用过程中，导致某些元素的富集，形成重要的变质矿床。据统计，世界上 70% 铁矿、63% 的锰矿及大多数铜、钴、镍矿都产于前寒武纪的变质岩中。

1. 变质岩的矿物成分

变质岩矿物成分取决于原岩化学成分和变质作用条件，一方面，相同变质条件下不同化学类型岩石会出现不同的变质矿物组合。例如，石英砂岩受热力变质生成石英岩；而石灰岩同样也受热力变质则只能形成大理岩；另一方面，同一化学类型原岩在不同的变质条件下也会出现不同的矿物组合。例如，同样是含 Al_2O_3 较多的粘土岩类，在低温时产生绿泥石、绢云母与石英组合的变质岩；在中温条件下产生白云母、石英的矿物组合；在高温环境中则产生矽线石、长石的矿物组合。

变质岩的矿物成分可分为两大类：一部分是与岩浆岩或沉积岩所共有的矿物，主要有石英、长石、云母、角闪石、辉石、方解石、白云石等，它们大多都是原岩残留下来的，可称为继承矿物；另一部分是在变质作用中产生的变质岩所特有的矿物，主要有石墨、滑石、蛇纹石、石榴子石、绿泥石、绢云母、硅灰石、兰晶石、红柱石等，称为变质矿物。根据这些变质矿物，可以把变质岩与其他岩石区别开来，是鉴别变质岩的重要标志之一。

2. 变质岩的结构和构造

（1）变质岩的结构。

变质岩的结构是指构成岩石的各矿物颗粒的大小、形状以及它们之间的相互关系。与岩浆岩、沉积岩相比，变质岩的结构构造更为复杂。变质岩几乎都是结晶结构，但按变质程度不同，变质岩的结构分为如下：

1）变余结构。变余结构是一种过渡型结构，原岩在变质作用过程中，由于重结晶、变质结晶作用不完全，原岩的矿物成分和结构特征被部分保留下来，即称为变余结构。如泥质砂岩变质以后，泥质胶结物变质成绢云母和绿泥石，而其中碎屑矿物如石英不发生变化，被保留下来，形成变余砂状结构。

2）变晶结构。岩石在固体状态下发生重结晶、变质结晶或重组合所形成的变质矿物叫变晶，变晶的形状、大小、相互关系反映的结构称为变晶结构。此种结构是变质岩最重要的结构，也是变质岩中最常见的结构。该类结构中矿物多呈定向排列，因在固态状态下结晶，所以晶体生长是不自由的，且往往有偏应力参与。由于这种结构是原岩中各种矿物同时再结晶所形成的，岩石均为全晶质，没有非晶质成分。

① 按变晶矿物颗粒的相对大小可分为等粒变晶结构、不等粒变晶结构及斑状变晶结构。等粒变晶结构为岩石中所有矿物晶粒大小近似相等，如石英岩、大理岩具此种结构。不等粒变晶结构为岩石中所有矿物晶粒大小不相等。斑状变晶结构为岩石中矿物晶粒大小不等，大颗粒为细小颗粒所包围，片岩、片麻岩常具这种结构。组成变斑晶的矿物均为结晶能力强的矿物，如石榴子石、电气石等。

② 按变晶矿物颗粒的绝对大小可分为粗粒变晶结构（主要矿物颗粒直径大于 3mm）、中粒变晶结构（1～3mm）、细粒变晶结构（0.1～1mm）、微粒变晶结构（小于 0.1mm）。

③ 按变晶矿物颗粒的形状可分为粒状变晶结构、鳞片状变晶结构及纤维状变晶结构等。

3）变形结构。变形结构是变形机制的反映，因此随着变形机制的不同而具有不同的特点，变形结构是动力变质岩的特征，也见于区域动热变质岩中，动力变质岩的变形结构包括碎裂结构、糜棱结构、玻璃质碎屑结构。

4）交代结构。交代结构是原岩在变质过程中，由于交代作用的影响，矿物之间发生穿插，包裹重结晶所形成的结构，原岩中各种矿物同时再结晶所形成的。常见于接触交代岩石、混合岩。

（2）变质岩的构造。

变质岩的构造是指岩石中各种矿物的空间分布特点和排列状态。岩石经变质作用后常形成一些新的构造特征，它是区别于其他两类岩石的特有标志，是变质岩的最重要特征之一。原岩变质后仍残留有原岩的部分构造特征的叫变余构造，如变余层理构造、变余气孔构造、变余杏仁构造、变余流纹构造等。通过变质作用所形成的新的构造叫变成构造，这是变质岩在构造上区别于其他岩石的又一个特征。具体分类见下所述：

1）片理构造。片理构造不仅是识别各种变质岩而且是区别于其他岩类的重要特征。片理构造表现为一系列近平行排列的面，顺着平行排列的面，可以把岩石劈成一片一片小型的构造型态，叫片理。片理可以弯曲、扭折和褶皱，根据形态的不同，片理构造又可分为以下几种：

① 板状构造。岩石具有平行、较密集而平坦的破裂面称之为劈理面，沿此面岩石易于破裂成厚度均一的板状体。这种岩石常具变余泥质结构。原岩基本未重结晶，岩石中矿物颗粒细小，肉眼不能分辨，仅有少量绢云母或绿泥石。它是岩石受较轻的定向压力作用而形成的。光泽暗淡，有时片理面上有炭质斑点出现，是板岩所具有的构造。

② 千枚状构造。岩石沿片理面易破裂成薄片状，其中各组分基本已重结晶并呈定向排列，但结晶程度较低而使得肉眼尚不能分辨矿物，在岩石的自然破裂面上见有强烈的丝绢光泽，系由绢云母、绿泥石小鳞片造成。岩石片理清晰，片理面常具小皱纹，是千枚岩所具有的构造。

③ 片状构造。在定向挤压应力的长期作用下，岩石中所含大量片状、针状、柱状矿物如云母、角闪石、绿泥石等，都呈平行定向排列。岩石中各组分全部重结晶，而且肉眼可以看出矿物颗粒。有此种构造的岩石，各向异性显著，沿片理面易于裂开，其强度、透水性、抗风化能力等随方向而改变。片理特别清楚，是片岩所具有的构造，如云母片岩等。

④ 片麻状构造。以石英、长石等浅色粒状矿物为主，结合岩石中的深色矿物（黑云母、角闪石等），同时其间夹以鳞片状、柱状变晶矿物，并呈大致平行的、黑白相间的断续带状分布，称为片麻状构造，它们的结晶程度都比较高，沿片理面不易劈开，是片麻岩中常见的构造。

千枚状构造、片状构造和片麻状构造都属于定向构造，它们使变质岩具有裂开成不十分规则的薄板或扁豆体的趋势，此种性质统称为片理。

⑤ 眼球状构造。在片麻状构造中，常有某种颗粒粗大的矿物（如石英、长石），呈透镜状或扁豆状，沿片理方向排列，形似眼球。

⑥ 条带状构造。岩石中的矿物成分分布不均匀，某些矿物有时相对集中呈宽的条带，有时呈窄的条带，这些宽窄不等的条带相间排列，便构成条带状构造。混合岩常具此构造。

2）块状构造。岩石中的矿物均匀分布，由粒状结晶矿物组成，结构均一，无定向排列，也不能定向裂开，岩石呈致密坚硬的块状体。这是大理岩和石英岩等常有的构造。

3）斑点构造。当温度升高时，原岩中的某些成分（如炭质）首先集中凝结或起化学变化，形成矿物集合体斑点，其形状、大小可有不同，某些板岩具有此构造。

3. 变质岩的鉴别方法

鉴别变质岩时，可以先从观察岩石的构造开始。根据构造，首先将变质岩区分为片理构造和块状构造的两类。然后可进一步根据片理特征和主要矿物成分，分析所属的亚类，确定岩石的名称。例如有一块具片理构造的岩石，其片理特征既不同于板岩的板状构造，也不同于云母片岩的片状构造，而是一种粒状的浅色矿物与片状的深色矿物，断续相间成条带状分布的片麻构造，因此可以判断，这块岩石属于片麻岩。是什么片麻岩呢，经分析，浅色的粒状矿物主要是石英和正长石，片状的深色矿物是黑云母，此外还含有少许的角闪石和石榴子石，可以肯定，这块岩石是花岗片麻岩。块状构造的变质岩，其中常见的主要是大理岩和石英岩。两者都是变晶结构。

4. 变质岩的分类和常见的变质岩

（1）变质岩的分类。

变质岩的分类与命名，首先是根据其构造特征，其次是结构和矿物成分。其分类如表3-5所示。

表 3 - 5　　　　　　　　　　　　　　变质岩分类见表

岩类	构造	岩石名称	主要亚类	矿物成分	原岩
片理状岩类	片麻状构造	片麻岩	花岗片麻岩	长石、石英、云母为主，其次为角闪石，有时含石榴子石	中酸性岩浆岩、粘土岩、粉砂岩、砂岩
			角闪石片麻岩	长石、石英、角闪石为主，其次为云母，有时含石榴子石	
	片状构造	片岩	云母片岩	云母、石英为主，其次为角闪石等	粘土岩、砂岩、中酸性火山岩
			滑石片岩	滑石、绢云母为主，其次为绿泥石、方解石等	超基性岩、白云质泥灰岩
			绿泥石片岩	绿泥石、石英为主，其次为滑石、方解石等	中基性火山岩、白云质泥灰岩
	千枚状构造	千枚岩		以绢云母为主，其次有石英、绿泥石等	粘土岩、粘土质粉砂岩、凝灰岩
	板状构造	板岩		粘土矿物、绢云母、石英、绿泥石、黑云母、白云母等	粘土岩、粘土质粉砂岩、凝灰岩
块状岩类	块状构造	大理岩		方解石为主，其次有白云石等	石灰岩、白云岩
		石英岩		石英为主，有时含有绢云母、白云母等	砂岩、硅质岩
		蛇纹岩		蛇纹石、滑石为主，其次有绿泥石、方解石等	超基性岩

（2）常见的变质岩。

1）板岩。是一种结构均匀，致密且具有板状劈理的岩石。它是由泥质岩类经受轻微变质而成的。因而，其结晶程度很差，尚保留较多的泥质成分，具有变余泥质结构或隐晶质变晶结构，板状构造。矿物颗粒很细，肉眼一般很难识别，只在板理面上可见有散布的绢云母或绿泥石鳞片。板岩与页岩的区别是质地坚硬十分致密，用锤击之能发出清脆的响声。因板岩可沿板理面裂开成平整的厚度均一的薄板，故广泛用作建筑石料。板岩为深灰色至黑色，也有绿色及紫色。板岩在水的长期作用下易泥化形成软弱夹层。但透水性弱，可作隔水层。

2）千枚岩。岩石的变质程度比板岩深，原泥质一般不保留，新生矿物颗粒较板岩粗大，有时部分绢云母有渐变为白云母的趋势。主要矿物除隐晶质的绢云母外，还有绿泥石、石英等。岩石中片状矿物形成细而薄的连续的片理，沿片理面呈定向排列，致使这类岩石具有明显的丝绢光泽和千枚状构造，呈变余结构或变晶结构。岩石颜色多种，一般为绿色、黄绿色、黄色、灰色、红色和黑色等。这类岩石大多由粘土类岩石变质而成，质地松软，强度低，抗风化能力差。少数可由隐晶质的酸性岩浆岩变质而成。

3）片岩。是以片状构造为其特征的岩石。组成这类岩石的矿物成分主要是一些片状矿物，如云母，绿泥石，滑石等，此外含有石榴子石、蓝晶石、十字石等变质矿物。片岩与千枚岩、片麻岩极为相似，但其变质程度较千枚岩深。而片岩与片麻岩的区别，除构造上不同外，最主要的是片岩中不含或很少含长石。根据片岩中片状矿物种类不同，又可分为云母片岩、绿泥石片岩、滑石片岩、石墨片岩等。变晶结构，片状构造，沿片理面极易裂成薄片。片岩强度低，抗风化能力差，不宜用作建筑材料。

4）片麻岩。以片麻状构造为其特征。片麻岩可由各种沉积岩、岩浆岩和原已形成的变质岩经变质作用而成。这类岩石变质程度较深，矿物大都重结晶，矿物晶体粗大并呈条带状分布，肉眼可以辨识。主要矿物为石英和长石，此外尚有少量的黑云母、角闪石及石榴子石等一些变质矿物，片麻岩和片岩之间可以是逐渐过渡的，二者有时无清晰划分界线，但大多数片麻岩都含有相当数量的长石。因此，习惯上常根据是否含有粗粒长石来划分。呈变晶结构或变余结构，片麻岩强度较高，可用作各种建筑材料。

5）大理岩。较纯的石灰岩和白云岩在区域变质作用下，由于重结晶而变为大理岩，也有部分大理岩是在热力接触变质作用下产生的。这类岩石多具等粒变晶结构，块状构造。因主要矿物为方解石，故遇冷稀盐酸后会强烈起泡，具有可溶性，以此可与其他浅色岩石相区别。大理岩颜色多异，有纯白色大理石（又称汉白玉），也有浅红色，淡绿色，深灰色及其他各种颜色的大理岩，因其中含有美丽的花纹，故广泛用作建筑石料和各种装饰石料等。大理岩以我国云南大理市盛产优质的此种石料而得名。

6）石英岩。由较纯的石英砂岩经变质而成，变质以后石英和硅质胶结物合为一体。因此，石英岩的硬度和结晶程度均较砂岩高。主要矿物成分为石英，尚有少量长石，云母，绿泥石，角闪石等，深变质时还可以出现辉石。质纯的石英岩颜色为白色，因含杂质常可呈灰色，黄色和红色等。这类岩石亦多具有等粒变晶结构，块状构造。石英岩有时易与大理岩相混，其区别在于大理岩加盐酸后会起泡，硬度比石英岩小。石英岩在区域变质作用和接触变质作用下均可形成，以前种方式更为主要。石英岩强度高，抗风化能力强，是良好的建筑材料。

7）角岩。由泥质岩石在热力接触变质作用下均可形成。是一种致密微晶质硅化岩石。其主要成分为石英和云母，其次为长石、角闪石，另有少量石榴子石、红柱石、矽线石等标准变质矿物。北京西山菊花沟即产有红柱石角岩，红柱石晶体呈放射状排列，形似菊花，故又称菊花石。

8）矽线岩。是由石榴子石、透辉石以及一些其他钙铁硅酸盐矿物组成的岩石。它是在石灰岩或白云岩与酸性或中酸性岩浆岩的接触带或其附近形成的。岩石的颜色常为深褐色，褐色或褐绿色。且有粗、中粒状变晶结构，致密块状构造。

9）蛇纹岩。是以蛇纹石为主要矿物成分的岩石。成分较纯者和蛇纹石相似，一般呈黄绿色，也有呈暗绿色和黑绿色者。质软，略具有滑感，片理及碎裂构造常见。蛇纹岩大多是在汽化热液作用下超基性岩（橄榄岩）中的橄榄石、辉石变成蛇纹石形成的，这种变化称为蛇纹石化，蛇纹石化作用多沿断裂破碎带发育，也可由区域变质作用和动力变质作用产生。

蛇纹岩呈片状者，称为蛇纹石片岩，有的蛇纹岩含有蛇纹石纤维状变种——石棉所组成的细脉。

10）混合岩。原来的变质岩（片岩、片麻岩、石英岩等），由相当于花岗岩的物质（来自上地幔）沿片理或与原岩发生强烈的交代作用（称混合岩化作用）而形成的一种特殊岩石叫混合岩。是在深成褶皱区的超变质作用下形成的。混合岩的构造多样，常呈眼球状、条带状及片麻状等。

11）构造角砾岩。是高度角砾岩化的产物。碎块大小不一，形状各异，其成分决定于断层破碎带岩石的成分。破碎的角砾和碎块已离开原来的位置杂乱堆积，"带棱角的碎块互不相连，被胶结物所隔开。胶结物以次生的铁质、硅质为主、亦见有泥质及一些被磨细的本身岩石的物质。

12）碎裂岩。在压应力作用下，岩石沿扭裂面破碎，方向不一的碎裂纹切割岩石，碎块间基本没有相对位移，这样的岩石称碎裂岩。可根据破碎轻微部分的岩性特征确定其原岩名称。命名时可在原岩名称前冠以"碎裂"两字，如碎裂花岗岩。

13）糜棱岩。是粒度比较小的强烈压碎岩，岩性坚硬，具明显的带状、眼球纹理构造。它是在压碎过程中，由于矿物发生高度变形移动或定向排列而成的。此类岩石往往伴随有重结晶或少量新生矿物析出物，如绢云母、绿泥石及绿帘石等。

3.3　岩石的工程性质

岩石的工程地质性质主要包括物理性质、水理性质和力学性质三个方面。就大多数的工程地质问题来看，岩体的工程地质性质主要决定于岩体内部裂隙系统的性质及其分布情况，但岩石本身的性质也起着重要的作用。这里主要介绍有关岩石工程地质的常用指标和影响岩石工程地质性质的主要因素。

3.3.1　岩石的物理性质

矿物是具有一定化学组成的天然化合物，它具有稳定的相对界面和结晶习性。由内部结晶习性、化学键、化学成分、结合的紧密度等因素决定出岩石的一些性质称为岩石的物理性质。岩石的物理性质指标有比重、密度（或重度）、孔隙率、吸水率、硬度、电阻率、比热，以及热传导系数和声波特性参数等等。其中最为常用的物理性质指标有岩石的比重，岩石的密度、岩石的孔隙率和吸水率等。

1. 岩石的相对密度（比重）

岩石的相对密度（比重）是指在 4℃时岩石的质量与同体积的纯水的质量之比，为一无量纲量。其常见范围为 2.6 ～ 2.9。

$$d_s = G_s/(V_s\rho_w) \tag{3-1}$$

式中　d_s——相对密度（比重）；

　　　G_s——岩石固体部分质量（g）；

　　　V_s——岩石固体部分体积（不含孔隙）（cm^3）；

　　　ρ_w——水的（4℃）质量密度（g/cm^3）。

2. 岩石的质量密度

岩石的质量密度是指单位体积的岩石质量，单位为 g/cm^3，其常见范围为 2.1 ～ 2.7。

$$\rho = G/V \tag{3-2}$$

式中　ρ——岩石的质量密度（g/cm^3）；

　　　G——岩石的总质量（g）；

　　　V——岩石总体积（cm^3）。

岩石孔隙中完全没有水存在时的质量密度，称为干密度。岩石中孔隙全部被水充满时的质量密度，称为饱和密度。

3. 岩石的孔隙率（n）

岩石的孔隙率是指岩样中的孔隙体积与岩样总体积之百分比。岩石的孔隙率愈大，其力学性质愈差。

$$n = V_V/V \times 100\% \tag{3-3}$$

式中　n——岩石的孔隙率；

　　　V_V——岩样中孔隙和裂隙的体积（cm^3）；

　　　V——岩样总体积（cm^3）。

坚硬岩石的孔隙率一般小于 3%，而砾岩和砂岩等多孔岩石的孔隙率较大。

4. 岩石的吸水率

吸水率是指在自然条件下，岩样中所含有的水分质量与干岩样的质量百分比，其表达式为

$$w_1 = G_{w1}/G_S \times 100\% \tag{3-4}$$

式中　w_1——岩石吸水率（%）；

　　　G_{w1}——吸水质量（g）；

　　　G_S——干岩样的质量（g）。

岩石的吸水率与岩石的孔隙大小和张开程度等因素有关，它反映了岩石在常压条件下的吸水能力。岩石的吸水率大，则水对岩石的浸蚀和软化作用就强。

5. 岩石的饱水率

岩石的饱水率是指在高压水或抽真空或煮沸条件下岩样吸水饱和后，吸入的水质量与干岩样质量之百分比，其表达式为

$$w_2 = G_{w2}/G_S \times 100\% \tag{3-5}$$

式中　w_2——岩石饱水率（%）；

　　　G_{w2}——吸水质量（g）；

　　　G_S——干岩样的质量（g）。

6. 岩石的饱水系数

岩石的饱水因数是其吸水率与饱水率之比，其表达式为

$$K_w = w_1/w_2 \tag{3-6}$$

式中　K_w——饱水系数；

　　　w_1——岩石吸水率（%）；

　　　w_2——岩石饱和吸水率（%）。

岩石的饱水系数越大，岩石的抗冻性越差。

3.3.2　岩石的水理性质

岩石的水理性质主要指岩石的软化性、透水性、溶解性和抗冻性等，是岩石与水作用时的性质。

1. 岩石的软化性

岩石在水的作用下，强度及稳定性降低的一种性质，称为岩石的软化性。岩石的软化性主要取决于岩石的矿物成分、结构和构造特征。粘土矿物含量高、孔隙率大、吸水率高的岩

石，与水作用容易软化而丧失其强度和稳定性。

岩石软化性的指标是软化系数，岩石的软化系数也称饱水软化因数，它是指饱水状态下的岩样极限单轴抗压强度与干燥状态下的岩样的极限单轴抗压强度之比。用公式可表示为

$$K_d = f_{r饱水}/f_{r干燥} \tag{3-7}$$

式中　K_d——岩石软化系数；

　　$f_{r饱水}$——岩石在饱水状态下的抗压强度（kPa）；

　　$f_{r干燥}$——岩石在干燥状态下的抗压强度（kPa）。

软化系数越小，表示岩石在水的作用下的强度和稳定性越差。软化系数小于 0.75 的岩石，工程性质较差，是强软化的岩石。未受风化作用的岩浆岩和某些变质岩，软化系数大都接近于 1，是弱软化的岩石，其抗风化和抗冻性强。岩石的软化性主要取决于岩石的矿物成分、结构和构造特征。粘土矿物含量高，孔隙率大和吸水率高的岩石，与水作用时易软化而降低其强度和稳定性。

　2. 岩石的透水性

岩石允许水通过的能力称为岩石的透水性。一般用渗透系数（k）来表示。其大小主要取决于岩石中孔隙、裂隙的大小及连通的情况。

　3. 岩石的溶解性

岩石溶解于水的性质称为岩石的溶解性，常用溶解度来表示。一般富含 CO_2 的水对岩石的溶解力较强。石灰岩、白云岩、大理岩、石膏和岩盐等，是自然界中常见的可溶性岩石。岩石的溶解性不但和岩石的化学成分有关，而且和水的性质也有很大的关系。

　4. 岩石的抗冻性

当岩石孔隙中的水结冰时，其体积膨胀会产生巨大的压力而使岩石的强度和稳定性破坏。岩石抵抗这种冰冻作用的能力称为岩石的抗冻性。它是冰冻地区评价岩石工程性质的一个主要指标，一般用岩石在抗冻试验前后抗压强度的降低率来表示。抗压强度降低率小于25% 的岩石，一般认为是抗冻的。

3.3.3　岩石的力学性质

岩石力学性质是指岩石在各种静、动力作用下所表现的性质，它包括岩石的强度、变形性质还有岩石的流变性等。岩石力学性质不仅与湿度、密度、成分、结构有关，还与受力条件有很大关系，因而可提供在工程作用下岩石力学性质的变化率，有助于岩体变形破坏规律的探讨，还可作为岩石建筑材料的质量评价。

　1. 岩石的强度

岩石受力作用破坏主要有压碎、拉断和剪断等形式，因此，岩石强度可分为抗压强度、抗拉强度、抗剪强度

（1）抗压强度。岩石在单向压力作用下，抵抗压碎破坏的能力，称为岩石抗压强度，即

$$f_r = P_F/A \tag{3-8}$$

式中　f_r——岩石抗压强度（kPa）；

　　P_F——岩石受压破坏时总压力（kN）；

　　A——岩石受压而积（m^2）。

岩石的抗压强度主要取决于岩石的结构和构造，以及矿物成分。

（2）抗拉强度。岩石单向拉伸时，抵抗拉断破坏的能力称为岩石的抗拉强度，即

$$\delta_t = P_t / A \tag{3-9}$$

式中　δ_t——岩石的抗拉强度（kPa）；

$\quad$ P_t——岩石在受拉破坏时总拉力（kN）；

$\quad$ A——岩石受拉而积（m^2）。

（3）抗剪强度。岩石抵抗剪切破坏的能力称为岩石的抗剪强度。它分为抗剪断强度、抗剪强度和抗切强度。

1）抗剪断强度。抗剪断强度是指在垂直压力作用下的岩石剪断强度，即

$$\tau = \sigma \tan\varphi + c \tag{3-10}$$

式中　τ——岩石抗剪断强度（kPa）；

$\quad$ σ——破裂面上的法向应力（kPa）；

$\quad$ φ——岩石的内摩擦角；

$\quad$ c——岩石的粘聚力（kPa）；

$\tan\varphi$——岩石的摩擦系数。

坚硬岩石因结晶联结或胶结联结牢固，因此其抗剪断强度较高。

2）抗剪强度。抗剪强度是沿已有的破裂面发生剪切滑动时的指标，即

$$\tau = \sigma \tan\varphi \tag{3-11}$$

抗剪强度大大低于抗剪断强度。

3）抗切强度。抗切强度是指压应力等于零时的抗剪断强度，即

$$\tau = c \tag{3-12}$$

岩石的抗压强度最高，抗剪强度居中，抗拉强度最小。岩石越坚硬，其值相差越大。岩石的抗剪强度和抗压强度是评价岩石稳定性的重要指标。

2. 岩石的变形性

岩石的变形性是指岩石在外力作用下的应变性能。随着地下工程规模的不断扩大，开挖深度不断加大以及岩体高边坡工程的大量涌现，岩石的变形性受到越来越多的重视。岩石的变形既包括弹性变形，又包括塑性变形。在工程实践中最常用的变形指标有弹性模量、变形模量和泊松比三种。

（1）弹性模量。应力与弹性应变的比值称为岩石的弹性模量，即

$$E = \sigma / \varepsilon_e \tag{3-13}$$

式中　E——弹性模量（MPa）；

$\quad$ σ——正应力（MPa）；

$\quad$ ε_e——弹性正应变。

（2）变形模量。应力与总应变的比值，称为岩石的变形模量，即

$$E_o = \sigma / (\varepsilon_e + \varepsilon_P) = \sigma / \varepsilon \tag{3-14}$$

式中　E_o——变形模量（MPa）；

$\quad$ σ——正应力（MPa）；

$\quad$ ε_e——弹性正应变；

$\quad$ ε_P——塑性正应变；

ε——正应变。

（3）泊松比。岩石在轴向压力作用下的横向应变和纵向应变的比值，称为泊松比，即

$$\mu = \varepsilon_x / \varepsilon_y \tag{3-15}$$

式中　μ——泊松比；

　　　ε_x——横向应变；

　　　ε_y——纵向应变。

岩石的泊松比一般在 0.2～0.4 之间。

常见岩石的物理、水理、力学性质经验数据分别归纳于表 3-6 和表 3-7。

表 3-6　　　　　　　　　　　常见岩石的物理性质和水理性质指标

岩石名称	相对密度	天然密度/（g/cm³）	孔隙率（%）	吸水率（%）	软化系数
花岗岩	2.50～2.84	2.30～2.80	0.04～2.80	0.10～0.70	0.75～0.97
闪长岩	2.60～3.10	2.52～2.96	0.25 左右	0.30～0.38	0.60～0.84
辉长岩	2.70～3.20	2.55～2.98	0.29～1.13	——	0.44～0.90
辉绿岩	2.60～3.10	2.53～2.97	0.29～1.13	0.80～5.00	0.44～0.90
玄武岩	2.60～3.30	2.54～3.10	1.28	0.30	0.71～0.92
砂岩	2.50～2.75	2.20～2.70	1.60～28.30	0.20～7.00	0.44～0.97
页岩	2.57～2.77	2.30～2.62	0.40～10.00	0.51～1.44	0.24～0.55
泥灰岩	2.70～2.75	2.45～2.65	1.00～10.00	1.00～3.00	0.44～0.54
石灰岩	2.48～2.76	2.30～2.70	0.53～27.00	0.10～4.45	0.58～0.94
片麻岩	2.63～3.01	2.60～3.00	0.30～2.40	0.10～3.20	0.91～0.97
片岩	2.75～3.02	2.69～2.92	0.02～1.85	0.10～0.20	0.49～0.80
板岩	2.84～2.86	2.70～2.87	0.45	0.10～0.30	0.52～0.82
大理岩	2.70～2.87	2.63～2.75	0.10～6.00	0.10～0.80	—
石英岩	2.63～2.84	2.60～2.80	0.00～8.70	0.10～1.45	0.96

表 3-7　　　　　　　　　　　常见岩石力学性质指标

岩石名称	弹性模量（×10⁴ MPa）	泊松比	抗压强度/MPa	抗拉强度/MPa	摩擦角/（°）	内聚力/MPa
花岗岩	5～10	0.2～0.3	100～250	7～25	45～60	14～50
流纹岩	5～10	0.1～0.25	180～300	15～30	45～60	10～50
闪长岩	7～15	0.1～0.3	100～250	10～25	53～55	10～50
安山岩	5～12	0.2～0.3	100～250	10～20	45～50	10～40
辉长岩	7～15	0.12～0.2	180～300	15～36	50～55	10～50
辉绿岩	8～15	0.1～0.3	200～350	15～35	55～60	25～60
玄武岩	6～12	0.1～0.35	150～300	10～30	48～55	20～60～
石英岩	6～20	0.1～0.25	150～350	10～30	50～60	20～60
片麻岩	1～10	0.22～0.35	50～200	5～20	30～50	3～5
千枚岩、片岩	1～8	0.2～0.4	10～100	1～10	26～65	1～20

岩石名称	弹性模量（×10⁴MPa）	泊松比	抗压强度/MPa	抗拉强度/MPa	摩擦角/（°）	内聚力/MPa
板岩	2 ~ 8	0.2 ~ 0.3	60 ~ 200	7 ~ 15	45 ~ 60	2 ~ 20
页岩	2 ~ 8	0.2 ~ 0.4	10 ~ 100	2 ~ 10	15 ~ 30	3 ~ 20
砂岩	1 ~ 10	0.2 ~ 0.3	20 ~ 200	4 ~ 25	35 ~ 50	8 ~ 40
砾岩	2 ~ 8	0.2 ~ 0.3	10 ~ 150	2 ~ 15	35 ~ 50	8 ~ 50
石灰岩	5 ~ 10	0.2 ~ 0.35	50 ~ 200	5 ~ 20	35 ~ 50	10 ~ 50
白云岩	4 ~ 8	0.2 ~ 0.35	80 ~ 250	15 ~ 25	35 ~ 50	20 ~ 50
大理岩	1 ~ 9	0.2 ~ 0.35	100 ~ 250	7 ~ 20	35 ~ 50	15 ~ 30

3. 岩石流变性

岩石流变性是指岩石在外力不变的条件下，应力或变形随时间而变化的性质。蠕变现象和松弛现象就是流变的两种宏观表现。其中蠕变是在外力不变的条件下变形随时间延续而不断增长，而松弛则是应力随时间延续而不断衰减。大量的试验结果和工程实践表明，软岩地下工程或高地应力环境下岩石工程大变形问题与其流变性密切相关，在这些岩石中建筑物的破坏往往并不是岩石强度不高，而是因为岩石在未达到破坏之前就发生流变。

3.3.4　影响岩石工程地质性质的因素

影响岩石工程性质的因素，主要是岩石的矿物成分、结构、构造、水和风化作用等。

1. 矿物成分

岩石是由矿物组成的，组成岩石的矿物成分不同，岩石的物理力学性质也会有明显的不同。同时不同矿物具有不同的抗风化能力，随着岩石中原生矿物的分解变化和次生矿物不断形成，岩石的工程地质性质也在变化。按矿物的抗风化能力强弱，将常见矿物分为：不稳定矿物，较稳定矿物及稳定矿物，当岩石中不稳定矿物含量较多时，其抗风化能力较弱；相反，当岩石中含较稳定和稳定矿物较多时，其抗风化能力较强。以上分析表明岩石矿物成分对岩石的工程地质性质影响深远。

岩石因矿物硬度大、相对密度大则岩石的强度大。大多数岩石的强度较高，因此在对岩石的工程性质进行分析时，更应注意那些可能降低岩石强度的因素，如花岗岩中的黑云母含量是否过高等，因为黑云母是硅酸盐类矿物中硬度低、解理最发育的矿物之一，它容易遭受风化而剥落，也易于发生次生变化，最后成为强度较低的铁的氧化物和粘土矿物。

2. 岩石的结构

岩石的结构特征是影响岩石物理力学性质的一个重要因素。根据岩石的结构特征，可将岩石分为两类：

（1）结晶联结的岩石。如大部分的岩浆岩、变质岩和一部分的沉积岩。结晶联结是由岩浆或溶液结晶或重结晶形成的。矿物的结晶颗粒靠直接接触产生的力牢固地联结在一起，结合力强，孔隙度小。对于矿物成分和结构类型相同的岩石，结晶颗粒的大小对岩石的强度有明显影响。同时，岩石结构也影响岩石的风化，通常粗粒结构岩石比细粒结构岩石易风化，不等粒结构岩石比等粒结构岩石易风化。

（2）由胶结物联结的岩石。如沉积岩中的碎屑岩等。矿物碎屑由胶结物联结在一起的，其强度主要取决于碎屑、胶结物的成分及胶结类型等，变化很大。就胶结物的成分来说，强度和稳定性，硅质胶结的大于泥质胶结的，铁质和钙质胶结的介于两者之间。

3. 岩石的构造

构造对岩石物理力学性质的影响，主要是由矿物成分在岩石中分布的不均匀性和岩石的结构的不联系性所决定的。

（1）不均匀性。不均匀性是指岩石所具有的片状、板状、千枚状等构造，使矿物成分在岩石中分布极不均匀。强度低、易风化的矿物，多沿一定方向富集，或成条带状分布，或成局部聚集体，从而使岩石的物理力学性质在局部发生很大变化。岩石的破坏和风化，首先都是从岩石的这些缺陷中开始发生的。

（2）不联系性。不联系性是指不同的矿物成分虽然分布是均匀的，但由于存在着层理、裂隙和孔隙，使岩石结构的连续性与整体性受到影响，从而岩石的强度和透水性在不同的方向上存在差异。一般来说，垂直层面的抗压强度大于平行层面的抗压强度，平行层面的透水性大于垂直层面的透水性。

4. 水

当岩石受到水的作用时，水就沿着岩石中可见和不可见的孔隙、裂隙浸入，浸湿岩石自由表面上的矿物颗粒，并继续沿着矿物颗粒间的接触面向深部浸入，削弱矿物颗粒间的联结，使岩石的强度受到影响。如石灰岩和砂岩被水饱和后，其极限抗压强度会降低 25% ～ 45%。水对岩石工程地质性质的影响主要表现在以下几方面：

（1）岩石含水饱和后强度会降低，降低程度在很大程度上取决于岩石的孔隙度，当其他条件相同时，孔隙度大的岩石，被水饱和后其强度降低的幅度也大。

（2）岩石中水的存在会影响岩石的抗冻性能。

（3）岩石中水的静水压力和动水压力对岩石的工程地质性质影响很大。

（4）水溶液以及氧、二氧化碳气体与岩石接触会发生化学反应，这不仅会使岩石破坏，还可能使岩石的化学成分发生显著的变化，形成新矿物，如正长石在水的作用下变成高龄石，又如水和二氧化碳作用使石灰岩溶解，使岩石结构状态发生改变，则岩石工程地质性质发生改变。

5. 风化

风化是温度、水、气体及生物等综合因素影响下，改变岩石状态、性质的物理化学过程。风化是一种很普遍的地质现象，分为物理风化、化学风化和生物风化。

（1）物理风化。物理风化使岩石的原有裂隙进一步扩大，并产生新的风化裂隙，使矿物颗粒间的联结松散和使矿物颗粒解理面崩解。能促使结构、构造和整体性遭到破坏，孔隙度增大，密度减小，从而增大了岩石的吸水性和透水性，改变了岩石的物理、水理性质，以至大大降低了岩石的强度和稳定性。

（2）化学风化。化学风化则会引起岩石中的某些矿物发生次生变化、溶解或形成新的矿物，从根本上改变岩石原有的工程地质性质。

（3）生物风化。生物风化对岩石的破坏作用方式有物理和化学两种。植物根的生长可使岩石遭受机械破坏，生物新陈代谢和遗体腐烂的产物及微生物的作用，又可对岩石产生化学风化作用。

3.4　岩石的工程分类

3.4.1　岩石按坚硬程度分类

《岩土工程勘察规范》（GB 50021—2001）规定，当能够取得岩石饱和单轴抗压强度数值时，可按表3-8对岩石进行坚硬程度分类。当缺乏有关实验数据时，可按表3-9定性划分岩石坚硬程度。

表3-8　　　　　　　　　　　　　　岩石的坚硬程度分类

坚硬程度	坚硬岩	较硬岩	较软岩	软岩	极软岩
饱和单轴抗压强度/MPa	$R_C > 60$	$60 \geqslant R_C > 30$	$30 \geqslant R_C > 15$	$15 \geqslant R_C > 5$	$R_C \leqslant 5$

表3-9　　　　　　　　　　　　　岩石坚硬程度等级的定性分类

岩石坚硬程度等级		定性鉴定	代表性岩石
硬质岩	坚硬岩	锤击声清脆，有回弹，震手，难击碎，基本无吸水反映	未风化～微风化的花岗岩、闪长岩、辉绿岩、玄武岩、安山岩、片麻岩、石英岩、石英砂岩、硅质砾岩、硅质石灰岩等
	较硬岩	锤击声较清脆，有轻微回弹，稍震手，较难击碎，有轻微吸水反映	1. 微风化的坚硬岩 2. 未风化～微风化的大理岩、板岩、石灰岩、白云岩、钙质砂岩等
软质岩	较软岩	锤击声不清脆，无回弹，震手，较易击碎，浸水后指甲可刻出印痕	1. 中等风化～强风化的坚硬岩或较硬岩 2. 未风化～微风化的的凝灰岩、千枚岩、泥灰岩、砂质泥岩等
	软岩	锤击声哑，无回弹，有凹痕，易击碎，浸水后手可掰开	1. 强风化的坚硬岩或较硬岩 2. 中等风化～强风化的较软岩 3. 未风化～微风化的页岩、泥岩、泥质砂岩等
极软岩	极软岩	锤击声哑，无回弹，有较深凹痕，手可捏碎，浸水后可捏成团	1. 全风化的各种岩石 2. 各种半成岩

3.4.2　岩石按风化程度的分类

工程中对岩石的另一种分类方法是按岩石的野外特征、波速比和风化系数等指标来划分岩石等级。其中波速比为风化岩石与新鲜岩石的压缩波速度之比，风化系数为饱和的风化岩石与饱和的新鲜岩石的单轴抗压强度之比。《岩土工程勘察规范》（GB 50021—2001）是按岩石的野外特征和波速比、风化系数两个参数来划分岩石的风化等级，按上述各指标将岩石划分为未风化、微风化、中等风化、强风化和全风化岩石和残积土。有关岩石按风化程度的具体分类见表3-10。

表 3 – 10　　　　　　　　　　　岩石按风化程度的分类

风化程度	野 外 特 征	风化程度参数指标	
		波 速 比	风化系数
未风化	岩质新鲜，偶见风化痕迹	0.9～1.0	0.9～1.0
微风化	结构基本未变，仅解理面有渲染或略有变色，有少量风化裂隙	0.8～0.9	0.8～0.9
中等风化	结构部分破坏，沿节理面有次生矿物，风化裂隙发育，岩体被切割成岩块。用镐难以挖动，岩芯钻方可钻进	0.6～0.8	0.4～0.8
强风化	结构大部分破坏，矿物成分显著变化，风化裂隙很发育，岩体破碎，用镐可以挖动，干钻不易钻进	0.4～0.6	<0.4
全风化	结构基本破坏，但尚可辨认，有残余结构强度，用镐可挖，干钻可钻进	0.2～0.4	—
残积土	组织结构全部破坏，已风化成土状，锹镐易挖掘，干钻易钻进，具可塑性	<0.2	—

思　考　题

3 – 1　什么是造岩矿物？矿物鉴定特征有哪些？常见矿物有哪些？

3 – 2　如何进行矿物肉眼鉴定方法？

3 – 3　分析岩石与矿物之间的联系。

3 – 4　岩石成因类型有哪些？

3 – 5　常见岩浆岩、沉积岩、变质岩有哪些？

3 – 6　如何从岩石生成条件、组成的矿物成分以及岩石结构、构造等特征来鉴别和掌握岩浆岩、沉积岩、变质岩？

3 – 7　岩石工程地质性质有哪些？

3 – 8　影响岩石工程地质性质的因素有哪些？

3 – 9　岩石工程分类有哪些？

第 4 章

岩体及其工程地质性质

岩体是在地质历史过程中形成的，由岩石基本单元和结构面网络组成的，赋存在一定的地应力和地下水等地质环境中的地质体。大型工程建筑和地下工程多以岩体为地基，看起来比土体坚固且整体性较好的岩体，由于其所受工程作用力强，也往往不能满足工程要求。国内外地下工程和岩石边坡开挖和运营中大量工程问题和地质灾害的不断发生的事实表明，岩体工程地质性质是极其复杂的，如在坚硬完整岩体高地应力环境下的开挖会造成岩爆的发生，在软弱岩体中地下开挖常常发生大变形的工程问题。

岩石和岩体的性质虽有联系，但也有本质区别。二者在工程性质上的本质区别在于岩体结构面对强度和变形性质的控制作用。岩体的强度、变形和渗透性主要受岩体中不连续面（结构面）及其组合特征所控制。本章主要针对岩体结构、岩体工程分类及岩体的工程地质性质进行研究。

4.1 岩体结构

岩体结构是指结构面和结构体的排列与组合。研究岩体结构既包括结构面，又包括结构体以及岩体结构类型。结构面是指发育在岩体中，具有一定方向和延伸性，有一定厚度的各种地质界面，如断层、节理、层理及不整合面等。结构体是指由结构面切割而成的岩石块体。

4.1.1 结构面

1. 结构面成因类型及其特征

不同的结构面，具有不同的工程地质特性，这与其成因密切相关。结构面按成因可分为原生结构面、构造结构面和次生结构面三类。各类结构面的类型及其主要特征见表 4-1。原生结构面是岩体在成岩过程中形成的，其特征与岩体成因密切相关；构造结构面是岩体中受构造应力作用所产生的破裂面；次生结构面是岩体受卸荷、风化、地下水等次生作用所形成的结构面。

2. 结构面工程地质研究

在工程地质实践中，对岩体结构面工程地质特征的研究是十分重要的。结构面研究的内容，主要包括结构面的规模、延展性、密度、形态、张开度和充填胶结特征等，它们对结构面的物理力学性质有很大的影响。

表 4-1   岩体结构面的类型及其特征

成因类型		地质类型	产状	分布	性质	工程地质评价
原生结构面	沉积结构面	1. 层理层面 2. 软弱夹层 3. 不整合面、假整合面 4. 沉积间断面	一般与岩层产状一致，为层间结构面	海相岩层中此类结构面分布稳定，陆相岩层中呈交错状，易尖灭	层面，软弱夹层等结构面较为平整；不整合面及沉积间断面多由碎屑泥质物质构成，且不平整	国内外较大的坝基滑动及滑坡很多由此类结构面所造成
	岩浆结构面	1. 侵入体与围岩接触面 2. 岩脉、岩墙接触面 3. 原生冷凝节理	岩脉受构造结构面控制，而原生节理受岩体接触面控制	接触面延伸较远，比较稳定，原生节理往往短小密集	与围岩接触面可具熔合及破裂两种不同的特征，原生节理一般为张裂面，较粗糙不平	一般不造成大规模的岩体破坏，但有时与构造面断裂配合，也可形成岩体的滑移，如有的坝肩局部滑移
	变质结构面	1. 片理 2. 片岩软弱夹层	产状与岩层或构造方向一致	片理短小，分布极密，片岩软弱夹层延展较远，具固定层次	结构面光滑平直，片理在岩体深部往往闭合成结构面，片岩软弱夹层含片状矿物，呈鳞片状	在变质较浅的沉积变质岩，如千枚岩等路堑边坡常见塌方，片岩夹层有时对工程及地下洞体稳定也有影响
构造结构面		1. 节理（"X"形节理，张节理） 2. 断层 3. 层间错动 4. 弱状裂隙、劈理	产状与构造线呈一定关系，层间错动与岩层一致	张性断裂较短小，剪切断裂延展较远，压性断裂规模巨大	张性断裂不平整，常具次生充填，呈锯齿状；剪切断裂较平直，具羽状裂隙；压性断裂层具多种构造岩呈带状分布，往往含断层泥，糜棱岩	对岩体稳定影响很大，在许多岩体破坏过程中，大都有构造结构面的配合作用。此外，常造成边坡及地下工程的塌方、冒顶
次生结构面		1. 卸荷裂隙 2. 风化裂隙 3. 风化夹层 4. 泥化夹层 5. 次生夹泥层	受地形及原结构面控制	分布上往往呈不连续状透镜体，延展性差，且主要在地表风化带内发育	一般为泥质物充填，水理性质很差	在天然及人工边坡上造成危害，有时对坝基、坝肩及浅埋隧洞等工程亦有影响，但一般在施工中予以处理

（1）结构面的规模。不同类型的结构面，其规模可很大，如延展数十千米，宽度可达数十米的破碎带；规模可以较小，如延展数十厘米的节理，甚至是很微小不连续的裂隙。对工程的影响要具体工程具体分析，有时小的结构面对岩体稳定也可以起控制作用。

（2）结构面的延展性。结构面延展性也称连续性，反映结构面的贯通程度。有些结构面延展性较强，在一定工程范围内切割整个岩体，对稳定性影响较大，但也有一些结构面比较短小或不连续，岩体强度一部分仍为岩石（岩块）强度所控制，稳定性较好。

（3）结构面的密度。结构面的密度指结构面发育的密集程度。结构面的密度决定了岩体的完整性和岩块的块度。有时在岩体中，虽然结构面的规模和延展长度均较小，但却平行密集，或是互相交织切割，使岩体稳定性大为降低，且不易处理。一般来说，结构面发育愈密集，岩体的完整性愈差，岩块块度愈小，进而导致岩体的力学性质变差，渗透性增强。结构面的密度常用间距、线密度等指标表示。

（4）结构面的形态。结构面的平整、光滑和粗糙程度对结构面的抗剪性能有很大的影响。自然界中结构面的几何形状非常复杂，大体上可分为4种类型。

1）平直的。包括大多数层面、片理和剪切破裂面等。

2）波状起伏的。如具有波痕的层面、轻度揉曲的片理、呈舒缓波状的压性结构面等。

3）锯齿状的。如多数张性和张扭性结构面。

4）不规则的。其结构面曲折不平，如沉积间断面、交错层理及沿原有裂隙发育的次生结构面的形态，是从侧壁的起伏形态和粗糙度两方面来进行研究的。一般用起伏度和粗糙程度表述结构面的形态特征。结构面的形态对结构面抗剪强度有很大的影响。一般平直光滑的结构面有较低的摩擦角，粗糙起伏的结构面则有较高的抗剪强度。

（5）结构面的张开度和充填情况。结构面两壁之间，一般不是紧密接触，而是点接触或局部接触。在这种情况下，由于实际接触面积减少，必然导致内聚力减小，进而影响结构面的强度及渗透性。结构面的张开度是指结构面两壁之间的平均距离，常以毫米为单位，可分为4级。

1）闭合的。张开度小于0.2mm。

2）微张的。张开度在0.2～1.0mm。

3）张开的。张开度在1.0～5.0mm。

4）宽张的。张开度大于5.0mm。

未胶结且具一定张开度的结构面，往往被外来物质所充填，其力学性质取决于充填物成分、厚度及含水性等。闭合结构面的力学性质取决于结构面两壁的岩石性质和结构面粗糙程度。微张的结构面，因其两壁岩石之间常常多处保持点接触，抗剪强度比张开的结构面大。张开的和宽张的结构面，抗剪强度则主要取决于充填物的成分和厚度，一般充填物为粘土时，强度要比充填物为砂质时的更低；而充填物为砂质者，强度又比充填物为砾质者更低。

4.1.2 结构体

由各种成因的结构面组合而形成的大小、形状不同的岩石块体称为结构体。根据其外形特征可大致归纳为：柱状、块状、板状、楔形、菱形和锥形六种基本形态（图4-1）。

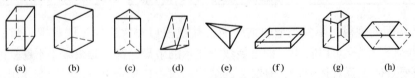

图4-1 结构体类型

（a）方柱（块体）；（b）菱形柱体；（c）三菱柱体；（d）楔形体；

（e）锥形体；（f）板状体；（g）多角柱体；（h）菱形块体

不同形状和不同产状的结构体，其稳定程度各不相同。因此，结构体形状的划分与岩体稳定性评价有很大关系。但就结构体形状来说，楔形的比锥形及菱形的差，板状结构体较柱状、块状稳定性差。

结构体形式不同，稳定性不同；结构体产状不同，在一定工程范围内，其稳定程度也不同。在坝基下平卧的锥板状及楔板状结构体，稳定性较差；当它竖直埋藏于坝基之下，稳定性则大为增加，甚至可以不必作为一个结构体的稳定性来研究。结构体所处的工程位置不同，稳定性也不同。上述竖直埋藏的锥板状及楔板状结构体，在坝基下是稳定的，但它在坝肩斜坡上并倾向河谷，稳定性很差，而平卧的稳定性则较高。另外，结构体在工程岩体中与受力方向有关，对稳定性有很大影响。上述平卧的锥板状及楔板状结构体在坝基下，其稳定性又取决于锥形锐锋或楔形刃口的指向。指向上游或斜向坡内稳定性好些，指向下游或斜向坡外，稳定性差些。

4.1.3　岩体结构类型

岩体结构类型主要取决于岩体中结构面和结构体的组合方式。根据《岩土工程勘察规范》（GB 50021—2001）可把岩体结构化分为整体块状结构、块状结构、层状结构、碎裂状结构、散体结构五类（表 4-2）。

表 4-2　　　　　　　　　　　　　　岩 体 结 构 类 型

岩体结构类型	岩体地质类型	结构体形状	结构面发育情况	岩土工程特征	可能发生的岩土工程问题
整体块状结构	均质，巨块状岩浆岩、变质岩、巨厚层沉积岩、正变质岩	巨块状	以原生构造节理为主，多呈闭合型，裂隙结构面间距大于1.5m，一般不超过1～2组，无危险结构面	整体性强度高，岩体稳定，可视为均质弹性各向同性体	不稳定结构体的局部滑动或坍塌，深埋洞室的岩爆
块状结构	厚层状沉积岩、块状岩浆岩、变质岩	块状柱状	只具有少量贯穿性较好的节理裂隙，裂隙结构面间距为0.7～1.5m，一般为2～3组，有少量分离体	整体强度较高，结构面相互牵制，岩体基本稳定，接近弹性各向同性体	
层状结构	多韵律的薄层及中厚层状沉积岩、副变质岩	层状板状透镜体	有层理、片理、节理，常有层间错动面	变形及强度特征受层面及岩层组合控制，可视为弹塑性体，稳定性较差	不稳定结构体可能产生滑塌，特别是岩层的弯张破坏及软弱岩层的塑性变形
碎裂状结构	构造影响严重的破碎岩层	碎块状	断层、断层破碎带、片理、层理及层间结构面较发育，裂隙结构面间距为0.25～0.5m，一般在3组以上，由许多分离体形成	完整性破坏较大，整体强度很低，并受断裂等软弱结构面控制，多成弹塑性介质，稳定性很差	易引起规模较大的岩体失稳，地下水加剧岩体失稳

岩体结构类型	岩体地质类型	结构体形状	结构面发育情况	岩土工程特征	可能发生的岩土工程问题
散体状结构	构造影响剧烈的断层破碎带、强风化带、全风化带	碎屑状颗粒状	断层破碎带交叉,构造及风化裂隙密集,结构面及组合错综复杂,并多充填粘性土,形成许多大小不一的分离岩块	完整性遭到极大的破坏,稳定性极差,岩体属性接近松散介质	易引起规模较大的岩体失稳,地下水加剧岩体失稳

岩体的工程地质性质首先取决于岩体结构类型与特征,其次才是组成岩体的岩石的性质(或结构体本身的性质)。例如,散体结构的花岗岩岩体的工程地质性质往往要比层状结构的页岩岩体的工程地质性质要差。因此,在分析岩体的工程地质性质时,必须首先分析岩体的结构特征及其相应的工程地质性质;其次再分析组成岩体的岩石的工程地质性质,有条件时配合必要的室内和现场岩体(或岩块)的物理力学性质试验,加以综合分析,才能确切地把握和认识岩体的工程地质性质。不同结构类型岩体的工程地质性质如下。

(1)整体块状结构岩体的工程地质性质。整体块状结构岩体因结构面稀疏、延展性差、结构体块度大且常为硬质岩石,故整体强度高,变形特征接近于各向同性的均质弹性体,变形模量、承载能力与抗滑能力均较高,抗风化能力一般也较强,所以这类岩体具有良好的工程地质性质,往往是较理想的各类工程建筑地基、边坡岩体及洞室围岩。

(2)层状结构岩体的工程地质性质。层状结构岩体的结构面以层面与不密集的节理为主,结构体块度较大且保持着母岩岩块性质,故这类岩体总体变形模量和承载能力均较高,作为工程建筑地基时,其变形模量和承载能力一般能满足要求。但有层间错动面或软弱夹层存在时,则其强度和变形特性均具各向异性特点,一般沿层面方向的抗剪强度明显的比垂直层面方向的更低,这类岩体作为边坡岩体时,一般情况下,当结构面倾向坡外时比倾向坡里时的工程地质性质差得多。

(3)碎裂结构岩体的工程地质性质。碎裂结构岩体中节理发育,常有泥质充填物质、结合力不强,结构体块度不大,岩体完整性破坏较大,变形模量、承载能力均不高,工程地质性质较差。

(4)散体结构岩体的工程地质性质。散体结构岩体裂隙发育,岩体十分破碎,岩石手捏即碎,属于碎石土类。

4.2　岩体结构面的变形及强度性质

大量的工程实践证明,在工程荷载(一般小于1MPa)范围内工程岩体的失稳破坏有相当一部分是沿软弱结构面破坏的。如法国的马尔帕塞坝坝基岩体、意大利瓦伊昂水库库岸滑坡等大型工程事故都是岩体沿软弱结构面滑移失稳而造成的。在国内外已建和在建的岩体工程中普遍存在有软弱夹层问题,如长江三峡自然岸坡中的各种软弱夹层、黄河小浪底水库工程左坎肩砂岩中由薄层粘土岩泥化形成的泥化夹层;葛洲坝水利工程坝基的泥化夹层等都不同程度的影响和控制着所在工程岩体的稳定性。因此,研究结构面变形和强度性质,在工程实践中具有十分重要的实际意义。

4.2.1　岩体结构面变形性质

　　大量资料和实验研究表明，结构面剪切变形曲线均为非线性曲线。按其剪切变形机理可分为脆性变形型（图 4 - 2 中 a 曲线）和塑性变形型（图 4 - 2 中 b 曲线）两类曲线。脆性变形曲线特点是开始时剪切变形随应力增加缓慢，曲线较陡，峰值后剪切变形增加较快，有明显的峰值强度和应力降，当应力降至一定值后趋于稳定，残余强度明显低于峰值强度。脆性变形多发生在无充填且较粗糙的硬性结构面。塑性变形曲线特点是无明显的峰值强度和应力降，且残余强度和峰值强度相差很小，曲线斜率是连续变化的，且具流变性。塑性变形多发生在有一定宽度的构造破碎带、挤压带、软弱夹层及含有较厚充填物的裂隙、节理、泥化夹层和夹泥层等软弱结构面。

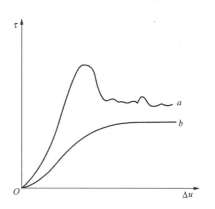

图 4 - 2　结构面剪切变形的基本类型
a—脆性变形型；b—塑性变形型

4.2.2　岩体结构面强度性质

　　岩体结构面往往是经受多次地壳构造运动作用而形成的，而由于地应力大小和方向都会有变化，并由于岩体的相互制约，它仍然具有一定强度。但其强度总小于其侧岩强度。它的抗拉强度很低，特别是那些没有填充物的结构面，在一定范围内，可认为没有抗拉强度；有充填物的结构面，其抗拉强度与充填物性质有关。在工程荷载作用下，工程破坏常以沿着某些软弱结构面的滑动破坏为主，如重力坝坝基及坝肩岩体的滑动破坏、岩体滑坡等等。因此抗剪强度是结构面强度性质研究的重点。

　　实验研究表明，结构面抗剪强度的影响因素是非常复杂而多变的，从而致使结构面的抗剪强度性质也很复杂。影响结构面抗剪强度的因素主要包括结构面形态、连续性、胶结充填情况及壁岩性质、次生变化和受力历史等等。下面按无充填的结构面和有充填软弱结构面分述如下。

　　1. 无充填的结构面强度性质

　　无充填的结构面根据结构面形态分为：平直无充填的结构面和粗糙起伏无充填的结构面两类。

　　（1）平直无充填的结构面。平直无充填的结构面特点是结构面平直、光滑，只具微弱的风化蚀变。如剪应力作用下形成的剪节理、发育较好的层理面与片理面。坚硬岩体中的剪破裂面还发育有镜面、擦痕及应力矿物膜。平直无充填结构面的抗剪强度可按式（4 - 1）确定。

$$\tau_f = \sigma \tan\varphi + c \tag{4-1}$$

式中　　τ_f——结构面抗剪强度（MPa）；

　　　　σ——结构面上法向应力（MPa）；

　　　　c、φ——分布为结构面的粘聚力（MPa）和内摩擦角（°）。

　　研究表明，结构面的抗剪强度主要来源于结构面的微咬合作用和胶粘作用且与结构面的壁岩性质及其平直光滑程度密切相关。硬质岩石（如石英岩、花岗岩、砂砾岩等）形成的壁岩相对于含有大量片状或鳞片状矿物的软质岩形成的壁岩来说，其摩擦强度较高，但粘聚强度偏低。结构面愈平直，擦痕愈细腻，其抗剪强度愈低。

（2）粗糙起伏无充填结构面。粗糙起伏无充填结构面特点是具有明显的粗糙起伏度，这是影响结构面抗剪强度的一个重要因素。

粗面起伏不平状况可用"起伏度"来表示，其具体标志是起伏差（h）和起伏角（i）（图4-3）。设有典型化锯齿状结构面，在剪应力（τ）及正应力（σ）作用下，每一锯齿的结构面上便产生剪应力（τ_n）及正应力（σ_n）：

$$\tau_n = \tau\cos i - \sigma\sin i \tag{4-2}$$

$$\sigma_n = \tau\sin i + \sigma\cos i \tag{4-3}$$

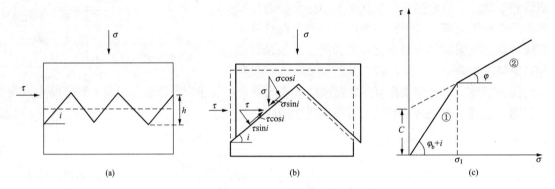

图4-3 粗糙起伏无充填结构面的抗剪强度分析图
（a）理想化模型；（b）单个凸起体受力情况；（c）剪切强度包络线

假定锯齿状结构面剪切破坏服从库仑定律，并忽略其凝聚力（$c=0$），则

$$\tau_n = \sigma_n\tan\varphi \tag{4-4}$$

将式（4-2）和式（4-3）两式代入式（4-4），该结构面抗剪强度为：

$$\tau = \sigma\tan(\varphi+i) \tag{4-5}$$

式中 φ——齿面摩擦角（°）。

式（4-5）是法向应力较低时锯齿形起伏结构面的抗剪强度表达式，它所描述的强度包络线如图4-3（c）中①所示。可以看出，具有一定起伏度的锯齿状结构面，其抗剪强度随该面起伏角（i）增加而增大。当起伏角趋近于零时，其抗剪强度最低。应指出，具有一定起伏度的结构面，其抗剪强度较高的力学效应，仅在开始剪切时的岩体抬动膨胀阶段出现，一旦岩体剪切破坏，在滑动剪切中，这种起伏度的力学效应就逐步地基本消失。

2. 有充填软弱结构面强度性质

具有充填物的软弱结构面包括泥化夹层和各种类型的夹泥层，其形成多与水的作用和各类滑错作用有关。这类结构面的力学性质常与充填物的物质成分、结构及充填程度和厚度等因素有关。按充填物的颗粒成分，可将有充填的结构面分为泥化夹层、夹泥层、碎屑夹泥层及碎屑夹层等几种类型。充填物的颗粒成分不同，结构面的抗剪强度及变形机理也不同。图4-4为不同颗粒成分夹层的剪切变形曲线。表4-3为不同充填夹层的抗剪强度指标值。由图4-4可知，粘粒含量较高的泥化夹层，其剪切变形（曲线Ⅰ）为典型的塑性变形型，特点是强度低且随位移变化小，屈服后无明显的峰值和应力降。随着夹层中粗碎屑成分的增多，夹层的剪切变形逐渐向脆性变形型过渡（曲线Ⅱ-Ⅴ），峰值强度也逐渐增高。至曲线Ⅴ的夹层，碎屑含量最高，峰值强度也相应为最大，峰值后有明显的应力降。这些说明充填物的颗粒成分对结构面的剪切变形机理及抗剪强度都有明显的影响。表4-3也说明了结构面的抗剪强度随粘粒含量增加而降低，随粗碎屑含量增多而增大的规律。充填物厚度对结构面强度的影响也较大。图4-5为平直结构面内充填物厚度与其摩擦系数 f 和粘聚力 c 的关系曲线。由图4-5显示，充填物较薄时，随着厚度增加，摩擦系数迅速降

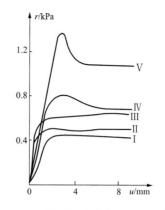

图 4-4　不同颗粒成分夹层 $\tau-u$ 曲线

低，而粘聚力开始时迅速升高，升到一定值后又逐渐降低。当充填物厚度达到一定值时，摩擦系数和粘聚力都趋于某一稳定值。这时，结构面强度主要取决于充填夹层的强度，而不再随充填物厚度的增大而降低。据实验研究表明，这一稳定值接近于充填物的内摩擦系数和内聚力，因此，可用充填物的抗剪强度来代替结构面的抗剪强度。对于平直的粘土质夹泥层来说，充填物的临界厚度大约为 $0.5\sim2\mathrm{mm}$。

表 4-3　　　　　不同夹层物质成分的结构面抗剪强度（据孙广忠，1988）

夹 层 成 分	抗剪强度系数	
	摩擦系数 f	粘聚力 c/kPa
泥化夹层和夹泥层	$0.15\sim0.25$	$5\sim20$
碎屑夹泥层	$0.3\sim0.4$	$20\sim40$
碎屑夹层	$0.5\sim0.6$	$0\sim100$
含铁锰质角砾碎屑夹层	$0.6\sim0.85$	$30\sim150$

结构面的充填程度可用充填物厚度 d 与结构面的平均起伏差 h 之比来表示，d/h 被称为充填度。一般情况下，充填度越小，结构面的抗剪强度越高；反之，随充填度的增加，其抗剪强度降低。图4-6为填度与摩擦系数的关系曲线。图中显示，当充填度小于100%时，充填度对结构面强度影响很大，摩擦系数 f 随充填度 d/h 增大迅速降低。当 d/h 大于200%时，结构面的抗剪强度才趋于稳定，这时，结构面的强度达到最低点且其强度主要取决于充填物性质。

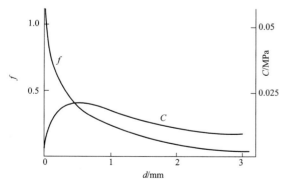

图 4-5　充填物厚度与抗剪强度关系
（据孙广忠，1988）

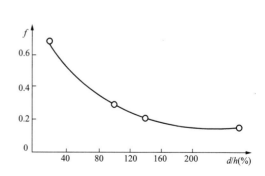

图 4-6　加泥充填度对摩擦系数的影响示意图
（据孙广忠，1988）

由上述可知，当充填物厚度和充填度达到某一临界值时，结构面的抗剪强度最低且取决于充填物的强度。在这种情况下，可将充填物的强度视为结构面的抗剪强度，而不必考虑结构面粗糙起伏度的影响。

除此之外，充填物的结构特征及含水率对结构面的强度也有明显影响。一般来说，充填物结构疏松且具定向排列时，结构面的抗剪强度最低，反之，抗剪强度较高。含水率的影响也是如此，即结构面的抗剪强度随充填物含水率的增高而降低。

4.3　岩体的力学性质

岩石由于其成因的不同和本身存在的方向性结构、构造，造成岩石的工程地质性质具有不均匀性和各向异性。但岩石的这种不均匀性和各向异性对工程的影响具有一定的局限性。岩体则与岩石不同，由于岩体内部存在着结构面和软弱夹层，它们又可以延展到相当广阔的空间范围，所以必然会对岩体的工程地质性质（包括物理、水理及力学性质）的不均匀性和各向异性产生显著影响，这些工程地质性质一般也存在着明显的不连续性。人类的工程活动都是在岩体表面或岩体内部进行的。因此，研究岩体力学性质比研究岩块力学性质更重要，更具有实际意义。

4.3.1　岩体的变形性质

1. 岩体应力分布的不连续性

由结构面和软弱夹层切割的岩体传递应力的性能，与理想弹性均质体有很大区别，一般这种岩体的某些部位或某些方向上易产生应力集中，而另一些部位或方向上应力反而有所削弱。另外，还会出观应力轨迹的转折、弯曲和应力值不连续现象。实验证明，岩体应力分布的复杂情况，主要是受结构面和软弱夹层影响，是岩体不均匀性和不连续性造成的。

在不同结构的岩体中，应力分布分别具有一定的规律性。

具有结构面的块状及镶嵌状结构的岩体，在整体上相对均一，但常夹有个别或少数断层破碎带、软弱夹层等，它们常成为影响岩体稳定性的主要因素。它在工程建筑物作用下的应力状态，是评价岩体稳定性的依据。软弱夹层易压缩变形，当法向应力涉及软弱夹层时，遇到这种变形空间，部分应力则转为应变能，因而压应力减弱，甚至向张应力转化。应力平行于结构面或软弱夹层时，由于其凝聚力和抗摩擦力较低易剪切变形，所以剪应力有所增加。这种情况不利于岩体稳定。

节理发育的块状及镶嵌结构岩体，在法向应力作用下，结构面趋于闭合，呈刚性接触。因此，对垂直于结构面及软弱夹层的法向应力的传递影响较小。而对于平行结构面及软弱夹层的应力的侧向传递有所限制，引起应力集中。对这一类岩体，必须充分考虑结构面组合网络与主应力方向的关系，对其应力集中作确切的估计。通过灌浆固结后，裂隙填充，可改善应力分配条件。

层状结构岩体，特别在层面发育、薄层软硬相间的情况下，可作为正交各向异性体考虑，采用平行及垂直层面两个方向上的变形参数进行分析。这种结构岩体如具备不利于稳定的岩层产状，其应力分布特征，也不利于稳定。

破裂、散体结构的岩体，可作为散粒体考虑。结构若不破碎疏散，仅岩质软弱，可作为弹塑性体或塑性体进行分析，这种岩体基本上可视为均匀、连续的介质。

完整块状、镶嵌结构的岩体，在一定范围内，可作为均一弹性体考虑，虽然可能有误差，但对稳定性评价影响不大。

2. 岩体剪切变形特征

根据原位岩体剪切试验结果表明，岩体的剪切变形曲线十分复杂。沿软弱结构面剪切和剪断岩体的剪切曲线明显不同，沿平直光滑结构面和粗糙结构面剪切的剪切曲线也有差异。根据剪应力和剪应变的关系曲线（$\tau - u$ 曲线）形状及残余强度（τ_r）与峰值强度（τ_p）的比值可将岩体剪切变形曲线分为如图 4 - 7 所示的三类。

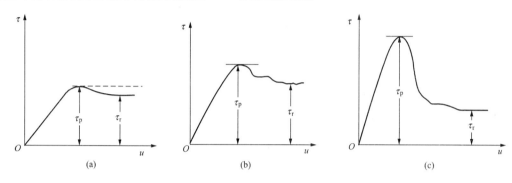

图 4 - 7 岩体剪切变形曲线类型示意图

（1）沿软弱结构面剪切时，常呈图 4 - 7（a）所示的曲线形状。其特点为峰值前变形曲线的平均斜率小，破坏位移大，一般可达 2 ～ 10mm；峰值后随位移增大，强度损失很小或不变，$\tau_r / \tau_p \approx 1.0 \sim 0.6$。

（2）沿粗糙结构面、软弱岩体及剧风化岩体剪切时，多呈图 4 - 7（b）所示的曲线形状。其特点为峰值前变形曲线的平均斜率较大，峰值强度较高。峰值后随剪位移增大，强度损失较大，有较明显的应力降。$\tau_r / \tau_p \approx 0.8 \sim 0.6$。

（3）剪断坚硬岩体时的变形曲线多属图 4 - 7（c）所示的曲线形状。其特点为峰值前变形曲线的平均斜率大，曲线具有较清楚的线性段和非线性段。比例极限和屈服极限较易确定。峰值强度高，破坏位移小，一般约 1mm。峰值后随位移增大强度迅速降低，残余强度较低。$\tau_r / \tau_p \approx 0.8 \sim 0.3$。

4.3.2 岩体的强度性质

岩体强度与岩石强度相比较，两者差别显著。一般来说，岩体强度低于岩石强度，仅在少数情况下，岩体强度才接近于岩石强度。造成这种差异的原因，是岩体中存在数量多、规模大的各种结构面和软弱夹层。大量实验证明，结构面和软弱夹层是岩体抗剪强度的控制性因素，而且又表现出明显的各向异性。

垂直结构面方向的岩体抗剪强度，接近于岩石的抗剪强度，但并不等于岩石抗剪强度，它或多或少地受到岩体中结构面，特别受具有一定充填物的结构面和软弱夹层的密度和厚度的影响。其密度与厚度愈大，岩体抗剪强度愈低于岩石抗剪强度。

平行结构面或软弱夹层的岩体抗剪强度，一般很低，它取决于岩体结构面或软弱夹层的抗剪强度。而岩体结构面和软弱夹层的抗剪强度又与其上下盘面粗糙程度，特别与糙面上的起伏度的关系更大。此外，结构面或软弱夹层中充填物的组成物质、结构和构造等，对抗剪强度也有明显的影响。

斜交结构面方向的岩体抗剪强度，在其他条件相同情况下，主要随剪切面与结构面夹角（θ）而变化。垂直结构面方向的抗剪强度大；平行结构面方向的抗剪强度小；而斜交结构面方向的抗剪强度，介于二者之间。试验得知：剪切方向与结构面倾向相反的"正向结构面系统"［图4-8（a）］与剪切方向和结构面倾向相同的"负向结构面系统"［图4-8（b）］，二者剪切面与结构面的夹角虽然相同，但其抗剪强度是不相同的；前者显然大于后者。

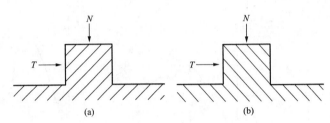

图4-8 剪切方向与结构面倾向的关系
（a）正向结构面系统；（b）负向结构面系统

4.3.3 岩体蠕变

固体介质在长期静载荷作用下，应力、应变随时间延长而变化的性质，称为流变性。蠕变和松弛则是流变性的两种宏观表现。蠕变是在一定温度和应力作用下的固体介质随时间而产生的缓慢、连续的变形；松弛是在一定温度和变形条件下的固体介质随时间而产生缓慢、连续的应力减小。工程实践证明，岩石具有流变性，某些岩石或受高温高压的岩石，蠕变现象更是多见。岩体同样也会发生蠕变。花岗岩类岩石在低温、低应力下，蠕变量微小，可忽略计；而粘土岩、泥质页岩和具有充填粘土和泥化结构面的岩体，蠕变量通常很大，必须重视，以便对岩体变形和稳定性作出正确论证。

试验表明，岩体蠕变可以划分为三个阶段（图4-9）。第一阶段（oA段），称为减速（初始）蠕变阶段，变形速度逐渐减小，至A点达到最小值。该阶段在任一应力值下均可出现。第二阶段（AB段），称为等速蠕变阶段，其变形缓慢平稳，变形速度保持常量，一直持续到B点。第三阶段（BC段），称为加速蠕变阶段，它出现在应力值等于或超过岩体的蠕变极限应力条件下，其变形速度逐渐加快，最终导致岩体破坏。

岩体的三个蠕变阶段，并不是在任何应力值下都可全部出现。应力值较小，岩体仅出现第一阶段或第一与第二阶段；应

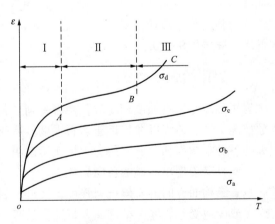

图4-9 不同应力条件下（$\sigma_a < \sigma_b < \sigma_c < \sigma_d$）
岩体典型蠕变曲线

Ⅰ—减速（初始）蠕变；Ⅱ—等速蠕变；Ⅲ—加速蠕变

力值等于或超过岩体极限能力，岩体才可能蠕变至破坏。通常把蠕变破坏的最低应力值，称为长期强度。

研究软弱岩体和岩体沿某些结构面滑动的稳定性问题，应特别注意其长期强度和蠕变特性。根据原位剪切流变试验资料，软弱岩体和泥化夹层的长期抗剪强度（$\tau_l = \tan\varphi_l$）与短期抗剪强度（$\tau_s = \tan\varphi_s$）的比值约为 0.8 左右，大体相当于快剪试验的屈服极限与强度极限的比值。

4.3.4　岩体破坏方式与渐进破坏

岩体在地质历史过程中，形成发育了结构面，其力学特性便异常复杂。因此，岩体破坏方式及影响岩体破坏的因素也都非常复杂。工程岩体的破坏，主要受岩体本身的特性、天然应力状态、工程加荷与卸荷、地下水作用和时间因素的综合影响；构造应力引起自然岩体的破坏，还有围限压力及温度效应。尽管问题复杂，但就岩体破坏方式而言，基本上可划分为剪切破坏和拉断破坏两类。地壳破裂构造中经常看到的正断裂、逆断裂以及平移断裂，基本上部属于剪切破坏，它们之间的区别仅在于破坏时的应力状态不同而纯张破裂构造以及主干断裂在滑错运动中所派生的张性羽状破裂，则属于拉断破坏。工程岩体中沿已有结构面滑移，属剪切破坏；其拉断破坏，大部分肉眼可见的都是伴随着岩体滑移产生的。剪切破坏是一种占优势的破坏方式。

岩体剪切破坏可划分为重剪破坏、剪断破坏和复合剪切破坏三种形式。重剪破坏是沿着岩体原已经剪断的面（包括结构面）再次发生剪切破坏。断裂构造中，表现为某些古老断裂在后期构造运动中再次或多次发生的滑动。工程岩体破坏中，就是通常看到的岩体沿着结构面的滑动，重剪破坏为工程岩体破坏最普遍的形式。剪断破坏是横切先前存在的、已经分离的结构面的剪切破坏。虽然它是断裂运动的普遍产物，但在工程岩体的破坏中却比较少见，而且主要发生在剧风化岩体和非常软弱的岩体中。复合剪切破坏是部分沿着结构而、部分横切结构面发生的剪切破坏。它主要发生在软弱岩体和剧风化岩体中。

岩体破坏是一个渐进发展的复杂过程。这个过程大体可划分为初裂前阶段、渐进破坏阶段和加速破坏阶段。初裂前阶段的主要特点是，随着加荷或卸荷，岩体仅发生可逆变形和不可逆变形在内的狭义变形，变形量常在毫米以内。渐进破坏阶段，是随着应力的增加，岩体中某些点先开始破坏，直至出现显著的微型变位，包括不同部位上出现不同程度的位移和开裂，但变位发展较缓慢。该阶段持续时间的长短及变位达到的程度，均随具体条件不同而变化。通常由于剪切带的厚度不同，重剪破坏持续的时间短，变位量小。剪断破坏则相反，位移岩体前方受到限制时，该阶段持续时间较长，局部变位量较大；没有限制时，则情况相反。破坏持续发展，即变位量累进加大，促使岩体进入加速破坏阶段。加速破坏阶段主要特点是宏观变位加速发展，并导致岩体发生全面破坏。其持续时间较渐进破坏阶段为短。

4.4　岩体的工程分类

岩体的工程地质分类是工程地质学中一个重要的理论和实践问题。岩体由于其结构类型的不同、组成其岩石质量不同，加上水和风化作用等的参与和影响，使岩体性质极为复杂并相差悬殊。为了对岩体质量好坏有一个综合的、明确的概念，就必须进行岩体工程地质分类。

岩体工程地质分类是从工程角度出发，根据岩体内在特性，将其分为工程地质性质类似的各种类别，并对各类岩体的质量给予定性和定量的评价。

目前，国内外有关岩体工程分类方法约有几十种之多，有一般性的分类，也有专门性的分类，有定性的，也有定量的分类。分类原则和考虑的因素也不尽相同。此外，中国科学院地质研究所提出的岩体结构分类、铁道部提出的铁路隧道围岩分类等，在国内应用也较广泛，均可作为岩体工程分类工作的参考。下面仅介绍常见的几种分类方法。

4.4.1　巴顿岩体质量（Q）分类

1. 岩石质量指标 RQD 确定

美国伊利诺斯大学根据金刚石钻进的岩芯采取率，提出用 RQD 值评价岩石质量的好坏。RQD 的定义是：用直径为 75mm 的金刚石钻头和双层岩芯管在岩石中钻进，连续取芯，回次钻进所取岩芯中，长度大于 10cm 的岩芯段长度之和与该回次进尺的比值，以百分数表示。根据 RQD 值将岩石分为 5 类（表 4 - 4）。

表 4 - 4　　　　　　　　　　　RQD　分　类　表

RQD	<25	25～50	50～75	75～90	90～100
岩体质量评价	很差	差	较差	较好	好

2. 巴顿岩体质量（Q）分类

1974 年，挪威学者巴顿等人为隧道支护设计提出了有名的岩体工程分类方法，其分类指标为 Q，用式（4 - 6）表示：

$$Q = \frac{RQD}{J_R} \times \frac{J_\tau}{J_a} \times \frac{J_w}{SRF} \qquad (4-6)$$

式中　RQD——岩石质量指标；

　　　J_R——节理组数；

　　　J_τ——节理粗糙度系数；

　　　J_a——节理蚀变系数；

　　　J_w——裂隙水折减系数；

　　　SRF——应力折减系数。

此六个参数组合，反映岩体质量的三个方面，即：岩体的完整性；结构面的形态、充填物特征及其次生变化程度；水与其他应力存在时对岩体质量的影响。分类时，根据这六个参数的实际情况，查表确定各自的数值（表省略）。然后代入式（4 - 1）；求得岩体质量指标值，按 Q 值将岩体分为如表 4 - 5 所示的 9 类。

表 4 - 5　　　　　　　　　　　按 Q 值对岩体的分类

Q 值	<0.01	0.01～0.1	0.1～1.0	1.0～4.0	4.0～10	10～40	40～100	100～400	>400
岩体分类	异常差	极差	很差	差	一般	好	很好	极好	异常好

4.4.2　岩体地质力学（RMR）分类

RMR 分类是由毕昂斯基（Bieniawski）在 1974 提出的，分类系统由岩块强度、RQD 值、节理间距、节理条件及地下水 5 类参数组成。分类时，根据各类指标的数值，按表 4-6A 所列的标准，分别给予评分，然后将各个评分值相加得岩体质量总分 RMR 值，然后按表 4-6B 依节理方位对岩体稳定是否有利作适当的修正。最后，用修正后的岩体质量总分，对照表 4-6C 查得岩体的类别及相应的无支护地下开挖的自稳时间和岩体强度指标（c、φ）值。

表 4-6　　　　　　　　　　岩体地质力学（RMR）分类表

A. 分类参数及其评分值

分类参数		数　值　范　围						
1	完整岩石强度/MPa	点荷载强度指标	>10	4～10	2～4	1～2	对强度较低的岩石宜用单轴抗压强度	
		单轴抗压强度	>250	100～250	50～100	25～50	5～25	1～5	<1
		评分值	15	12	7	4	2	1	0
2	岩心质量指标 RQD（%）		90～100	75～90	50～75	25～50	<25		
	评分值		20	17	13	8	3		
3	节理间距/cm		>200	60～200	20～60	6～20	<6		
	评分值		20	15	10	8	5		
4	节理条件		节理面很粗糙、节理不连续，节理宽度为零，节理面岩石坚硬	节理面稍粗糙，宽度小于 1mm，节理面岩石坚硬	节理面稍粗糙，宽度小于 1mm，节理面岩石软弱	节理面光滑或含厚度小于 5mm 的软弱夹层，张开度 1～5mm，节理连续	含厚度大于 5mm 的软弱夹层，张开度大于 5mm，节理连续		
	评分值		30	25	20	10	0		
5	地下水条件	每 10m 长的隧道涌水量/（L/min）	0	<10	10～25	25～125	>125		
		节理水压力/最大主应力	0	<0.1	0.1～0.2	0.2～0.5	>0.5		
		总条件	完全干燥	潮湿	只有湿气（有裂隙水）	中等水压	水的问题严重		
	评分值		15	10	7	4	0		

B. 按节理方向修正评分值

节理走向或倾向		非常有利	有利	一般	不利	非常不利
评分值	隧道	0	-2	-5	-10	-12
	地基	0	-2	-7	-15	-25
	边坡	0	-5	-25	-50	-60

C. 按总评分值确定的岩体级别及岩体质量评价

评分值	100～81	80～61	60～41	40～21	<20
分级	I	II	III	IV	V
质量描述	非常好的岩体	好岩体	一般岩体	差岩体	非常差岩体
平均稳定时间	15m 跨度 20 年	10m 跨度 1 年	5m 跨度 1 周	2.5m 跨度 10h	1m 跨度 30min
岩体内聚力 c（kPa）	>400	300～400	200～300	100～200	<100
岩体内摩擦角 φ（°）	>45	35～45	25～35	15～25	<15

4.4.3 按《工程岩体分级标准》（GB 50218—1994）分级

1. 工程岩体分级的基本方法

（1）确定岩体基本质量。

按定性、定量相协调的要求，最终定量确定岩石的坚硬程度与岩体完整性指数（K_v）。

岩石坚硬程度采用岩石单轴饱和抗压强度（R_c）。当无条件取得 R_c 时，亦可实测岩石的点荷载强度指数（$I_{s(50)}$）进行换算，$I_{s(50)}$ 指直径 50mm 圆柱形试件径向加压时的点荷载强度，R_c 与 $I_{s(50)}$ 的换算关系见式（4-7）：

$$R_c = 22.82 I_{s(50)}^{0.75} \qquad (4-7)$$

R_c 与定性划分的岩石坚硬程度的对应关系见表 4-7。

表 4-7 　　　　　　　R_c 与定性划分的岩石坚硬程度的对应关系

R_c/MPa	>60	60～30	30～15	15～5	<5
坚硬程度	坚硬岩	较坚硬岩	较软岩	软岩	极软岩

岩体完整性指数（K_v）可用弹性波测试方法确定：

$$K_v = \frac{V_{pm}^2}{V_{pr}^2} \qquad (4-8)$$

式中　　V_{pm}——岩体弹性纵波速（km/s）；

V_{pr}——岩石弹性纵波速（km/s）。

当现场缺乏弹性波测试条件时，可选择有代表性的露头或开挖面，对不同的工程地质岩组进行节理裂隙统计，根据统计结果计算岩体体积节理数（J_v）（条/m^3）。

$$J_v = S_1 + S_2 + \cdots + S_n + S_k \qquad (4-9)$$

式中　　S_n——第 n 组节理每米长测线上的条数；

S_k——每立方米岩体非成组节理条数。

J_v 与 K_v 的对照关系见表 4-8，K_v 与岩体完整性程度定性划分的对应关系见表 4-9。

表 4-8 　　　　　　　　　　　J_v 与 K_v 对照表

J_v/（条/m^3）	<3	3～10	10～20	20～35	>35
K_v	>0.75	0.75～0.55	0.55～0.35	0.35～0.15	<0.15

表 4-9　　　　　　　　　K_v 与定性划分的岩体完整程度的对应关系

K_v	>0.75	0.75～0.55	0.55～0.35	0.35～0.15	<0.15
完整程度	完整	较完整	较破碎	破碎	极破碎

（2）岩体基本质量分级。

岩体基本质量指标计算。岩体基本质量指标（BQ）按下式计算：

$$BQ = 90 + 3R_c + 250K_v \tag{4-10a}$$

式中　　BQ——岩体基本质量指标；

　　　　R_c——岩石单轴饱和抗压强度的兆帕数值；

　　　　K_v——岩体的完整性指数值。

注意，使用本式时，应遵守下列限制条件：

1）当 $R_c > 90K_v + 30$ 时，应以 $R_c = 90K_v + 30$ 和 K_v 代入计算 BQ 值；

2）当 $K_v > 0.04R_c + 0.4$ 时，应以 $K_v = 0.04R_c + 0.4$ 和 R_c 代入计算 BQ 值。

3）岩体基本质量分级。根据计算所得的 BQ 值按表 4-10，进行岩体基本质量分级。

表 4-10　　　　　　　　　　　岩体基本质量分级

基本质量级别	岩体基本质量的定性特征	岩体基本质量指标（BQ）
Ⅰ	坚硬岩，岩体完整	>550
Ⅱ	坚硬岩，岩体较完整； 较坚硬岩，岩体完整	550～451
Ⅲ	坚硬岩，岩体较破碎； 较坚硬岩或软硬岩互层，岩体较完整； 较软岩，岩体完整	450～351
Ⅳ	坚硬岩，岩体破碎； 较坚硬岩，岩体较破碎～破碎； 较软岩或软硬岩互层，且以软岩为主，岩体完整—较破碎 软岩，岩体完整—较完整	350～251
Ⅴ	较软岩，岩体破碎； 软岩，岩体较破碎—破碎； 全部极软岩及全部极破碎岩	<250

（3）工程岩体级别确定。

结合工程情况，计算岩体基本质量指标修正值[BQ]。岩体基本质量指标修正值[BQ]可按下式计算：

$$[BQ] = BQ - 100(K_1 + K_2 + K_3) \tag{4-10b}$$

式中　　[BQ]——岩体基本质量指标修正值；

　　　　BQ——岩体基本质量指标；

　　　　K_1——地下水影响修正系数；

　　　　K_2——主要软弱结构面产状影响修正系数；

K_3——初始应力状态影响修正系数。

K_1、K_2、K_3 值，可分别按表 4-11、表 4-12、表 4-13 确定。无表中所列情况时，修正系数取零。$[BQ]$ 出现负值时，应按特殊问题处理。根据修正值 $[BQ]$ 的工程岩体分级仍按表 4-10 进行。

表 4-11　　　　　　　　　　地下水影响修正系数 K_1

地下水出水状态 ＼ BQ	>450	450～351	350～251	<250
潮湿或点滴状出水	0	0.1	0.2～0.3	0.4～0.6
淋雨状或涌流状出水，水压小于或等于0.1MPa或单位出水量小于或等于10L／（min·m）	0.1	0.2～0.3	0.4～0.6	0.7～0.9
淋雨状或涌流状出水，水压大于0.1MPa或单位出水量大于10L／（min·m）	0.2	0.4～0.6	0.7～0.9	1.0

表 4-12　　　　　　　主要软弱结构面产状影响修正系数 K_2

结构面产状及其与洞轴线的组合关系	结构面走向与洞轴线夹角小于30°结构面倾角30°～50°	结构面走向与洞轴线夹角大于60°结构面倾角大于75°	其他组合
K_2	0.4～0.6	0～0.2	0.2～0.4

表 4-13　　　　　　　　初始应力状态影响修正系数 K_3

初始应力状态 ＼ K_3 ＼ BQ	>550	550～451	450～351	350～251	<250
极高应力区	1.0	1.0	1.0～1.5	1.0～1.5	1.0
高应力区	0.5	0.5	0.5	0.5～1.0	0.5～1.0

2. 工程岩体分级标准的应用

（1）岩体物理力学参数的选用。工程岩体基本级别一旦确定以后，可按表 4-14 选用岩体的物理力学参数以及按表 4-15 选用岩体结构面抗剪断峰值强度参数。

表 4-14　　　　　　　　　　岩体物理力学参数

岩体基本质量级别	重力密度 γ／（KN/m³）	抗剪断峰值强度		变形模量 E/GPa	泊松比 v
		内摩擦角 φ／（°）	黏聚力 C/MPa		
Ⅰ	>26.5	>60	>2.1	>33	<0.2
Ⅱ		60～50	2.1～1.5	33～20	0.2～0.25
Ⅲ	26.5～24.5	50～39	1.5～0.7	20～6	0.25～0.3
Ⅳ	24.5～22.5	39～27	0.7～0.2	6～1.3	0.3～0.35
Ⅴ	<22.5	<27	<0.2	<1.3	>0.35

表 4 - 15　　　　　　　　　　　岩体结构面抗剪断峰值强度参数

序号	两侧岩体的坚硬程度及结构面的结合程度	内摩擦角 φ / (°)	黏聚力 C/MPa
1	坚硬岩，结合好	>37	>0.22
2	坚硬—较坚硬岩，结合一般 较软岩，结合好	37～29	0.22～0.12
3	坚硬—较坚硬岩，结合差 较软岩—软岩，结合一般	29～19	0.12～0.08
4	较坚硬—较软岩，结合差—结合很差 软岩、结合差 软质岩的泥化面	19～13	0.08～0.05
5	较坚硬岩及全部软质岩，结合很差 软质岩泥化本身	<13	<0.05

（2）地下工程岩体自稳能力的确定。利用标准中附录所列的地下工程自稳能力（表 4 - 16），可以对跨度等于或小于 20m 的地下工程作稳定性初步评估，当实际自稳能力与表中相应级别的自稳能力不相符时，应对岩体级别作出相应的调整。

表 4 - 16　　　　　　　　　　　地下工程岩体自稳能力

岩体级别	自 稳 能 力
Ⅰ	跨度小于 20m，可长期稳定，偶有掉块，无塌方
Ⅱ	跨度 10～20m，可基本稳定，局部可发生掉块或小塌方 跨度小于 10m，可长期稳定，偶有掉块
Ⅲ	跨度 10～20m，可稳定数日至一个月，可发生小至中塌方 跨度 5～10m，可稳定数月，可发生局部块体位移及小至中塌方 跨度小于 5m，可基本稳定
Ⅳ	跨度大于 5m 一般无自稳能力，数日至数月内可发生松动变形、小塌方进而发展为中至大塌方。 埋深小时，以拱部松动破坏为主，埋深大时，有明显塑性流动变形和挤压变形破坏 跨度小于 5m，可稳定数日至一个月
Ⅴ	无稳定能力

注：1. 小塌方：塌方高度小于 3m，或塌方体积小于 30m³；
　　2. 中塌方：塌方高度 3～6m，或塌方体积 30～100m³；
　　3. 大塌方：塌方高度大于 6m，或塌方体积大于 100m³。

4.4.4　岩体工程分类的发展趋势

为了既全面考虑各种影响因素，又能使分类形式简单、使用方便，岩体工程分类将向以下方面发展。

（1）逐步向定性和定量相结合的方向发展。对反应岩体性状固有地质特征的定性描述，是正确认识岩体的先导，也是岩体分类的基础和依据。然而，如果只有定性描述而无定量评价是不够的，因为这将使岩体类别的判断缺乏明确的标准，应用时随意性大，失去分类意义。因此应采用定性与定量相结合的方法。

（2）采用多因素综合指标的岩体分类。为了比较全面反映影响工程岩体稳定性的各种因素，倾向于用多因素综合指标进行岩体分类。在分类中，主要考虑的是岩体结构、结构面特征、岩块强度、岩石类型、地下水、风化程度、天然应力状态等。在进行岩体分类时，都力图充分考虑各种因素的影响和相互关系，根据影响岩体性质的主要因素和指标进行综合分类评价。近年来，许多分类都很重视岩体的不连续性，把岩体的结构和岩石质量因素作为影响岩体质量的主要因素和指标。

（3）岩体工程分类与工程勘探结合起来。利用钻孔岩芯和钻孔等进行简易岩体力学测试（如波速测试、回弹仪及点荷载试验等）研究岩体特性，初步判别岩类，减少费用昂贵的大型试验，使岩体分类简单易行，这也是国内外岩体分类的一个发展趋势。

（4）新理论、新方法在岩体分类中的应用。电子计算机等先进手段的出现，使一些新理论、新方法（如专家系统、模糊评价等）也相继应用于岩体分类中，出现了一些新的分类方法。可以预见这也是岩体工程分类的一个新的发展趋势。

（5）强调岩体工程分类结果与岩体力学参数估算的定量关系的建立，重视分类结果与工程岩体处理方法、施工方法相结合。

思 考 题

4－1　什么是岩体？什么是岩体结构？岩石与岩体区别在哪里？

4－2　简述结构面的成因类型及其工程地质特征。

4－3　岩体结构面力学性质对岩体的力学性质有哪些影响？

4－4　试述岩体分级的工程意义。

第5章

土的成因类型及其工程地质性质

土是地壳最表层（包括大陆和海洋）未胶结成岩的松散或松软的第四纪（或新第三纪）以来的沉积物。所谓土体乃是指与建筑物地基、建筑环境有关的土与土层所构成的地质体。土体主要分布在平原（或高原）地区，不仅连续分布而且厚度巨大。这些地区恰恰是大都市、工业基地和交通枢纽分布区。随着我国社会经济和城市化的飞速发展，工程建设规模越来越大，高速公路、高层或超高层建筑、过江隧道、跨海大桥、地下商业中心等在各地全面展开。所有这些工程建设都与土体密切相关。因此土体工程地质研究在工程地质学中占有重要地位。

我国沉积物的类型复杂，在沿海地区广泛分布着海相和海陆交互相的第四纪沉积物，在广大陆域地区分布着各种各样的陆相沉积物，不仅有湖积、冲积、坡积和重力堆积，还有广泛分布的各种特殊土的堆积，如华北和西北黄土高原的黄土堆积，江南广大地区的热带、亚热带沉积的红粘土，华中和华南沉积的膨胀土，西北内陆盆地的盐渍土等。这就决定了土体工程地质性质和土体工程地质问题的复杂性。国内外土体工程地质研究结果表明，土体工程性质及其变化取决于土的成因、形成环境和演化历史。根据地质成因，第四纪沉积土可划分为残积土、洪积土、冲积土、湖积土、海积土、冰积土和特殊土等几大类。本章主要介绍第四纪沉积土的成因类型及其工程地质性质。

5.1 风化作用及残积土

地表或接近地表的岩石，在温度、大气、水和生物活动等因素的综合影响下，发生物理的和化学的变化，致使岩体崩解、剥落、破碎，变成松散的碎屑性物质的作用称为风化作用。风化作用在地表最为明显，往深处则逐渐消失。风化作用使坚硬致密的岩石松散破坏，改变了岩石原有的矿物组成和化学成分，使岩石的强度和稳定性大为降低，对工程建筑环境带来不良的影响。另外，许多不良地质现象，如崩塌、滑坡、泥石流等，基本上都是在风化作用的基础上逐渐形成和发展起来的。因此，了解风化作用、认识风化现象、分析岩石的风化程度，对评价工程建筑条件是必不可少的。

5.1.1 风化作用类型

根据风化作用的性质，一般分为物理风化作用、化学风化作用和生物风化作用三种类型。

1. 物理风化作用

处于地表的岩石，主要是由于温度变化在原地产生机械破碎而不改变其化学成分、不形成新矿物的作用，称为物理风化作用或机械风化作用。物理风化作用的方式主要有温差风化、冰冻风化等。

（1）温差风化。温度变化是引起物理风化作用的最主要因素。由于温度的变化产生温差，温差可促使岩石膨胀和收缩交替地进行，久之则引起岩石破裂。我们知道，岩石是热的不良导体，导热性差，白昼当它受太阳照射时，表层首先受热发生膨胀，而内部还未受热，仍然保持着原来的体积，这样，必然会在岩石的表层引起壳状脱离。在夜间，岩石外层首先冷却收缩，而内部余热未散，仍保持着受热状态时的体积，这样，表层便会发生径向开裂，形成裂缝。温度变化所引起的这种表里不协调的膨胀和收缩作用，昼夜不停地长期交替进行，就会削弱岩石表层和内部之间的联结，使之逐渐松动，在重力或其他外力作用下产生表层剥落。此外，不同矿物受热的体积膨胀系数各不相同，故由多种矿物组成的岩石在温度变化的影响下，各种矿物的体积胀、缩亦有差异，在它们的接触界面产生应力，从而破坏它们之间的结合能力。这样，岩石便可产生纵横交错的裂缝，有的裂缝平行于岩石表面，形成层状剥离现象，有的裂缝垂直于岩石表面。久而久之，岩石裂缝便逐渐加大、加深，由表及里不断崩解、破碎成大大小小的碎块。

温差风化的强弱主要取决于温度变化的速度和幅度，昼夜温度变化的幅度越大，温差风化则越强烈。此外，温差风化的强弱还取决于岩石的性质，如矿物成分与岩石结构等。

（2）冰冻风化。充填在岩石裂隙中的水分结冰使岩石破坏的作用，称为冰冻风化。这是温度变化间接地使岩石破碎的现象。地表岩石的裂隙中，常有水分充填，当温度下降到0℃时会冻结成冰。水结成冰时，体积可比原来增大9%左右。由于体积的增大，对岩石的裂隙可产生很大的压力（可达96～200MPa），使岩石裂隙加宽、加深，故称冰劈作用。当气温回升到0℃以上时，冰体融化，水沿扩大的裂缝更深地渗入岩石内部，同时水可填满裂缝使水量增加。若气温变化在0℃上下波动时，充填在岩石裂隙中的水分时而冻结、时而融化，岩石在这种反复作用下，裂隙可不断扩大、加深，从而使岩石崩裂成碎块（图5-1）。

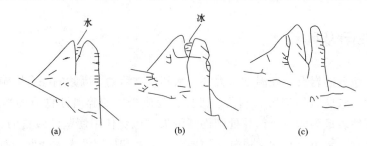

图5-1   水的冻结引起岩石冻胀示意

2. 化学风化作用

处于地表的岩石，与水溶液和气体等在原地发生化学反应逐渐使岩石破坏，不仅改变其物理状态，同时也改变其化学成分，并可形成新矿物的作用，称为化学风化作用。化学风化作用的方式主要有溶解作用、水化作用、水解作用、碳酸化作用和氧化作用等。

（1）溶解作用。水直接溶解岩石中矿物的作用称为溶解作用。溶解作用的结果，使岩石中的易溶物质被逐渐溶解而随水流失，难溶物质则残留在原地。岩石由于可溶物质的被溶解而孔隙增加，削弱了颗粒间的结合力从而降低岩石的坚实程度，更易遭受物理风化作用而破碎。

（2）水化作用。有些矿物与水作用时，能够吸收水分作为自己的组成部分，形成含水的新矿物，称为水化作用。例如，硬石膏经水化作用后形成石膏。矿物经水化作用后体积膨胀而对周围岩石产生压力，使岩石胀裂。

（3）水解作用。某些矿物溶于水后，出现离解现象，其离解物可与水中的 H^+ 和 OH^- 发生化学反应，形成新的矿物，这种作用称为水解作用。例如正长石经水解作用后，开始形成的 K^+ 与水中 OH^- 结合，形成 KOH 随水流失；析出一部分 SiO_2 可呈胶体溶液随水流失，或形成蛋白石（$SiO_2 \cdot nH_2O$）残留于原地；其余部分可形成难溶于水的高岭石而残留于原地。

$$4K(AlSi_3O_8) + 6H_2O \longrightarrow 4KOH + 8SiO_2 + Al_4(Si_4O_{10})(OH)_8$$
　　　（正长石）　　　　　　　　　　　　　　　　（高岭石）

（4）碳酸化作用。当水中溶有 CO_2 时，与水结合形成碳酸，碳酸根（CO_3^{2-}）易与矿物中的阳离子化合成易溶于水的碳酸盐，从而使水溶液对岩石中的矿物离解能力加强、化学反应速度加快，这种化学作用即碳酸化作用。例如硅酸盐矿物在碳酸化作用下，矿物中的阳离子（K^+、Na^+、Ca^{2+} 等）可形成易溶的碳酸盐被带走，部分 SiO_2 呈胶体溶液被带走，而大部分的 SiO_2 形成蛋白石沉淀。如正长石经碳酸化作用后的化学反应为：

$$4K(AlSi_3O_8) + 4H_2O + 2CO_2 \longrightarrow 2K_2CO_3 + 8SiO_2 + Al_4(Si_4O_{10})(OH)_8$$
　　　（正长石）　　　　　　　　　　　　　　　　（高岭石）

（5）氧化作用。矿物中的低价元素与大气中的游离氧化合变为高价元素的作用，称为氧化作用。氧化作用是地表极为普遍的一种自然现象。在湿润的情况下，氧化作用更为强烈。

3. 生物风化作用

岩石在动、植物及微生物影响下所起的破坏作用称为生物风化作用。生物风化作用主要发生在岩石的表层和土中。生物风化作用有物理和化学两种方式。

（1）生物的物理风化作用。生物的物理风化作用是生物的活动对岩石产生机械破坏的作用。例如，穴居动物蚂蚁、蚯蚓等钻洞挖土，可不停地对岩石产生机械破碎；生长在岩石裂隙中的植物，其根部生长撑裂岩石，不断地使岩石裂隙扩大、加深。

（2）生物的化学风化作用。生物的化学风化作用是生物的新陈代谢、死亡后遗体腐烂分解而与岩石发生化学反应，促使岩石破坏的作用。例如，植物和细菌在新陈代谢过程中，通过分泌有机酸、碳酸、硝酸和氢氧化铵等溶液腐蚀岩石；动、植物死后遗体腐烂可分解出有机酸和气体（CO_2、H_2S 等），溶于水后可对岩石腐蚀破坏；遗体在还原环境中，可形成黑色胶状、含钾盐、磷盐、氮的化合物和各种碳水化合物的腐殖质。腐殖质的存在可促进岩石物质的分解。

5.1.2 影响岩石风化的因素

影响岩石风化的因素主要有岩石性质、气候和地形等。

1. 岩石性质

因为岩石风化发生于地壳表层，因而当成岩环境与地表环境差异越大时，原岩风化变异越强烈，即岩石的抗风化能力越弱。但各类岩石，又因矿物的组成、结构、构造和裂隙发育程度的不同，抵抗风化的能力也有所不同。

（1）岩石的矿物组成。不同矿物具有不同的结晶格架，由其化学活泼性所决定的抗风化能力亦不相同。在地表环境下，常见造岩矿物的抗风化能力是不同的。一般情况下，矿物在风化过程中的稳定性由大到小的顺序是：氧化物＞硅酸盐＞碳酸盐和硫化物。当岩石中不稳定矿物含量较多时，其抗风化能力较弱；相反，当岩石中含稳定和极稳定矿物较多时，其抗风化能力较强。一般认为，岩浆岩抗风化能力由大到小的顺序是：酸性岩（花岗岩）＞中性盐（闪长岩、安山岩）＞基性岩（玄武岩）＞超基性岩（橄榄岩）；变质岩抗风化能力由大到小的顺序是：浅变质岩＞深变质岩；沉积岩由于形成环境比岩浆岩、变质岩更接近于地表，一般说沉积岩的抗风化能力比岩浆岩及变质岩高，最终的化学变化较小。但沉积岩的风化问题比较复杂，如粘土矿物、钙－镁碳酸盐，这些矿物颗粒大都极细，比表面积大，因而表面效应较强，易遭水化、水解及淋滤作用的影响。实践证明：沉积岩的粘土岩、页岩风化速度很快。

（2）岩石的结构、构造。岩石中矿物颗粒的粗细、均匀的程度，胶结的方式和胶结物的成分，层理的厚薄等都影响风化速度。如粗而不均匀的比颗粒较细而均匀的易于温差风化，但后者如透水性好则较易于化学风化。

（3）岩石中节理发育情况。裂隙发育的岩石，有利于风化作用的进行。裂隙发育增加岩石出露地表的面积，成为水溶液、气体的通道及生物活动的场所，从而促进风化作用。在砂岩、花岗岩等结构较均匀的岩石中，若有三组近于正交的裂隙发育时，可将岩体分割成许多大小不等的立方形岩块，岩块中在两组裂隙相交的棱和三组裂隙相交的棱角处，岩石的自由表面最大，易受温度、水溶液、气体等因素的作用而首先风化破坏，经过一段时间后，使岩块的棱角逐渐消失而圆化，形成大大小小的球体和椭球体，这种现象称为球状风化。

2. 气候因素

气候因素主要体现在气温变化、降水和生物的繁殖情况。地表条件下温度增加 10℃，化学反应速度增加一倍；水分充足有利于物质间化学反应。故气候可控制风化作用的类型和风化速度，在不同的气候区，风化作用的类型及其特点有明显的不同。例如，在寒冷的极地和高山区以物理风化作用（冰冻风化）为主，岩石风化后形成薄层具棱角状的粗碎屑残积物。在湿润气候区各种类型的风化作用都有，但化学风化、生物风化作用更为显著，岩石遭受风化后分解较彻底，残积层厚，且往往发育有较厚的土壤层。在干旱的沙漠区，以物理风化作用（温差风化）为主，岩石风化后形成薄层具棱角状的碎屑残积物。

3. 地形

地形可影响风化作用的速度、深度，风化产物的堆积厚度及分布情况。地形起伏较大、陡峭、切割较深的地区，以物理风化作用为主，岩石表面风化后岩屑可不断崩落，使新鲜岩石直接露出表面而遭受风化，且风化产物较薄。在地形起伏较小、流水可缓慢流经的地区，以化学风化作用为主，岩石风化彻底，风化产物较厚。在低洼有沉积土覆盖的地区，由于有覆盖物的保护不易风化。

5.1.3　残积土

残积土是岩石风化后未经搬运而残留在原地的松散物，主要分布在岩石暴露于地表而受到强烈风化作用的山区、丘陵及剥蚀平原。残积土从上到下沿地表向深处，其颗粒由细变粗。由于残积物是未经搬运的，颗粒不可能被磨圆或分选，一般不具层理，碎块呈棱角状，土质不均，具有较大孔隙，厚度在山坡顶部较薄、低洼处较厚。残积土与它下面的母岩之间没有明显的界限，通常经过一个基岩风化层而直接过渡到新鲜基岩，其成分与母岩成分及所受风化作用的类型有密切的关系。例如：酸性岩浆岩地区的残积土中，除含有长石等矿物分解的粘土矿物外，常以富含石英颗粒的砂土为其特征；石灰岩风化形成的残积土则多为含石灰岩碎石的红色或黄褐色的钙质粘性土。残积物中残留的碎石矿物成分是鉴定残积物的主要依据。

由于山区原始地形变化较大和岩石风化程度不一，残积土厚度变化很大。因此，在残积土地区进行工程建设时，要特别注意地基土的不均匀性对建筑结构的影响。

1. 残积土的物质组成及影响因素

残积土主要由原岩岩屑、残余矿物及地表新生矿物组成。原岩岩屑包括岩块、角砾和粉砂级颗粒。残积土中保存的风化残余矿物，以抗风化能力强和溶解度较小的矿物为主。具体残留情况与原岩、地表环境、矿物大小和遭受风化时间长短有关系。地表新生矿物包括原生矿物风化过程的中间产物和最终产物，一般为地表稳定或较稳定的次生含水氧化物，主要是粘土矿物和胶体矿物。

残积土的粒度成分和矿物成分主要受气候条件与母岩岩性的控制。

气候将影响到风化作用的类型，从而使不同气候条件下形成的残积土具有不同的粒度和矿物成分，例如干旱地区以物理风化为主，只能使岩石破碎成粗碎屑物，缺乏粘土矿物，这种残积物具有砾石类土的工程地质特征；在半干旱地区，岩石在遭受物理风化的基础上还有化学风化，部分原生矿物变成次生矿物，由于雨水较少，土中含有较多的可溶盐，次生矿物以水云母组粘土矿物为主；气候潮湿地区，残积物中可含有较多的蒙脱石组粘土矿物；气候潮湿且炎热的地区，粘土矿物可继续分解为倍半氧化物，如三氧化二铝、三氧化二铁等。

形成残积土的母岩岩性也同样决定着残土的物质成分，例如酸性火成岩风化形成的残积土中有多量的粘土矿物，残积土可以是粘土或粉质粘土，而当其中石英含量高时，残积土的颗粒就较粗一些，形成粉土；中性和基性火成岩由于其中含抗风化能力低的矿物，因此残积土常常是粉质粘土。而沉积岩本身就是松软土经成岩作用后形成的，因而风化后常恢复原有松软土的特点，如粘土岩风化成粘土，细砂岩风化成细砂土，颗粒的矿物成分也与母岩相同。

2. 残积土的结构构造

由于风化作用具有从地表往下随深度增加而减弱，近地表风化强烈，物质迁移流失多，原岩改变明显等特征，便残积物显示分层（分带）现象，各层之间呈逐渐过渡状态，无明显分界，更无沉积层理。

3. 残积土的厚度和产状

残积土的产状及其厚度发育情况还与是否存在适宜的地形有关，即取决于它的残积条件。在宽广的分水岭、平缓的斜坡地带及低温地区，由于不易遭受水流冲刷，残积土的厚度较大，反之，在山丘顶部常被侵蚀而厚度较小。另外，即使在坡度平缓地带，由于其下界起伏不平，也使得残积土的厚度变化大，产状极不规则。在大型工程建筑中，往往要利用钻探和物探手段才能弄清楚软弱风化壳的厚度和产状变化规律，为工程处理提供基本资料。

4. 残积土的工程性质

残积土表部土壤层孔隙率大、强度低、压缩性高，而其下部常常是夹碎石或砂粒的粘性土，或是孔隙为粘性土充填的碎石土、砂砾土，其强度较高。残积土一般透水性较强，在一定条件下，可储存地下水。

5.2 洪流地质作用及洪积土

暴雨或冰雪消融季节，含有大量砂石高速运动的浊水流，从山地流出山口或流入主流谷地，由于河床纵剖面坡度骤降，流速锐减，又无河道约束，便分散成多股槽流；通过泛滥，槽流连接成面状洪流，两者在上述地区共同堆积的扇形堆积物称洪积土。

洪积土一般发育于干旱与半干旱地区，因为植被不发育，岩层裸露地表，易风化破碎，成为洪积土的物质来源，再加上这种地区雨量较集中，也易形成暂时性的洪流。

5.2.1 洪流地质作用

洪流沿沟谷流动时，由于集中了大量的水，沟底坡度大，流速快，因而，拥有巨大的动能，对沟谷的岩石有很大的破坏力。河流以其自身的水力和携带的砂石，对沟底和沟壁进行冲击和磨蚀，这个过程称为洪流的冲刷作用。由冲刷作用形成的沟底狭窄、两壁陡峭的沟谷叫冲沟。

初始形成的冲沟在洪流的不断作用下，可以不断地加深，展宽和向沟头方向伸长，并可在冲沟沟壁上形成支沟。在降雨量较集中、缺少植被保护，由第四纪松散沉积土堆积的地区，冲沟极易形成。如我国黄土区，冲沟发展迅速，常常把地面切割得支离破碎，形成千沟万壑，进一步发展，可使地面成为由大小冲沟密布的地形。冲沟的发展是以溯源侵蚀的方式，由沟头向上逐渐延伸扩展的。

洪流的地质作用包括冲蚀、搬运和沉积作用。洪流在流动过程中，水流及其中挟带的砂、砾通过冲、磨对沟壁、沟底进行的破坏作用，称冲蚀作用，可形成形态各异的冲沟。洪流将风化、冲蚀所形成的碎屑物搬运至沟口，因地形开阔，水流分散，流速骤减，活力降低，便发生沉积，形成的沉积物称洪积物，堆积的扇状地形称洪积扇。

1. 洪积物扇形岩相

（1）扇顶相。以巨砾、砾石等粗粒沉积物为主，夹有细粒沉积透镜体，巨砾渐为后续流细粒充填，发育急流交错层理。

（2）扇形相。为砂土夹砂砾组成。粗粒沉积物呈条状由扇顶伸入，剖面上呈各种透镜状，常与细粒沉积物交互，呈现不连续层状，称"多元结构"。

（3）滞水相。滞水相又称边缘相，主要由亚砂土、亚粘土组成，具有由粉砂与亚粘土组成的"纹泥状"薄层理。透水性差，有时夹薄层有机质沉积物。

2. 洪积扇、干三角洲与洪积平原

洪积扇是干旱、半干旱区洪流形成的主要堆积地貌。由洪积物组成的洪积扇形的面积从几平方公里到数十平方千米不等。洪积扇轴部常有干河床，潜水面较深，往滞水相方向潜水面逐渐升高，在扇形相与滞水相交界处，有时潜水溢出地面成泉、河或形成沼泽地或盐渍地。在干旱区由于降水少、蒸发强烈，河流沿程水量不断蒸发与渗漏，便其搬运能力不断变小，在河流下游地表形成扇形砂砾堆积体，称干三角洲堆积，是干旱平原常见的地貌。洪积平原是扇前若干洪积扇相连形成的中 – 大型组合形态，规模可达几十、几百甚至上千平方千米，是半干旱、干旱区重要的较好的生态环境。

洪积扇的规模逐年增大，有时与相邻沟谷的洪积扇互相连接起来，形成规模更大的洪积裙或洪积冲积平原。

规模很大的洪积扇一般可划分为三个工程地质条件不同的地段（图 5 – 2）：靠近沟口的粗碎屑沉积地段，孔隙大、透水性强、地下水埋藏深、承载力较高，是良好的天然地基；洪积层外围的细碎屑沉积地段，如果在沉积过程中受到周期性的干燥，粘土颗粒发生凝聚并析出可溶盐时，则洪积层的结构较牢固，承载力也比较高。上述两地段之间的过渡带，由于经常有地下水溢出，水文地质条件不良，对工程建筑不利。

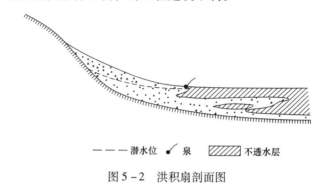

——— 潜水位　✓ 泉　▨ 不透水层

图 5 – 2　洪积扇剖面图

5.2.2　洪积土

洪积土是由山洪急流搬运的碎屑物质组成的。当山洪夹带大量的泥砂、石块流出沟口后，由于沟床纵坡变缓，地形开阔，水流分散，流速降低，搬运能力骤然减小，所夹带的石块、岩屑、砂砾等粗大碎屑先在沟口堆积下来，较细的泥砂继续随水搬运，多堆积在沟口外围一带。

洪积土作为建筑物地基，一般认为是较理想的，尤其是离山前较近的洪积土颗粒较粗，地下水位埋藏较深，具有较高的承载力，压缩性低，是工业与民用建筑物的良好地基，但其孔隙大、透水性强，因此若作为坝基将引起严重的坝下渗漏。在离山较远的地带，洪积土的颗粒较细、成分均匀、厚度较大，一般也是良好的天然地基。但应注意的是上述两地段的中间过渡地带，常因粗碎屑土与细粒粘性土的透水性不同而使地下水溢出地表形成泉或沼泽地，因此土质较差，承载力较低，作为建筑物地基时应慎重对待。

5.3　河流地质作用及冲积土

河流普遍分布于不同的自然地理带，是改造地表的主要地质营力之一。由河流作用所形成的谷地称为河谷。河谷的形态要素包括谷坡和谷底两大部分（图 5 – 3）。谷底中包括河床和河漫滩。河床是指平水期河水占据的谷底，也称为河槽。河漫滩是经常被洪水淹没的谷底部分。谷坡是河谷两侧因河流侵蚀而形成的岸坡。古老的谷坡上常发育有洪水不能淹没的阶地，阶地是被抬升的古老的河谷谷底。谷坡与谷底的交界称为坡麓，谷坡与山坡交界的转折处称为谷缘，也称为谷肩。

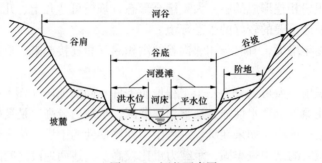

图 5 – 3　河谷要素图

一般情况下，河流在洪水期的持续时间相对较短，然而其流量和含砂量都远远超过平水期，是河流侵蚀、搬运和堆积作用进行的最活跃的时期。河谷形态的塑造及冲积土的形成，主要都在洪水期。

河水在重力作用下，沿河床流动，产生一定的能量。流水的能量可用下列公式表示：

$$E = \frac{1}{2}Mv^2 \tag{5 – 1}$$

式中　　E——水流的动能；

　　　　M——流量；

　　　　v——流速。

因此，流量与流速均直接与水流的能量有关。流速主要受河床水流的水力坡度的影响，水力坡度越大，则流速越大动能也就越大。水流的能量则消耗于侵蚀作用与搬运作用，当流水的侵蚀能力加强也就加大了对物质的搬运能力，当流水和能量不足以搬运所携带的物质时就会发生沉积作用，即堆积作用是能量平衡过程的一种表现。因此侵蚀作用、搬运作用及沉积作用就构成了河床水流的地质作用。

5.3.1　河流地质作用

河流的地质作用包括侵蚀、搬运和沉积作用。

1. 河流的侵蚀作用

河流在运动过程中对河谷岩石进行破坏的作用称为侵蚀作用。河水沿河谷流动时，以自身的冲力破坏岩石，更主要的是河流中除水体外，还携带着大量的泥砂和砾石等碎屑物，河流以它们为工具对河床进行磨蚀。此外，河水对岩石还有一定的溶解能力。河流就是通过冲蚀、磨蚀和溶蚀三种方式对河底及两岸进行侵蚀的，但以前两种方式为主。

按侵蚀作用的方向，河流的侵蚀作用可分为两种类型，即沿垂直方向进行的下蚀作用和沿水平方向进行的侧蚀作用。这两种侵蚀作用在任一河段上都是同时存在的，只不过在不同的河段中，由于河水动力条件的差异，下蚀作用和侧蚀作用所显示的优势会有明显的不同。

（1）下蚀作用。河流以携带的泥、砂、砾石为工具，并以自身的冲力和溶解力对河底岩石进行侵蚀而使河床降低的作用称为下蚀作用。下蚀作用的强度首先与流速和河水中泥砂的含量有关。在河流的上游以及山区的河流，由于流速大、搬运力强，以下蚀作用为主，常形成谷底深而窄、谷坡陡峭、横剖面呈"v"字形的峡谷。此外，下蚀作用与河床的岩石性质及地质构造有关。岩石坚硬（如砂岩、砾岩），下蚀作用相对较弱，河床表现为凸起地段；岩性较软（如粘土岩），下蚀作用相对较强，河床表现为凹下地段，致使河床纵剖面显示出坎坷不平的阶梯状形态。

下蚀作用在加深河谷的同时，又使河流向源头方向伸长，河流的这种溯源推进的侵蚀过程称为溯源侵蚀。分水岭不断遭到切割剥蚀，河流长度的不断增加，以及河流的袭夺现象都是河流溯源侵蚀造成的结果。

河流的下蚀作用并不是无止境的，而是有它自己的基准面。因为随着下蚀作用的发展，河床高度降低，坡度变缓，阶梯状高差逐渐消失，使整个河谷纵剖面成为一个圆滑的曲线，这时河床坡度与流速、流量和搬运物质完全达到平衡，河流的侵蚀作用趋于消失，该河谷纵剖面称为侵蚀基准面。海平面为所有入海河流的侵蚀基准面，所以，海平面称为最终侵蚀基准面。

（2）侧蚀作用。河流以携带的泥、砂、砾石为工具，并以自身的动能和溶解力对河床两岸的岩石进行侵蚀，使河谷加宽的作用称为侧蚀作用。河流的中、下游以及平原区的河流，由于河床坡度较为平缓，侧蚀作用占主导地位。

自然界的河流由于地面坡度、岩性、地质构造等的不同，总是存在弯曲。此外，由于滑坡和支流注入等原因，往往在河床的一侧形成碎屑堆积物，迫使河道弯曲。河水在流经弯道时，在惯性和离心力的作用下涌向凹岸，形成单向环流。侧蚀作用主要是单向环流产生的。呈单向环流运动的水质点在凹岸顺坡向下流动，不断对凹岸进行冲蚀和磨蚀，致使凹岸岸壁不断崩塌后退，同时凹岸侵蚀的产物又被沿河底横向流动的水流带到凸岸沉积下来（图 5-4），使凸岸不断增宽并向下游推移。这样使河床曲率逐渐增大形成河曲，同时加宽了谷底。

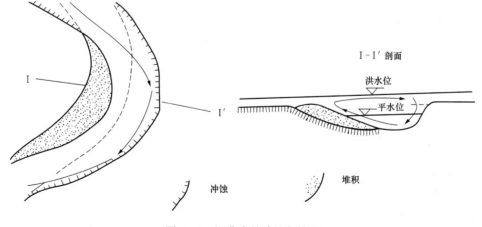

图 5-4　河曲中的冲蚀与堆积

河曲进一步发展，河床愈来愈弯曲，河长也随之增加，坡度变缓，流速降低，动能减小。当动能减小到即使在洪水期也只能在谷底上蜿蜒徘徊，再也没有能量去侵蚀谷坡、加宽河谷时，这时河流所特有的平面形态称为蛇曲［图 5-5（a）］。在蛇曲的发展过程中，洪水期水量增大时可将河道截弯取直。被抛弃的旧河道两端被冲积土淤塞后形成牛轭湖［图5-4（b）］。

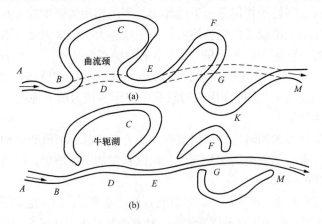

图5-5　河曲的发展

（a）河流蛇曲；（b）牛轭湖

2. 河流的搬运作用

环流将所携带的物质向下游方向搬运的过程，称为河流的搬运作用。被河流搬运的物质主要是片流的冲刷作用和洪流的冲刷作用带来的物质及少量河流侵蚀作用的产物。洪流的侵蚀和堆积作用，在一定意义上都是通过搬运过程来进行的。河流搬运能力的大小，取决于河水的流量和流速，在一定的流量条件下，流速是影响搬运能力的主要因素。河流搬运物的粒径 d 与水流流速 v 的平方成正比，即 $d \propto v^2$。

河流通过悬运、跃运和推运三种方式对碎屑物质进行搬运。碎屑物以何种方式被搬运，主要取决于颗粒的沉降速度与上举力的对比情况。颗粒的沉降速度即在静态液体中的下沉速度，它不仅取决于颗粒的大小，还取决于颗粒的比重、形状以及液体的密度。上举力包括紊流中向上流动的分量与因流速差而产生的上升力。

3. 河流的沉积作用

河流搬运物从水中沉积下来的过程称为沉积作用。河流在运动过程中，能量不断受到损失，当河水夹带的泥砂、砾石等搬运物质超过了水的搬运能力时，被搬运的物质便在重力作用下逐渐沉积下来，形成河流冲积层。由于河流中的溶运物没有达到饱和，所以河流基本上不会发生化学沉积，而仅有机械沉积。沉积土几乎全部是泥砂、砾石等碎屑物。

5.3.2　冲积土

在河谷内由河流的沉积作用所形成的堆积物，称为冲积土。冲积土的特点是：具有良好的分选性和磨圆度，层理清晰。冲积土的层理是由于季节等变化促使水动力条件发生改变，造成上、下层的沉积土质不同所致。除水平层理外，冲积土还经常发育有斜层理。

1. 冲积土的类型

冲积土按其沉积环境的不同，有以下几种类型：

（1）河床沉积。河床内的沉积作用随水位的季节性变化而有规律地进行。在洪水期，大而重的碎屑物被搬走，在平水期又沉积下来，所以河床内的每个地方都有沉积发生。由于河床是经常被流水占据的部分，水流速度快，故沉积土粗，属冲积土中粒度最粗的部分。一般在上游，颗粒最粗，多由粗砾、甚至巨砾组成；在中、下游，颗粒较细，多由粗砂、细砾组成。

（2）河漫滩沉积。在洪水期，河水漫出河床，由于流速突然减小，较粗的沉积土便迅速沉积下来，造成滨河床浅滩，以后浅滩不断扩大和固定形成洪水期才能淹没的滩地，这就是河漫滩河谷。河漫滩沉积土多由粉砂与粘土组成，内侧较粗，向外逐渐变细。由河床沉积和河漫滩沉积构成的一套沉积称为冲积层的二元结构。

（3）牛轭湖沉积。在牛轭湖范围内形成的沉积土，主要为静水沉积，一般多由富含有机质的淤泥和泥炭组成，天然含水量很大，抗压、抗剪强度小，容易发生压缩变形。

（4）三角洲沉积。河流流入湖、海的地方叫河口。河口是河流最主要的沉积场所，一方面由于河流流入河口时，水域骤然变宽，河水散开成为许多岔流，加之河水被湖水或海水阻挡，流速大减，机械搬运物便大量堆积下来，河流机械搬运物的一半以上沉积于此；另一方面，河水中呈溶运的胶溶体的胶体粒子所带电荷被海水电解质中和后也会迅速沉淀。大量物质在河口沉积下来，从平面上看，外形像三角形或鸡爪形，所以叫三角洲。三角洲的内部常由顶积层（T）、前积层（F）和底积层（B）组成所谓的三重层构造（图 5-6）。

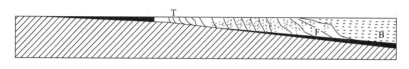

图 5-6　三角洲构造示意图

前积层是流水到达河口后最先沿水盆边缘沉积的较粗的泥砂沉积土。再向前就逐渐过渡到底积层。底积层是河流带来的悬浮物质和胶体物质在前积层的前方形成的水平沉积层，粒细而层薄，常由粉砂、粘土组成。顶积层是前积层增长到河底高度时，随着三角洲向海推进，在前积层上沉积的近于水平的河床沉积。

上述冲积土结构，是温带地区潮湿地带较大的永久性平原河流冲积土的典型特点。假如自然地理环境和水文动态条件发生变化，冲积土的结构和成分也会变化，形成另外一些类型的冲积土。

（5）山区河流冲积土。湍急的山区河流，冲积土几乎完全由河床相组成。在平水期水流清澈，河床相冲积土主要为砾石、卵石及粗砂。洪水期间，水流能量很大，剧烈地侵蚀河谷谷底，同时带来巨大的卵石、砂砾石及浑浊的泥质物质。这些物质混杂堆积，砾石的磨圆度及分选性都很差，砾石有时具有一定的排列方向，形成叠瓦状构造。由于河床坡降大，砂、粘土等细粒物质几乎不可能在河床底部的表面沉积下来，在洪峰以后，浑浊水流中的泥砂，以充填方式在巨大的砾石空隙中沉积下来。因此几乎见不到成层的砂、粘土层。

（6）由冰川补给的河流冲积土。冰川补给的河流，具有下述特点：第一，洪水期平稳而持久，整个融雪季节河谷中均保持高水位；第二，河流中负载着大量的碎屑物质，这些物质是冰碛被冲刷后的溶冰水流携带来的。

冰川补给的河流冲积土具有独特的结构特点。在补给区很近的地方，堆积较粗的砾石-砂质河床相堆积物。向下游逐渐变成有细小透镜体、波状层理的细砂-粉砂质河床相冲积土。随着远离冰川的前缘，其他集水区产生的影响愈来愈大，出现了季节性的洪水，淹没河漫滩，正常的亚砂土-亚粘土质河漫滩冲积土逐渐增加，过渡为正常发育的冲积层结构。

由于气候条件，自然地理因素和构造运动因素的变化，以及流域内岩性的变化，冲积层的成分和结构的变化是很复杂的，在此不一一列举。

2. 河流阶地

在河谷地貌的形成和发展过程中，河床受到流水的侧蚀沉积作用形成河漫滩，河漫滩河谷不断加宽加高，同时地壳稳定一段时期后，又复上升，于是老河漫滩被抬高，被抬高的河漫滩转变为河流阶地。如果地壳发生多次升降运动，则在河谷中形成多级阶地（图5-7）。标记阶地的级序采用从新到老的方法，把最新的超出河漫滩的阶地称为一级阶地，其余类推。

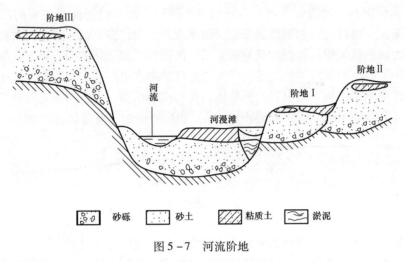

图5-7　河流阶地

3. 冲积土的工程性质

冲积土随其形成条件不同，具有不同的工程地质特性。古河床相土的压缩性低，强度较高，是工业与民用建筑的良好地基，而现代河床堆积物的密实度较差，透水性强，若作为水工建筑物的地基则将引起坝下渗漏。饱水的砂土还可能由于振动而引起液化。河漫滩相冲积物覆盖于河床相冲积物之上形成的具有双层结构的冲积土体常被作为建筑物的地基，但应注意其中的软弱夹层。牛轭湖相冲积土是压缩性很高及承载力很低的软弱土，不宜作为建筑物的天然地基。三角洲沉积物常常是饱和的软粘土，承载力低，压缩性高，若作为建筑物地基，则应慎重对待。但在三角洲冲积物的最上层，由于经过长期的压实和干燥，形成所谓硬壳层，承载力较下面的为高，有时可用作低层建筑物的地基。

5.4　湖泊和沼泽地质作用及湖积土

湖泊是由储水洼地和水体两部分组成的陆地上的较大集水洼地。根据其成因不同，湖泊可分为风成湖泊、岩溶湖泊、海成湖泊、泻湖湖泊等。湖泊的地质作用也有剥蚀、搬运和沉积作用。湖泊中的水体除表面和靠近湖岸的部分外，运动很微弱。因此，湖泊的剥蚀和搬运作用都比较微弱。一般均以沉积作用为主。由湖泊沉积作用所形成的物质称为湖积土。

湖泊是大陆上良好的沉积场所，可接纳周围的地面流水、地下水和风等动力带来的物质，同时有的湖泊可大量繁殖生物，形成生物沉积。湖泊的沉积作用过程也就是其发展和消亡的过程。在不同的气候区，由于湖泊的流泄和蒸发状况以及湖水的成分均不相同，其沉积特征也不一样。

在潮湿气候区，沉积作用既有机械的，也有化学的和生物的，但往往以机械碎屑沉积和生物沉积较为显著。机械沉积作用使得粗粒碎屑物沉积于湖岸附近，形成平行湖岸的浅滩，叫湖滩；细小的呈悬浮搬运的物质，沉积于湖水较平静的湖心，形成湖泥；由河流携带来的泥沙，入湖后因流速骤减，大部分的物质可沉积下来，形成湖三角洲。湖三角洲的伸展扩大，可延伸到湖心，使湖泊逐渐淤浅，最终成为河流所贯通的湖积三角洲平原。化学沉积作用可在湖底形成褐铁矿、黄铁矿等矿床。生物沉积作用使得大量低等生物死亡后和湖泥沉积在一起，在缺氧和 H_2S 多的环境中，经过细菌的分解，形成含碳 40% ～ 50%、氢 6% ～ 7%、氧 34% ～ 44% 的有机物质，分散在湖泥细小颗粒间，组成呈胶冻状态的粘泥，叫腐泥；湖泊中大量植物的堆积被埋在深处缺氧条件下，经细菌作用，使植物遗体中的氢、氧成分减少，放出 CO_2、CH_4 等气体，而碳的成分相对增多，最后形成富含碳（含碳 59%）、质体疏松而呈棕褐或黑色的物质，叫泥炭。

在干旱气候区，湖泊的沉积以化学沉积为主，机械沉积退居次要地位。湖泊中含有的盐类，在湖泊中发展的不同阶段，可按盐类溶解度的大小依照一定的顺序沉积下来。一般的沉积顺序自下而上依次为：碳酸盐沉积土、硫酸盐沉积土、氯化物沉积土。

沼泽是大陆上被水充分湿润的、其上面生长有大量嗜湿性植物、并有有机质或泥炭堆积的地段。沼泽的成因较多，可以由湖泊发展演变而形成沼泽；也可以在排水不良的广阔平地面上，有足量水的供应下形成沼泽。此外，有大量喜湿性植物生长的地段也可以形成沼泽。不论沼泽如何形成的，富有有机质或泥炭的堆积是沼泽重要的标志。沼泽的地质作用只有沉积作用，而且主要是生物的沉积。沼泽发展的过程也就是其沉积作用形成有机质或泥炭的过程。

湖泊沉积物可分为湖边沉积物和湖心沉积物。湖边沉积物是湖浪冲蚀湖岸形成的碎屑物质在湖边沉积而形成的，湖边沉积物中近岸带沉积的多是粗颗粒的卵石、圆砾和砂土，远岸带沉积的则是细颗粒的砂土和粘性土。湖边沉积物具有明显的斜层理构造，近岸带土的承载力高，远岸带则差些。湖心沉积物是由河流和湖流挟带的细小悬浮颗粒到达湖心后沉积形成的，主要是粘土和淤泥，常夹有细砂、粉砂薄层，土的压缩性高，强度很低。

若湖泊逐渐淤塞，表层含水量大，喜湿性植物大量生长，则可演变为沼泽，沼泽沉积物又称为沼泽土，主要由泥炭、有机质淤泥和泥砂组成。泥炭是沼泽堆积物中的主要成分，它的含水量极高，承载力极低，一般不宜作天然地基。

5.5　海洋地质作用及海积土

5.5.1　海洋地质作用

海洋地质作用是海水运动、海水中溶解物质的化学反应和海洋生物对海岸、海底岩石和地形的破坏以及建造作用的总称。海洋地质作用包括剥蚀作用、搬运作用和沉积作用。

1. 海水的剥蚀作用

海水通过自身的动力对海岸带和海底的破坏，称为海水的剥蚀作用（简称海蚀作用）。海蚀作用盛行于滨海带，它以冲蚀和磨蚀这两种机械动力作用方式，塑造特殊的海岸地貌，对大陆架以及大陆坡也产生影响。另外，在海洋中还有一种剥蚀作用是以海水的化学溶解作用方式进行，称为溶蚀作用。

2. 海水的搬运作用

海水在进行海蚀作用的同时，又对海蚀产物和河流带来的物质进行搬运，其中波浪是海水搬运作用的主要动力。拍岸浪可以卷起浅处的碎屑泥砂向海岸搬运，底流又把碎屑泥砂搬回海中，岸流能沿着海岸进行搬运。当潮水进入海湾或河口时，搬运能力就增大。涨潮时，可向大陆方向搬运泥砂，落潮时可向海洋方向搬运泥砂。如杭州钱塘江的出口处，本应形成三角洲，但实际上却没有形成三角洲，究其原因之一就是落潮时，潮水将江水带来的河口沉积物席卷而去，而成为三角港。

洋流主要搬运一些细小的泥砂和漂浮物质，搬运距离可达数千千米。

海水的搬运作用具有明显的分选性。一般较粗、较重的颗粒搬运的距离较近；较细、较轻的颗粒搬运的距离较远。海水不但进行机械搬运，而且还能进行化学搬运。海水（洋流）将其溶蚀的物质与陆源化学物质进行长距离的搬运，到达广阔的海域，成为海洋化学沉积的主要物质来源。

3. 海洋的沉积作用

海洋是地球上最大的沉积场所。海洋沉积物主要来源于陆源物质（陆源碎屑物、陆源化学物），其次为生物物质、火山物质和宇宙物质。在其中又以河流搬运和海蚀作用带来的物质为最主要。地质历史时期的沉积岩绝大部分都是在海洋环境中沉积形成的。

海水的运动方式主要是波浪、潮汐、洋流和浊流。这4种海水运动是海洋地质作用的重要的机械动力。由于海水深度和海底地形的影响，它们在海洋中构成了不同的水动力带。由动力不同，海洋的地质作用可分为波浪、潮汐、洋流和浊流四种类型。

（1）波浪的地质作用。

在岸外浅水带，波浪一般能够影响到海底，它搅动海水，促进海水循环，使海水富含氧，底栖生物得以生存，并且海底沉积物能获得氧化条件。另一方面，频繁的水体运动能够改造海底沉积物，使其具有较好的磨圆度和分选性，并形成波痕、交错层理等原生沉积构造。

在近岸带，波浪的地质作用更为重要。首先，激浪对由基岩组成的海岸造成强烈的侵蚀破坏。激浪施加于海岸岩石的压力，每平方米可达几千千克以上。海水挤进岩石裂缝后，压迫裂缝中的空气，促进岩石崩裂瓦解。此外，海水有溶解能力，如海岸为可溶性岩石组成，更易于受到溶蚀。在机械破坏与化学溶蚀的双重作用下，海岸的破坏就更为快速。坚硬的岩石组成的海岸因受海蚀而崩塌，可形成陡峭的海蚀崖。在海蚀崖的底部因受激浪及其夹带的石块撞击可以形成平行海蚀崖的海蚀凹槽。在激浪的持续作用下，海蚀崖后退，原海蚀凹槽的底变成为海蚀平台，海蚀平台逐渐加宽。在地壳稳定的条件下，海蚀平台发展到一定宽度后，波浪的能量全部消耗在沿宽阔平坦海底的摩擦之下而不再引起侵蚀。如果地壳下沉，则形成水下海蚀阶地。

（2）潮汐的地质作用。

由潮汐引起的海面高度变化迫使海水作大规模的水平运动，形成潮流。涨潮时，潮水涌向陆地；落潮时，潮水退回外海。在平坦的海岸带，潮水的涨落影响到相当宽阔的范围，对于沉积物起着反复的侵蚀、搬运和再沉积的作用，控制着沉积物的性质和特征。在狭窄的河口地带，潮流的侵蚀搬运作用特别强烈。当潮水涌进狭窄的水道时，潮高可激增至数米、十余米，流速增快，可达每秒数米；落潮时潮水又奔腾而下，因而河口被强烈冲刷，不形成三角洲，相反河口向外海呈漏斗状展开，称为三角港。

（3）洋流的地质作用。

洋流的地质作用主要在于搬运。海底磷矿是生活在水深 $100 \sim 500m$ 深处的生物产生的磷酸岩物质通过上升流带到浅处地带后，发生生物化学作用而沉淀出来的。洋流对海底有轻微的侵蚀作用，并能搬运细粒的碎屑物质。

1966 年以来，已查明在大洋底部有一种沿陆坡等深线方向流动的深部洋流，称为等深流。等深流能对陆隆上的沉积物进行冲刷、搬运并再沉积，故对洋底沉积物特征有重要影响。

（4）浊流的地质作用。

一般来说，浊流规模大、速度快，具有很强的侵蚀、搬运能力，因而对海底沉积物的沉积和海底地貌形态的塑造起着重要作用。横切大陆架和大陆坡并终止在陆隆上的海底谷地，即海底峡谷，是浊流侵蚀的产物，也是浊流运行的通道。它普遍见于大陆及大型岛屿边缘，谷深数百米，谷宽数公里。其首部常起源于大河河口，前端在陆隆上分散成许多支谷。如大西洋北部格陵兰和布拉多之间有一条世界最长的海底峡谷，它由北向南延伸到深度为 5000m 的深海平原上。

一般认为陆隆是由浊流搬运物沉积而成的。当浊流从大陆坡向下流到这里后，因地形突然变缓，流速骤减，大量悬浮物质即行沉积。沉积体为向洋底方向变薄的楔状体。在陆隆上未沉积下来的细小悬浮物质被进一步带到附近的深海平原上，最终也全部沉积下来。因此，许多深海平原上的沉积物也与浊流搬运有关。

5.5.2　海积土

河水带入海洋的物质和海岸破坏后的物质在搬运过程中，随着流速的逐渐降低，就沉积下来，形成海积土。靠近海岸一带的海积土是比较粗大的碎屑物，离海岸愈远，海积土也就愈细小。这种分布情况，同时还与海水深度和海底的地形有直接的关系。海洋的沉积土质，有机械的、化学的和生物的三种，形成各类海积土。

1. 海岸带海积土

海岸带海积土主要是粗碎屑及砂，它们是海岸岩石破坏后的碎屑物质组成的。粗碎屑一般厚度不大，没有层理或层理不规则。碎屑物质经波浪的分选后，是比较均匀的。经波浪反复搬运的碎屑物质磨圆度好。有时有少量胶结物质，以砂质或粘土质胶结占多数。海岸带砂土的特点是磨圆度好、纯洁而均匀、较紧密，常见的胶结物质是钙质、铁质及硅质。海岸带沉积土沿海岸往往成条带分布，有的地区，砂土能延伸好几千米长，然后逐渐尖灭。此外，海岸带特别是在河流入海的河口地区常常有淤泥沉积，它是由河流带来的泥砂、有机物及海中的有机物沉积的结果。

2. 浅海带海积土

浅海带海积土主要是较细小的碎屑沉积（如砂、粘土、淤泥等）以及生物化学沉积土（硅质沉积土、钙质沉积土）。在浅海环境里，由于阳光充足，从陆地带来的养料丰富，故生物非常发育。在海积土中往往保存有不少化石。浅海带砂土的特征是：颗粒细小而且非常均匀，磨圆度好，层理正常，较海岸带砂土为疏松，易于发生流砂现象。浅海砂土分布范围大，厚度从几米到几十米不等。浅海带砂土、淤泥的特征是：粘度成分均匀，具有微层理，可呈各种稠度状态，承载力也有很大变化。一般近代的粘土质沉积土密度小、含水量高、压缩性大、强度低，而古老的粘土质沉积土密度大、含水量低、压缩性小、承载力很高，陡坡也能保持稳定，这种硬粘土常常有很多裂隙，因而具有透水的能力，也易于风化。浅海带沉积土的成分及厚度沿水平方向比较稳定，沿垂直方向变化较大。

3. 次深海带及深海带海积土

次深海带及深海带海积土主要由浮游生物的遗体、火山灰、大陆灰尘的混合物所组成，很少有粗碎屑物质出现。海积土主要是一些软泥。

5.6　冰川地质作用及冰积土

在高纬度及高山地区，地表一定厚度的积雪，经过一系列物理变化，能成为具可塑性的冰川冰。冰川冰可在其本身的压力作用下沿山谷及斜坡流动。这种运动的冰川冰称为冰川。

5.6.1　冰川地质作用

冰川的地质作用有侵蚀、搬运和沉积三种。

1. 冰川的侵蚀作用

（1）冰川侵蚀方式。

冰川有很强的侵蚀力，大部分为机械的侵蚀作用，其侵蚀方式可分为几种：

1）拔蚀作用。当冰床底部或冰斗后背的基岩，沿节理反复冻融而松动，若这些松动的岩石和冰川冻结在一起，则当冰川运动时就把岩块拔起带走，这称为拔蚀作用。经拔蚀作用后的冰川河谷其坡度曲线是崎岖不平的，形成了梯形的坡度剖面曲线。

2）磨蚀作用。当冰川运动时，冻结在冰川或冰层底部的岩石碎片，因受上面冰川的压力，对冰川底床进行削磨和刻蚀，称为磨蚀作用。磨蚀作用可在基岩上形成带有擦痕的磨光面，而擦痕或刻槽是冰川作用的一种良好证据，其方向可以用来指示冰川行进的方向。

3）冰楔作用。在岩石裂缝内所含的冰融水，经反复冻融作用，体积时涨时缩，而造成岩层破碎，成为碎块，或从两侧山坡坠落到冰川中向前移动。

4）其他。当融冰之水进入河流，其常夹有大体积之冰块，会产生强大撞击力破坏下游的两岸岩石。

（2）影响冰川侵蚀强弱的因素。

1）冰层的厚度和重量。重厚者侵蚀力强。

2）冰层移动的速度。速度大者侵蚀力强。

3）携带石块的数量。携带数量越多越重者，侵蚀力越强。

4）地面岩石的粗糙程度。粗糙地面较易受冰川之侵蚀。

5）底岩的性质。底岩松软者较易受侵蚀。

6）岩层的倾斜方向。岩层的倾斜方向与冰川移动方向一致者，易遭侵蚀。

（3）冰川侵蚀作用形式的冰蚀地貌。

1）冰斗。为山谷冰川重要冰蚀地貌之一，形成于雪线附近，在平缓的山地或低洼处积雪最多，由于积雪的反复冻融，造成岩石的崩解，在重力和融雪水的共同作用下，将岩石侵蚀成半碗状或马蹄形的洼地，形成典型的冰斗。冰斗的三面是陡峭岩壁，若冰川消退后，洼地水成湖，即冰斗湖。

2）刃脊、角峰、冰崖。若冰斗因为挖蚀和冻裂的侵蚀作用而不断的扩大，冰斗壁后退，相邻冰斗间的山脊逐渐被削薄而形成刀刃状，称为刃脊。而几个冰斗所交汇的山峰，形状很尖，则称为角峰。

3）削断山嘴、U 形谷、蚀洼地。当山谷冰川自高地向低处移动，山嘴被削平成三角形，称为削断山嘴。又因为冰川谷的横剖面形状如 U 字形，故称 U 形谷。U 形谷两侧有明显的谷肩，谷肩以下的谷壁较平直，底部宽而平，若是在冰川谷的底部，因冰川的挖蚀，而造成向下低凹的水坑称为蚀洼地。

4）峡湾。在高纬度地区，冰川常能伸入海洋，在岸边侵蚀成一些很深的 U 形谷，当冰退以后，海水可以沿谷进入很远，原来的冰谷便成峡湾。

5）悬谷。悬谷的形成是来自于冰川侵蚀力的差异，主冰川因冰层厚、下蚀力强，故 U 形谷较深；而支冰川因为冰层薄、下蚀力弱，故 U 形谷较浅。因为在支冰川和主冰川的交汇之处，常有冰川底高低的悬殊，当支冰川的冰进入主冰川时必为悬挂下坠成瀑布状，称之为悬谷。

6）羊背石。为冰川基床上的一种侵蚀地形，是由基岩组成的小丘，常成群分布，远望如匍匐的羊群，故称为羊背石。其平面为椭圆形，长轴方向与冰流动方向一致，向冰川上游方向的一坡由于冰川的磨蚀作用，坡面较平，坡度较缓，并有许多擦痕；而在另一侧，受冰川的挖蚀作用，坡面坎坷不平，坡度也较陡。羊背石的形成，是由于岩层是软硬相间的排列，软的岩层会被侵蚀的较多较深，而硬的岩石抵抗侵蚀、风化的能力较强，所以在侵蚀、风化后，硬的岩层会较软的岩层高，形成隆起的椭圆地形。

7）冰川磨光面、冰川擦痕。在羊背石上或 U 形谷谷壁及在大漂砾上，常因冰川的作用而形成磨光面，当冰川搬运物是砂和粉砂时，在较致密的岩石上，磨光面更为发达；若冰川搬运物为砾石，则在谷壁上刻蚀成条痕或刻槽，称之为冰川擦痕，擦痕的一端粗，另一端细，粗的一端指向上游。

2. 冰川的搬运作用

由于冰川的侵蚀作用所产生的大量松散岩屑和从山坡崩落的碎屑，会进入冰川系统，随冰川一起运动，这些被搬运的岩屑称为冰碛物，依据其在冰川内的不同位置，可分为不同的搬运类型：

（1）表碛。出露在冰川表面的冰碛物。

（2）内碛。夹在冰川内的冰碛物。

（3）底碛。堆积在冰川谷底的冰碛物。

（4）侧碛。在冰川两侧堆积的冰碛物。

（5）中碛。两条冰川汇合后，其相邻的侧碛即合二为一，位于会合后冰川的中间称为中碛。

（6）终碛（尾碛）。随冰川前进，而在冰川末端围绕的冰碛物，称为终碛。

（7）后退碛。由于冰川在后退的过程中，会发生局部的短暂停留，而每一次的停留就会造成一个后退碛。

（8）漂石。冰川的搬运作用，不仅能将冰碛物搬到很远的地方，也能将巨大的岩石搬到很高的部分，这些被搬运的巨大岩块即称为漂石，其岩性和该地附近基岩完全不同。冰川的搬运能力很强，但相对地，冰川的淘选能力很差。

3. 冰川的沉积作用

冰川的沉积作用指冰川停滞或后退时冰碛物的堆积过程。它的作用有两种：一种是冰体融化，碎屑物直接堆积，称为冰碛土；另一种是冰水将碎屑物质托运而堆积，称为冰水沉积土。冰川流属于块体运动，故冰碛物与其他任何外营力搬运的沉积物明显不同，除非经后期冰川或冰水侵蚀，冰碛地貌（如终碛垅、侧碛垅、表碛丘陵、冰碛台地、底碛丘陵和平原、鼓丘等）将会保存较长时期。冰川沉积作用的强弱，与冰川类型、运动速度及挟带岩屑的多少直接相关。海洋性冰川的运动速度快，侵蚀能力强，挟带岩屑多，冰川沉积作用就强，冰碛地貌的规模也大；反之，大陆性冰川的沉积作用较弱，冰碛地貌的规模较小。凡有冰川作用的地区，冰川侵蚀与冰川沉积都是同时发生的，故在研究识别古冰川作用时，必须同时注意观察冰川侵蚀地貌和冰川堆积地貌，并找出它们的内在联系。

5.6.2 冰积土的特征及其工程地质评价

冰川融化，其搬运物就地堆积，未经其他外力特别是未经冰融水明显改造的沉积物，称为冰积土。冰积土的特征是：无层次，也没有分选，而是块石、砾石、砂及粘性土杂乱堆积，分布也不均匀；冰碛土虽然磨耗但仍然保持有棱角的外形；块石、砾石表面上具有不同方向的擦痕；岩块的风化程度很轻微，冰碛层中无有机物及可溶盐类等物质。粒级范围很宽，粒度相差悬殊，巨大的石块和泥质混合在一起极不均匀，明显缺乏分选；冰碛物一般不具有层理，有时具有粗糙层理，是冰川中原生构造；冰积土中的砾石磨圆度差，棱角分明；砾石表面常具有磨光面或冰川擦痕，砾石因长期受冰川压力作用而弯曲变形，这些都是冰积土的主要特点。

冰积层中的粘性土，如位于冰川底部，则因上部冰层的巨大压力的压实作用，就变成密实而强度较高的压结冰碛土。冰碛土在新鲜状态下为蓝灰色，风化时呈红色，常夹有卵石及漂石在冰碛土上进行工程建设时，应注意冰川堆积物的极大的不均匀性。冰川堆积物中有时含有大量的岩末，这些岩末的粘结力很小，透水性弱，在开挖基坑时，如果遇到地下水较大的水头，坑壁容易坍塌。当冰碛土作为建筑物的地基时，必须详细进行勘察，因为个别的漂石可能被误认为是基岩。冰水沉积土有分选现象，在冰川末端附近的冰水沉积是由漂石和卵石等粗碎屑组成，随着离末端距离的增加，逐次变为砾石和砂，一直到粘土。它们多具有层理。冰水沉积土的透水性较大，而且含水较多，在开挖基坑时比较困难。

冰积土多位于低洼地带，一般常蓄有大量的地下水，可作为供水水源。

冰积土分布于冰川附近的低洼地带，成分以巨大块石、碎石、砂、粉土及粘性土混合而成，分选性极差，有时具斜层理，颗粒成棱角状，常具擦痕。

5.7 特殊土及其工程地质特征

我国地大物博，地质条件复杂，各类土由于形成时的地理环境、气候条件、物质成分不同而具有显著不同的特殊工程性质。特殊土就是指某些具有特殊物质成分和结构，而且工程地质性质也较特殊的土。特殊土一般是在一定的条件下形成的，或是由于目前的自然环境而逐渐变化形成的，因此，其分布有明显的区域性特征，如湿陷性黄土主要分布于西北、华北等干旱、半干旱地；红粘土主要分布于西南亚热带湿热气候地区；多年冻土及盐渍土主要分布于高纬度、高海拔地区；膨胀土主要分布于南方和中南地区。特殊土种类甚多，大体可分为软土、膨胀土、红粘土、黄土、冻土、盐渍土等，有关各类特殊土的勘察及岩土工程评价请参阅《岩土工程勘察规范》（GB 50021—2001）。

5.7.1　软土

软土一般是指在静水或缓慢流水环境中，由生物化学作用形成的以饱和粘土为主并含有机质的近代沉积物。当 $e \geqslant 1.5$ 时称为淤泥；$1.0 \leqslant e < 1.5$ 时称为淤泥质土。工程上把淤泥和淤泥质土统称为软土。淤泥类土是近代的在滨海、湖泊、沼泽、河湾、废河道等地区沉积的未经固结的软弱土层，其成分以粉粒、粘粒为主；淤泥的粘粒含量可达 30% ～ 70%，粘粒以伊利石为主，有机质含量较高。淤泥类土具有松散的蜂窝状结构，层理发育，具有薄层状构造，含粉砂夹层或泥炭透镜体。

我国沿海地区和内陆平原或山区都广泛地分布着海相、三角洲相、湖相和河相沉积的饱和软土。其厚度由数米至数十米不等。软土厚度较大的地区，由于表层经受长期气候的影响，使含水量减小，在收缩固结作用下，表面形成所谓的"硬壳"。这一处于地下水位以上的非饱和"硬壳"层厚度通常是 0 ～ 5m，承载力较下层软土高，压缩性也较小。

由于软土的这种特定的物质成分和结构特点，因而具有以下的工程特性：

（1）高含水量和大孔隙比。软土的天然含水量总数大于液限，根据统计，软土的天然含水量一般为 50% ～ 70%。山区地段软土的含水量变化幅度更大，有时可达 70%，甚至高达 200%；天然孔隙比在 1 ～ 2 之间，最大可达 3 ～ 4；软土的饱和度一般大于 90%。

（2）渗透性低。软土的透水性很低，且垂直方向和水平方向的渗透系数差别较大，一般垂直方向的渗透系数小，其值约在 10^{-4} ～ 10^{-9} cm/s 之间，水平向渗透系数为 10^{-4} ～ 10^{-5} cm/s。因此软土的固结时间长，同时，在加载初期，地基中常出现较高的孔隙水压力，影响地基的强度。

（3）压缩性高。软土具有高压缩性，软土的压缩系数 a_{1-2} 一般在 0.5 ～ 2.0MPa^{-1} 之间，最大可达 4.5MPa^{-1}，它随着土的液限和天然含水量的增大而增高。

（4）抗剪强度低。软土的抗剪强度很低，并与加荷速度及排水固结条件密切相关。在不排水剪切时，软土的内摩擦角接近于零，抗剪强度主要由内聚力决定，而且内聚力值一般小于 20kPa。经排水固结后，软土的抗剪强度便能提高，但由于其透水性差，当应力改变时，孔隙水渗出过程相当缓慢，因此抗剪强度的增长也很缓慢。

因此工程中选择剪切试验方法时，应根据地基应力状态、加荷速率和排水条件来选择，对排水条件较差、加荷速率较快的地基，宜采用不排水剪。当地基在荷载作用下有可能达到一定程度的固结时，可采用固结不排水剪。当有条件计算出地基中的孔隙水压力分布时，则可用有效应力法，以确定有效抗剪强度指标。

（5）触变性。软土是絮凝结构，具有触变性。当其结构未被破坏时，具有一定的结构强度，但一经扰动，土的结构强度便被破坏。软土中含亲水性矿物（如蒙脱石）多时，结构性强，其触变性较显著。粘性土触变性常用灵敏度（S_t）来表示，软土的灵敏度一般在

3 ～4 之间，个别情况达 8 ～ 9。

（6）蠕变性。软土的蠕变性比较明显。表明在长期恒定应力作用下，软土将产生缓慢的剪切变形，并导致抗剪强度的衰减；在固结沉降完成以后，软土还可能继续产生次固结沉降。

5.7.2 膨胀土

膨胀土也称为胀缩土，是一种富含亲水性粘土矿物且随含水量的增减体积发生显著胀缩变形的硬塑性粘土。

膨胀土一般分布在二级以上的河谷阶地、山前和盆地边缘丘陵地，埋藏较浅，地貌多呈微起伏的低丘陵坡和垄岗地形，一般坡度平缓。在旱季，地表常出现裂隙，雨季裂缝又闭合。据广西、湖北两地调查，一般裂缝长为 10 ～ 80m，宽为 3 ～ 5cm，深为 3.5 ～ 8.5m。

膨胀土在我国广泛分布于广西、云南、河南、安徽、四川、陕西、河北、江西、江苏、山东、山西、贵州、广东、新疆、海南等二十几个省（自治区），总面积约在 10 万 km^2 以上，多位于盆地边缘或高阶地上。

我国膨胀土形成的地质年代大多为第四纪晚更新世（Q_3）及其以后的全新世（Q_4）。成因大多为残积，有的为冲积、洪积或坡积。膨胀土常含铁锰或钙质结核由于其失水收缩、吸水膨胀，常使大批低层房屋开裂，判别该土时，可根据其物理力学性质指标及有关胀缩性指标外，尚应结合膨胀土的上述分布规律和外观特征综合判定。

膨胀土多呈灰白、灰绿、灰黄、棕红或褐黄色，主要矿物成分是蒙脱石和伊利石。蒙脱石亲水性强，遇水膨胀强烈；伊利石次之。天然状态下的膨胀土，含水量接近或略小于塑限，多呈硬塑到坚硬状态，强度较高、压缩性较低，当无水浸入时，是一种良好的天然地基。但遇水或失水后，则胀缩明显。建在未处理的膨胀土地基上的建筑物，往往产生开裂和破坏，且不可修复，危害极大。

膨胀土一般强度较高，压缩性低，易被误认为是较好的天然地基，可是当土体受水浸湿或失水干燥后，土体的膨胀或收缩将导致建筑物和地坪开裂，地基的纵横向位移可使桩抬升甚至被剪断，使上部的混凝土柱结构也遭破坏；另外，季节性湿度变化常使道路隆起，路轨移动。总之，膨胀土能给工程建筑带来严重的危害。如果对膨胀土的工程地质性质认识不足，处理不当，将会对建筑物的安全使用造成严重的危害。

膨胀土的成分和结构特征是：土中粘粒含量高，且粘粒中大部分为亲水性很强的蒙脱石和伊利石等粘土矿物，土中可溶性盐及有机质含量都较低，天然状态下的膨胀土结构致密，土体常有大量网状裂隙，裂面有蜡状光泽的挤压面，所以膨胀土又称裂土。其工程特性有：

（1）低含水量，呈坚硬或硬塑状态。

（2）孔隙比小，密度大。

（3）粘粒含量很高，塑性指数 $I_p > 17$，且多在 22 ～ 35 之间。

（4）具膨胀力，如合肥裂土为 61kPa，成都裂土为 270kPa 的膨胀力。

（5）作为地基土，其承载能力较高；作为土坡，随着应力松弛，水的入渗，其长期强度很低（$\varphi = 10°$，c 很小），具有较小的稳定坡度。

影响胀缩性的主要因素有：土的粒度成分和矿物成分，土的天然含水量和结构状态、水溶液介质等。粘粒含量愈多，亲水性强的蒙脱石含量愈多，土的膨胀性和收缩性就愈大，天然含水量愈小，可能的吸水量愈大，故膨胀率可能越大，但失水收缩则越小。同样成分的土，吸水膨胀率将随天然孔隙比的增大而减小，而收缩则相反。此外，外部条件如气候变化情况与场地排水条件及地下水位的变化等都直接影响土的胀缩变形。研究膨胀土地基，首先应判别其是否属于膨胀土，其次可按规范确定膨胀土的膨胀性强弱及其胀缩等级，最后采取适当的设计和施工措施，防治膨胀土对工程建筑的危害，确保建筑物的正常使用。

5.7.3　红粘土

红粘土是指碳酸盐类岩石（如石灰岩、白云岩等）在湿热气候条件下，经强烈风化作用而形成的的高塑性粘土。在形成的过程中由于铁铝元素相对集中而演变成带棕红、褐红、黄褐等颜色。一般分布在我国黄河、秦岭以南、青藏高原以东地区。集中分布在北纬30°以南的桂、黔、滇、川东、湘西等省区。在北纬30°与35°之间也有零星分布，如鲁南、陕南、鄂西等地。

红粘土天然含水量高，孔隙比较大，但仍较坚硬，强度较高，这种特殊的性质是由其物质成分及堆积条件决定的。红粘土具有高度分散性，颗粒细而均匀，粘粒含量很高，粘土矿物以高岭石（或伊利石）为主，也含多量石英颗粒。因此，红粘土中所含的水分都为粘粒外围的结合水，但矿物亲水性较弱，而且粘粒间常被氧化物凝胶所胶结，因此遇水后土体结构较稳定，膨胀性不大，但失水后，体积会有明显的收缩（对有热效应的地基应专门研究），因此，一般认为红粘土的收缩性强于膨胀性。红粘土的状态一般从地表往下逐渐变软，上部往往呈坚硬、硬塑状态。红粘土因受基岩起伏的影响和风化深度的不同，厚度变化很大，水平方向相隔很近，土层厚度却可相差数米。红粘土中裂隙普遍发育，竖向裂隙从地表可延伸到 3～6m，裂隙面一般光滑。由于裂隙的存在，破坏了土的完整性，将土体切割成块状，地下水往往沿裂缝活动，对红粘土的工程性质十分不利。

红粘土的工程特性是：

（1）高塑性，塑限、液限和塑性指数都很大，液限一般为 50%～80%，有的高达 110%，塑性指数一般为 20～50。

（2）高含水量、高孔隙比，低密度，孔隙饱水，含水量可高达 30%～60%，孔隙比 1.1～1.7，饱和度 $S_\gamma > 85\%$，但液性指数小。

（3）压缩性低，强度高，地基承载力高。

（4）在水平方向上厚度变化较大，这与其下卧基岩面的起伏情况有关。基岩面起伏剧烈时，可使红粘土在短距离内厚度相差很大，有时土体中存在土洞（岩溶所致），造成了地基的不均匀性。

（5）沿深度从上向下，含水量增大，土质由硬变软，接近下卧基岩面处，土可呈软塑到流动状态，强度大大降低。

红粘土主要分布于我国南部地区的碳酸盐岩系发育地带，一般存在于盆地、洼地、山麓、山坡、谷地或丘陵地区。其成因以残积、坡积为主，也有冲、洪、坡积成因的。若红粘土颗粒被流水带到低洼处重新堆积成新的土层，其颜色浅于未经搬运者，常含粗颗粒，但仍保留红粘土的基本特性，液限大于 45% 时，可称为次生红粘土。

5.7.4　黄土

黄土是一种分布很广的第四纪沉积物，是在风的搬运作用下沉积，没有经过次生扰动、无层理、含大孔隙的黄色粉质碳酸盐类沉积物。我国西北及华北地区广泛发育，它的显著特征是颜色呈黄色，以粉粒为主，富含碳酸钙，有肉眼可见的大孔，垂直节理发育，遇水浸湿后土体显著沉陷（即湿陷）。具有这些特征的土即为典型黄土；若与之相类似，但有的特征不明显的土就称为黄土状土。典型黄土和黄土状土统称为黄土类土，简称黄土。黄土的湿陷性是其最重要的工程性质，它是由黄土特有的物质组成与结构特征所决定的。湿陷性土一般是指非饱和的不稳定的土，在一定压力作用下，遇水后发生显著的沉陷。湿陷性土在地球上分布很广，主要有风积的砂和黄土、次生黄土状土、冲积土、残积土，还有可溶性盐胶结的松砂、分散性粘土以及盐渍土。其中，以湿陷性黄土的分布面积最广，在我国遍及甘、陕、晋的大部分地区以及豫、宁、冀等部分地区。另外，新疆、山东和辽宁等地也有分布。组成黄土的颗粒以粉粒为主（可达土重的 60% 以上），砂粒很少，粘粒含量变化较大，我国西北黄土高原的黄土，其粘粒含量自西向东、自北向南递增。矿物成分主要为石英、长石、碳酸盐，粘土矿物含量较少。孔隙是黄土的结构特征之一，黄土的孔隙度较高，且孔隙较大，是一种以粗粉粒为主体骨架的多孔隙结构。黄土中零星散布着较大的砂粒，互不接触，浮在以粗粉粒所组成的架空结构中，以石英和碳酸钙等的细粉粒作为填充料，聚集在较粗颗粒之间，以伊利石为主的粘粒和所吸附的结合水以及部分水溶盐作为胶结材料，依附在上述各种颗粒的周围将较粗颗粒胶结起来，形成大孔和多孔的结构形式。黄土的这种特殊结构形式是在干燥气候条件下形成和长期变化的产物，当黄土受水浸湿时，作为粒间胶结物的可溶盐将被溶解，粒间联结减弱，骨架强度降低，土体在上覆土层的自重应力或在附加应力与自重应力共同作用下，结构迅速破坏，细粒滑向大孔，土的孔隙体积减小，造成湿陷，以致造成构筑物开裂。

黄土的工程性质的基本特点可归纳为：

（1）塑性较弱，液限一般在 23～33 之间，塑性指数多在 8～13 之间。

（2）含水较少，天然含水量一般在 10%～25% 之间，常处于坚硬或硬塑状态。

（3）压实程度差，孔隙比较高者（e 为 0.8～1.1），孔隙大。

（4）抗水性弱，遇水强烈崩解，湿陷明显。

（5）透水性较强，由于大孔和垂直节理发育，因此透水性强于一般粘性土，且呈各向异性。

（6）强度较高，尽管孔隙率较高，但天然状态的黄土粒间联结较强，因此压缩性中等，抗剪强度较高，因而可形成高的陡坎或能在其中开挖窑洞。

黄土的湿陷性以及湿陷性的强弱程度是黄土地区工程地质条件评价的主要内容。黄土湿陷性的判别与评价可用定量指标湿陷系数衡量。湿陷系数是室内浸水压缩试验测得的黄土样的某种规定压力下由于浸水而产生的湿陷量与土样原始高度的比值。《湿陷性黄土地区建筑规范》（GB 50025—2004）规定，当黄土的 $\delta_s < 0.015$ 时，应定为非湿陷性黄土，$\delta_s \geq 0.015$ 时，则定为湿陷性黄土。若判定为湿陷性黄土后，尚须进一步确定湿陷的类型，即黄土的湿陷可分为自重湿陷与非自重湿陷两类，前者是指黄土在没有外载荷的作用下，浸水后也会迅速发生剧烈的湿陷；后者则是指黄土需在一定的外荷载作用下，浸水才发生湿陷。黄土样在其饱和自重压力作用下测得的湿陷系数称为自重湿陷系数（δ_{zs}），当黄土 $\delta_{zs} < 0.015$ 时属非自重湿陷性黄土，$\delta_{zs} \geq 0.015$ 时属自重湿陷性黄土。在工程勘察中应判明建筑场地的湿陷类型和黄土地基的湿陷等级。

黄土的湿陷一般总是在某一定的压力下才能发生，低于这个压力时，黄土浸水不会发生显著湿陷，这个开始出现明显湿陷的压力，称为湿陷起始压力。这是一个很有实用价值的指标，在工程设计中，若能控制黄土所受的各种荷载不超过起始压力则可避免湿陷。

黄土湿陷性的强弱与黄土中的粘粒含量多少，天然含水量的高低及密实度的大小均有关。

5.7.5　冻土

温度等于或低于摄氏零度，并含有冰的土层称为冻土。冻土可分为多年冻土和季节性冻土。冻结状态能保持三年或三年以上者，称多年冻土；随季节融化与冻结的地表土，称为季节性冻土。我国多年冻土在两个地区发育：一是东北黑龙江省和内蒙古呼伦贝尔草原一带；二是青藏高原地区，为高原多年冻土。

土中水分因温度降低而结冰或由于温度升高而融化，土的工程性质都将受到不利的影响。土冻结时，由于水分结冰膨胀，土的体积随之增大，地基隆起，称为冻胀；融化时，土体积缩小，地基沉降，称为融沉。冻胀和融沉都会给建筑物带来危害。因此，冻胀和融沉是冻土的变形特性的两个重要方面。

1. 冻胀性

冻土作为建筑物地基，若长期处于稳定冻结状态时，具有较高的强度和较小的压缩性或不具压缩性。但在冻结过程中，却表现出明显的冻胀性，对地基和建筑物很不利，冻结过程中，土与基础粘在一起，基础可能因土的冻胀而被抬起、开裂和变形，冻胀愈明显，对建筑物危害愈大。所以，土的冻胀程度是评价冻土地基的主要标准之一。土的冻胀程度一般用冻胀率（也称冻胀量或冻胀系数）来表示，它是冻结后土体膨胀的体积与未冻结土体体积的百分比率，其值愈大，则土的冻胀性愈强，实践证明，土的冻胀程度除与气温条件有关外，还与土的粒度成分、冻前土的含水量和地下水有关，在同样条件下，粗粒土比细粒土冻胀程度小；冻前土的含水量愈小则土的冻胀程度愈小；无地下水补给条件的比有地下水补给条件的土的冻胀程度小，一般认为冻结期间地下水位低于冻结深度的距离小于 1.5m（细砂、粉砂）或 2m（粘性土），地下水就能不断补给。

2. 融沉性

与冻胀性相反，冻土在融化后强度大为降低，压缩性急剧增大，土的强度比冻结前更差，因为土在冻结过程中，还伴随着下部未冻结土层中的水分向冻结土层迁移再冻结，因此，实际土中含水量增大了，使融化后土质更差。土的融沉性也主要与土粒粗细及含水量多少有关，一般土粒愈粗，含水量愈小，融沉性愈小；反之即愈大。

对于季节性冻土，冻胀作用的危害是主要的；对于多年冻土，融沉作用的危害是主要的。在多年冻土地区常见到一些特殊的不良地质现象，如地下冰、热融滑坍、冰锥、冰丘等，在勘察时应充分查明，以便采取相应措施。

5.7.6　盐渍土

盐渍土是指易溶盐含量大于 0.5%，且具有吸湿、松胀等特性的土。由于可溶性盐遇水溶解，可能导致土体产生湿陷、膨胀以及有害的毛细水上升，使建筑物遭受破坏。盐渍土按含盐性质可分为氯盐渍土、亚氯盐渍土、硫酸盐渍土、亚硫酸盐渍土、碱性盐渍土等。按含盐量可分为弱盐渍土、中盐渍土、强盐渍土和超盐渍土。

盐渍土一般分布在地势比较低且地下水位较高的地段，如内陆洼地、盐湖、河流两岸的洼地、低阶地、牛轭湖及三角洲洼地、山间洼地等地段。盐渍土的厚度一般不大，平原及滨海地区通常分布在地表以下 2～4m，内陆盆地的盐渍土厚度有的可达几十米，如柴达木盆地中盐湖区，盐渍土厚度达 30m 以上。盐渍土在我国分布面积较广，新疆、青海、甘肃、内蒙古、宁夏等省（自治区）分布较多，山西、辽宁、吉林、黑龙江、河北、河南、山东、江苏等省也有分布。

盐渍土也是由三相体组成，但与常规不同，其固体部分除土颗粒外，还有较稳定的难溶盐和不稳定的可溶盐。土中的液体常为盐溶液。在温度变化和有足够的水浸入的条件下，盐渍土中的结晶易溶盐将会被溶解变成液体，气体孔隙也被填充。此时，盐渍土的三相体转变成二相体。在盐渍土三相体转变成二相体的过程中，通常伴随土的结构破坏和土体的变形（通常是溶陷的），相反，当自然条件变化时，盐渍土的二相体也会转化为三相体，此时土体也会产生体积变化（通常是膨胀）。因此，盐渍土的相态的变化对工程带来严重的危害。

思 考 题

5-1 风化作用分为几种类型？影响岩石风化的因素有哪些？岩石风化程度是如何划分的？

5-2 洪流的地质作用有哪些？洪积土是怎样形成的？

5-3 河流的地质作用有哪些？冲积土是怎样形成的？

5-4 湖泊和沼泽的地质作用有哪些？湖积土是怎样形成的？

5-5 海洋的地质作用有哪些？海积土是怎样形成的？

5-6 冰川的地质作用有哪些？冰积土是怎样形成的？

5-7 特殊土主要有哪些？简述其工程地质特征。

第6章

地下水及其工程和环境效应

地下水是赋存于地表以下岩土体空隙中各种不同形式水的统称。地下水是地壳中的一个极其重要的天然资源，也是岩土三相物质组成中的一个重要组分，其含量及其存在形式明显影响着岩土的工程性质。尤其是重力水是一种很活跃的流动介质，它在岩土空隙中能够自由流动，地下水的渗流对岩土的强度和变形会发生作用，使地质条件更为复杂，甚至引发各种不良的地质现象。如地下水渗流会引起岩土体渗透变形，降低岩土强度和地基承载力；基坑涌水给工程施工带来很大的不便；抽水使地下水位下降导致地基土体固结，造成建筑物不均匀沉降；地下水还常常是滑坡、地面沉降等发生的主要原因。有的地下水对混凝土和其他建筑材料还会产生腐蚀作用等等。因此，地下水是工程地质分析、评价和地质灾害防治中的一个极其重要的影响因素。研究地下水及其特点和运动规律，可以排除危害，应用其有利方面为建筑工程服务，对工程建设具有重要意义。下面就地下水基本知识、地下水类型、地下水的物理性质和化学性质、地下水运动规律及其工程和环境效应等问题作一介绍。

6.1 地下水基本知识

6.1.1 岩土中的空隙

地下水存在于岩土的空隙之中，地壳表层十余千米范围内的岩土体中都或多或少存在着空隙，特别是浅部一、二千米范围内，空隙分布较为普遍。岩土中的空隙既是地下水的储存场所，又是地下水渗透通道，空隙的多少、大小、形状、连通情况及其分布规律，决定着地下水的分布与渗透，因此，研究地下水首先要分析岩土中的空隙。

空隙根据成因可分为孔隙、裂隙和溶隙三大类（图6-1）。

1. 孔隙

松散岩土（如砾石、砂土、粘土等）中颗粒或颗粒集合体之间存在的空隙称为孔隙。孔隙发育程度用孔隙度表示，孔隙度又称孔隙率。它是反应含水介质特性的重要指标，其计算式为：

$$n = \frac{V_n}{V} \times 100\% \qquad (6-1)$$

式中　　n——孔隙度；

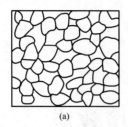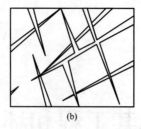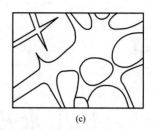

(a)　　　　　　　　(b)　　　　　　　　(c)

图 6-1　岩土中的空隙

(a) 孔隙；(b) 裂隙；(c) 溶隙

V_n——岩土中孔隙体积；

V——包括孔隙在内的岩土总体积。

孔隙度大小主要决定于土体的密实程度及分选性。岩土越疏松，分选性越好，孔隙度越大。反之，岩土越紧密，分选性越差，孔隙度越小。此外，颗粒形状和胶结程度对孔隙度也有影响。

2. 裂隙

岩石受地壳运动及其他内外地质营力作用而产生的空隙，称为裂隙。

裂隙的发育程度除与岩石受力条件有关，还与岩性有关。在固结坚硬岩石中，主要发育的是各种地质营力作用下，岩石破裂变形产生的裂隙。裂隙按成因可分为：成岩裂隙、风化裂隙和构造裂隙。裂隙的多少、方向、宽度、延伸长度以及充填情况，都对地下水运动产生重要影响。

裂隙发育程度用裂隙率表示，其计算式为：

$$k_T = \frac{V_T}{V} \times 100\% \tag{6-2}$$

式中　k_T——裂隙率；

V_T——岩石中裂隙体积；

V——包括裂隙在内的岩石总体积。

3. 溶隙

可溶性岩石（白云岩、石灰岩等）经过地下水流长期溶蚀作用而形成的空隙，称为溶隙。

溶隙发育程度用溶隙率表示，其计算式为：

$$k_K = \frac{V_K}{V} \times 100\% \tag{6-3}$$

式中　k_T——溶隙率；

V_K——可溶岩中溶隙体积；

V——可溶岩体积。

研究岩土的空隙时，不仅要研究空隙的多少，而且更重要的是要研究空隙体本身的大小、空隙间的连通性和分布规律。松散土的孔隙大小和分布都比较均匀，且连通性好；岩石裂隙无论其宽度、长度和连通性差异均很大，分布不均匀；溶隙规模相差悬殊，其形状、大小等方面更加千变万化，小的溶孔直径只几毫米，大的溶洞可达几百米，有的形成地下暗河，延伸数千米。

6.1.2　地下水的存在形式

自然界岩土空隙中存在着各种形式的地下水，根据岩土中地下水的物理力学性质可将其分为：气态水、液态水、固态水以及结晶水，其中以液态水为主。

1. 气态水

存在于未饱和岩土空隙中的水蒸气成为气态水。气态水可以随空气的流动而移动。它本身也可以由水汽压力大的地方向水汽压力小的地方迁移。当水汽增多达到饱和时，或当气温降低到露点时，气态水边凝结成液态水。

2. 液态水

液态水包括结合水和自由水。

（1）结合水。

结合水是指由电分子引力吸附于土粒表面呈薄膜状的水。根据受电场作用力的大小及离颗粒表面远近，结合水又可以分成强结合水和弱结合水两类。

1）强结合水。强结合水指紧靠于颗粒表面的结合水。所受电场的作用力很大，几乎完全固定排列，丧失液体特性而接近于固体。强结合水的冰点远低于0℃，密度要比自由水的大，在温度105℃以上时才可以被蒸发。

2）弱结合水。弱结合水指强结合水以外、电场作用范围以内的水。弱结合水也受颗粒表面电荷所吸引成定向排列于颗粒四周，但电场作用力随着与颗粒距离增大而减弱，它是一种粘滞水膜，可以因电场引力从一个颗粒周围转移到另一个土粒的周围。即弱结合水膜能发生变形，但不因重力作用而流动。弱结合水的存在是粘性土表现出可塑性的根本原因。

（2）自由水。

自由水是存在于土粒电场影响范围以外的地下水。它的性质和普通水无异，能传递静水压力，冰点为0℃，有溶解能力。自由水又可分为重力水和毛细水两类。

1）重力水。重力水是指在重力作用下能在岩土体的空隙中自由流动的水。重力水能产生静水压力，对岩土颗粒和地下结构物的水下部分产生浮力作用；对岩土产生的化学潜蚀作用，能导致土的成分及结构发生破坏；流动的重力水在运动过程中能产生动水压力，对工程影响较大。重力水是本章研究的主要对象。

2）毛细水。毛细水指存在于地下水位以上，受到水与空气交界面处表面张力作用的自由水。毛细水不仅受到重力作用而且还受到表面张力的支配。对于土体来说，毛细水上升的高度和速度取决于土的空隙大小和形状、颗粒尺寸和水的表面张力等。一般说来，粒径大于2mm的颗粒可不考虑毛细现象；极细小的空隙中，土粒周围有可能被结合水充满，亦无毛细现象。

在地下水位以上，由于毛细力的作用，一部分水沿细小空隙上升，能在地下水面以上形成毛细水带。毛细水能做垂直运动，可以传递静水压力，能被植物吸收。对于砂土特别是细砂、粉砂，由于毛细压力作用使砂土具有一定的粘聚力，这种由毛细管压力所造成的无粘性土粒间的联结力，称为假粘聚力（或毛细内聚力）。

另外，毛细水对土中气体的分布和流通有一定的影响，常常是产生封闭气体的主要原因。当地下水位埋藏较浅时，由于毛细水上升，可以助长地基土的冰冻现象，使地下室潮湿，危害房屋基础及公路路面，促使土的沼泽化、盐渍化等。

3. 固态水

常压下，当岩土体温度低于 0 ℃时，岩土空隙中液态水便凝结成冰，形成固态水。在我国东北、青藏高原等地区，就有部分地下水以固态形式存在于岩土空隙中，形成季节性冻土或多年冻土。

固态水在土中起到胶结作用，提高岩土体强度，但是岩土空隙中的液态水转变为固态水时，其体积膨胀，使土的空隙增大，因此解冻后土的结构变得疏松，土的压缩变形增大，强度往往低于冻结前的强度。

6.1.3　岩土的水理性质

岩土中的空隙虽然为地下水提供了赋存空间，但是，水能否自由进出这些空间，与岩土本身具有的容纳、保持、释出以及透水能力有着很大的关系。岩土与水接触时，控制水分储存和运移的性质称为岩土的水理性质。包括岩土的容水性、持水性、给水性，以及透水性等。

1. 容水性

在常压下，岩土空隙能够容纳一定水量的性能，称为容水性。以容水度来表示。溶水度是指岩土空隙完全被水充满时，所能容纳的最大水体积与岩土体积之比，以小数或百分数表示。显然，容水度在理论上与孔隙度相等。但是，对于具有膨胀性岩土来说，充水后体积增大，容水度大于孔隙度。

2. 持水性

饱水岩土在重力作用下排水后，依靠分子力和毛细管力仍然保持一定水分的能力，称为持水性。持水性在数量上用持水度来表示。持水度是指饱水岩土在重力作用下释水后，保持在岩土中的水的体积与岩土体积之比，用小数或百分数表示。其值大小取决于岩土颗粒表面对水分子的吸附能力。在松散沉积物中，颗粒越细，吸附的水膜越厚，持水度就越大，反之就越小。

3. 给水性

饱水岩土在重力作用下能自由排出水的性能，称为给水性。其值用给水度表示。给水度是指饱水岩土在重力作用下，能自由流出水的体积与岩土总体积之比，用小数或百分数表示。给水度等于容水度减去持水度。一般情况下，颗粒越粗，给水度越大；反之，越小。

4. 透水性

岩土透水性是指岩土允许水透过的性能。岩土透水性首先取决于岩土中空隙大小和连通程度。其次，才和空隙的多少有关。如粘土的空隙度很大，但空隙直径很小，水在这些微孔中运动时，不仅由于水与孔壁的摩阻力大而难以通过，而且还由于粘土颗粒表面吸附一层结合水膜，这种水膜几乎占满了整个空隙，使水更难通过。因此，其透水性很弱。岩土透水性通常用渗透系数表示，渗透系数也是水文地质计算中的重要参数。关于渗透系数在地下水运动规律一节中有详细介绍。

6.1.4　含水层与隔水层

饱水带岩土层按其透过和给出水的能力，可以划分为含水层和隔水层。

含水层是指能够透过并能给出相当数量水的岩土层。含水层的形成必须具备以下条件：

有较大且连通的空隙；与隔水层组合形成储水空间，以便地下水汇集不致流失；要有充分的补给来源。

隔水层是指不能透过或给出水，或者透过或给出水的数量微不足道的岩土层。隔水层可以含水甚至饱水（如粘土），也可以不含水（如致密的岩石）。

含水层与隔水层的划分是相对的，并不存在截然的界线和绝对的定量标准。从某种意义上讲，含水层和隔水层是相比较而存在的。比如，泥质粉砂夹在粘土层中，由于其透水能力和给水能力均比粘土强，所以泥质粉砂就应作为含水层；同样的泥质粉砂夹在粗砂层中，由于粗砂透水能力和给水能力均比泥质粉砂强得多，相对来说，泥质粉砂就可以视为隔水层。由此可见，同一岩土层在不同条件下可能具有不同水文地质意义。

6.2　地下水的物理性质和化学性质

由于地下水在运动过程中与各种岩土相互作用。溶解岩土中可溶物质等原因，使地下水成为一种复杂的溶液。研究地下水物理性质与化学性质，对于了解地下水的形成条件与动态变化，进行供水的水质评价，分析地下水对建筑材料的侵蚀性以及查明地下水的污染源等方面，都具有重要意义。

6.2.1　地下水的物理性质

地下水的物理性质有温度、颜色、透明度、气味、味道、导电性以及放射性等。

1. 温度

地下水温度变化范围很大，主要受气候和地质条件控制。如寒带和多年积雪地带，浅层地下水温度可低至 $-5℃$ 以下，而埋藏于火山活动地区和地壳深处的地下水温度可达几十度甚至超过 $100℃$。

2. 颜色

地下水一般是无色的，但当水中含有某些有色离子时，便会带有各种颜色。如含 Fe^{3+} 时水为褐黄色，含有机腐植质时为灰暗色。

3. 透明度

地下水多半是透明的，当水中含有矿物质、机械混合物、有机质及胶体时，地下水的透明度就改变。根据透明度可将地下水分为透明的、微浑的、浑浊的、极浑浊的几种。

4. 气味

地下水一般是无味的。但含有一些特定的成分时，具一定的气味。如含腐植质时，具沼泽味；含硫化氢时，具有臭鸡蛋味。

5. 味道

地下水味道主要取决于地下水的化学成分。如含 $CaCO_3$ 的水清凉爽口；含 $NaCl$ 的水有咸味；含 $Ca(OH)_2$ 和 $Mg(HCO_3)_2$ 的水有甜味，俗称甜水；当 $MgCl_2$ 和 $MgSO_4$ 存在时，地下水有苦味；含有大量腐殖质时，地下水有沼泽味。

6. 导电性

地下水导电性取决于所含电解质（即各种离子与离子价）的数量与性质，离子含量愈多，离子价愈高，则水的导电性愈强，当然它也受温度的影响。

通过对地下水物理性质的研究，可以初步了解地下水的形成环境、化学成分及污染情况。这为利用地下水提供了依据。

6.2.2　地下水的化学性质

赋存在岩土空隙中的地下水，不是纯水，而是化学成分十分复杂的天然溶液，自然界中的地下水是一种良好的溶剂，同时也是动态变化的。它在补给、径流、排泄过程中经常不断地和岩土发生作用，溶解岩土中的可溶物质，不断发生浓缩、混合、离子交换吸附、脱硫酸以及碳酸等作用，形成多种多样的化学成分，同时，地下水化学成分也是在不断变化的。自然界中存在的元素，绝大多数已在地下水中发现，但只有少数在地下水中含量较高。有的元素如 Si、Fe 等在地壳中分布很广，但在地下水中却不多；有的元素如 Cl 等在地壳中极少，但在地下水中却大量存在。这是因为各种元素的溶解度不同的缘故。所有这些元素是以离子、化合物分子和气体状态存在于地下水中，而以离子状态为主。

1. 地下水常见的化学成分

（1）地下水中主要的离子成分。

地下水中含有数十种离子成分，常见的阳离子有 H^+、Na^+、K^+、NH_4^+、Mg^+、Ca^{2+}、Fe^{2+} 等。阴离子有：OH^-、Cl^-、SO_4^{2-}、NO_2^-、NO_3^-、HCO^-、CO_3^{2-}、SiO_3^{2-}、PO_4^{2-} 等。

其中 Na^+、K^+、Ca^{2+}、Mg^{2+}、Cl^-、SO_4^{2-}、HCO_3^- 7 种是地下水的主要离子成分，它们分布广，在地下水中含量很高，它们决定了地下水化学成分的基本类型和特点。

氯离子（Cl^-）在地下水中广泛分布，主要来源于沉积岩中所含岩盐或其他氯化物的溶解，在岩浆岩地区则来自于含氯矿物的风化溶解，在工业、生活污水及粪便中也含有大量 Cl。Cl^- 不会被植物和细菌所摄取，不会被土粒表面吸附，氯岩溶解度大，不易沉淀析出。

硫酸根离子（SO_4^{2-}）主要来源于：

1）含水石膏（$CaSO_4 \cdot 2H_2O$）或其他含硫酸盐的沉积岩的溶解；

2）硫化物（如黄铁矿）和硫的氧化，其化学反应式如下：

$$2FeS_2 + 7O_2 + 2H_2O = 2FeSO_4 + 4H^+ + 2SO_4^{2-}$$

$$S + O_2 + 2H_2O = 4H^+ + SO_4^{2-}$$

因此，在含黄铁矿较多的煤系地层地区和金属硫化物矿床附近，地下水常含有大量的 SO_4^{2-}。SO_4^{2-} 含量大于 250mg/L 的地下水，对混凝土具有结晶类腐蚀作用。

重碳酸根离子（HCO_3^-）在地下水中分布广泛，但相对于 Cl^- 和 SO_4^{2-} 含量较低，一般在 1g/L 以内，在沉积岩地区主要来源于石灰岩、白云岩等碳酸岩类岩石，在变质岩与岩浆岩地区，主要来源于铝硅酸盐矿物的风化溶解。例如：

$$CaCO_3 + H_2O + CO_2 = Ca^{2+} + 2HCO_3^-$$

$$MgCO_3 + H_2O + CO_2 = Mg^{2+} + 2HCO_3^-$$

$$3CaO \cdot Al_2O_3 \cdot 6H_2O + 3CaSO_4 + 25H_2O = 3CaO \cdot Al_2O_3 \cdot 3CaSO_4 \cdot 31H_2O$$

阳离子中的 K^+、Na^+ 在地下水中广泛分布，主要来源于沉积岩中的钠盐、钾盐的溶解以及岩浆岩、变质岩中含钠、钾矿物的风化溶解。

Ca^{2+}、Mg^{2+} 主要来源于沉积岩中碳酸岩类的溶解以及岩浆岩、变质岩中含钙、镁矿物的风化溶解。地下水中 Ca^{2+} 含量一般不超过数百毫克/升，通常低于 Na^+ 含量，Mg^{2+} 含量

通常比 Ca^{2+} 低。

（2）地下水主要气体成分。

地下水中含有多种气体成分，其中主要气体成分有 O_2、N_2、CO_2、H_2S。一般情况下，地下水中气体含量只有几毫克/升～几十毫克/升，但是，气体成分能够很好地反映地球化学环境；同时，地下水中存在某些气体能够影响盐类在水中的溶解度以及其他化学反应。

地下水中的 O_2、N_2 主要来自大气层，随同大气降水及地表水入渗补给地下水。浅层地下水中 O_2 含量较多，越往深处含量越少甚至消失，而只残留 N_2，这是由于 O_2 的化学性质远比 N_2 活泼。因此，N_2 的单独存在，通常可说明地下水起源于大气，并处于还原环境。

地下水中出现 H_2S 其意义恰与 O_2 相反，是处于缺氧还原环境中。当地下水处在与大气隔绝环境中，当有机质存在时由于微生物作用，SO_4^{2-} 还原成 H_2S，因此，H_2S 一般出现于封闭的地质构造地下水中。地下水中的 CO_2 有两个来源：① 植物根系呼吸作用及有机质残骸发酵作用形成，浅部地下水中主要含有这种成因的 CO_2。② 含碳酸盐类岩石在深部高温影响下，分解生成 CO_2。

（3）地下水的胶体成分。

以碳、氢、氧为主的有机质，经常以胶体方式存在于地下水中。大量有机质的存在，有利于进行还原作用，从而使地下水化学成分发生变化。很难以离子状态溶于水的化合物也往往以胶体状态存在于地下水中，其中分布最广的是 $Fe(OH)_2$、$Al(OH)_3$ 及 SO_2。

2. 地下水的化学性质

（1）酸碱度（pH 值）。氢离子浓度是指水的酸碱度，用 pH 值表示。$pH = lg [OH^-]$。自然界中大多数地下水的 pH 值在 $6.5 \sim 8.5$ 之间。根据 pH 值可将水分为五类（表 6 - 1）。

表 6 - 1　　　　　　　　　　　地下水按 pH 值的分类

水的类别	强酸性水	弱酸性水	中性水	弱碱性水	强碱性水
pH 值	<5.0	5.0～6.4	6.5～8.0	8.0～10.0	>10.0

地下水的氢离子浓度主要取决于水中 HCO_3^-、CO_3^{2-} 和 H_2CO_3 的含量。

（2）矿化度（M）。地下水中各种离子、分子与化合物的总量称矿化度，以 g/L 或 mg/L 为单位，它表示水的矿化程度。矿化度通常以 $105 \sim 110℃$ 下将水蒸干后所得的干涸残余物之重量表示，也可利用阴阳离子和其他化合物含量之和概略表示矿化度，但其中重碳酸根离子含量只取一半计算。根据矿化度可把地下水分为 5 类（表 6 - 2）。

表 6 - 2　　　　　　　　　　　地下水按矿化度的分类

分类	淡水	微碱水	碱水	盐水	卤水
矿化度/（g/L）	<1	1～3	3～10	10～50	>50

（3）硬度。水中钙、镁离子的含量称为水的硬度。硬度可分为总硬度、暂时硬度和永久硬度。

总硬度是指水中 Ca^{2+}、Mg^{2+} 的总量，暂时硬度指水加热沸腾后所损失的 Ca^{2+}、Mg^{2+} 含量，此时仍保持在水中的 Ca^{2+}、Mg^{2+} 含量称永久硬度。因此，总硬度等于暂时硬度与永久硬度之和。

硬度表示的方法常见的有两种，即 mmol/L 和德国度，1mmol/L 等于 2.8 德国度，1 德国度相当于 $10mg/L$ Ca^{2+} 或 $7.2mg/L$ Mg^{2+}。生活饮用水质标准规定水的硬度以 $CaCO_3$ 的含量表示，要求小于 $450mg/L$。根据总硬度可将地下水分为 5 类（表 6－3）。

表 6－3　　　　　　　　　　　　地下水按总硬度的分类

分类		极软水	软水	微硬水	硬水	极硬水
总硬度	mmol/L	<1.5	1.5～3.0	3.0～6.0	6.0～9.0	>9.0
	德国度	<4.2	4.2～8.4	8.4～16.8	16.8～25.2	>25.2

6.3　地下水类型

为了有效地利用地下水和对地下水特征进行深入研究，需要对地下水进行分类。由于利用地下水和研究地下水的目的和要求不同，地下水有多种分类方法。目前，我国工程地质工作中大多采用的是按埋藏条件和含水层空隙性质进行综合分类。

所谓地下水的埋藏条件是指含水层在地质剖面中所处的部位及受隔水层限制的情况。据此可将地下水分为上层滞水、潜水、承压水。根据含水层空隙性质的不同可将地下水分为孔隙水、裂隙水及岩溶水。将两者综合可分为孔隙上层滞水、裂隙潜水、岩溶承压水等 9 类地下水（表 6－4）。

表 6－4　　　　　　　　　　　　地 下 水 分 类 表

埋藏条件 ＼ 含水层空隙性质	孔隙水（松散沉积物孔隙中的水）	裂隙水（坚硬基岩裂隙中的水）	岩溶水（可溶岩溶隙中的水）
上层滞水	包气带中局部隔水层上的重力水，主要是季节性存在	裸露于地表的裂隙岩层浅部季节性存在的重力水	裸露的岩溶化岩层上部岩溶通道中季节性存在的重力水
潜水	各类松散沉积物浅部的水	裸露于地表的各类裂隙岩层中的水	裸露于地表的岩溶化岩层中的水
承压水	山间盆地及平原松散沉积物深部的水	组成构造盆地、向斜构造或单斜断块的被掩覆的各类裂隙岩层中的水	组成构造盆地、向斜构造或单斜断块被掩覆的岩溶化岩层中的水

6.3.1　地下水埋藏类型

1. 上层滞水

上层滞水是指在包气带内局部隔水层上积聚的具有自由水面的重力水称为上层滞水，也可称为包气带水（图 6－2）。上层滞水接近地表，接受大气降水的补给，以蒸发形式或向隔水底板边缘排泄。雨季时获得补给，赋存一定水量，旱季时，水量减少，甚至干涸。因此，上层滞水动态很不稳定。上层滞水有时会给建筑物施工带来麻烦，甚至危害工程建设。上层滞水供水意义不大，但对农业意义较大。

2. 潜水

（1）潜水概念及特征。

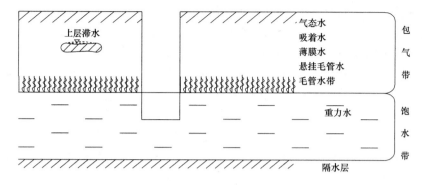

图 6-2　包气带及饱水带示意图

潜水是埋藏于地面以下第一个稳定隔水层之上具自由水面的重力水。潜水的自由水面为潜水面；潜水面上任一点的高程为该点的潜水位（H）；自地面某点至潜水面的距离为该点潜水的埋藏深度（T）；从潜水面至隔水底板的距离为潜水含水层厚度（h）（图 6-3）。

潜水分布很广，主要埋藏在第四纪松散沉积物中，各种类型岩石的裂隙及洞穴中也有潜水分布。潜水通过包气带与地表连通，水质容易受到污染，水温随季节有规律变化；潜水面具有自由水面，潜水面受大气压力、气候条件影响，季节性变化明显，如雨季降水多，潜水补给充沛，水位上升，含水层厚度增大，水量增加，埋藏深度变浅；而在枯水季节则相反。

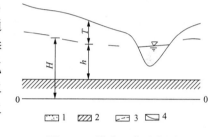

图 6-3　潜水埋藏示意图
1—砂层；2—隔水层；3—浅水位面；4—地面

（2）潜水补给、径流与排泄。

潜水含水层自外界可以通过多种途径获得水量，这一过程称为潜水补给。潜水的补给来源主要有：大气降水、地表水、凝结水及深层地下水。大气降水是潜水最主要的补给来源，但大气降水补给潜水的数量与降水特点、包气带厚度、岩土透水性及地表的覆盖情况等密切相关，一般来说，时间短的暴雨对补给地下水不利，而连绵细雨能大量补给地下水。在干旱地区，大气降雨很少，潜水补给只靠大气凝结水。地表水也是地下水的重要补给来源，当地表水水位高于潜水水位时，地表水就补给地下水，潜水的动态变化往往受地表水的动态变化的影响。另外，如果深层地下水位较潜水水位高，深层地下水会通过构造破碎带或导水断层等补给潜水。总之，潜水的补给来源是多种多样的，某个地区的潜水可以有一种或几种补给来源。

潜水在重力作用下，可以由补给区流向排泄区，这一过程称为潜水的径流。径流条件的好坏直接影响潜水的补给与排泄。影响径流的因素较多，主要有地形坡度、地面切割强度、含水层透水性等。如地形坡度陡、地面切割程度大、含水层透水性强，径流条件就好，反之则差。

潜水含水层失去水量的过程，称为潜水的排泄。在山区、丘陵及山前地带，潜水常常以泉或渗流形式泄出地表，因此，在山区常有丰富的泉水。在平原地区主要通过包气带蒸发进入大气，称为蒸发排泄。尤其在干旱地区，地下水蒸发强烈，常常是地下水排泄的主要形式。在河谷的中上游、河流下切较深，使潜水可以直接流入河流等地表水体。

潜水的补给、径流和排泄无限往复，形成了潜水的循环。潜水在循环的过程中，其流量、水位、水温、化学成分等都不同程度地得到置换，这种更新置换，称为水交替，或称为潜水的动态，潜水的动态有日变化、月变化、年变化及多年变化。潜水动态变化的影响因素有自然因素及人为因素两方面。自然因素有气象、水文、地质、生物等。人文因素主要有兴修水利、修建水库，大面积灌溉和疏干等，这些因素都会改变潜水动态。我们掌握潜水动态变化规律就能合理地利用地下水，防止地下水对工程建设造成危害。

（3）潜水等水位线图。

潜水面反映了潜水与地形、岩性和气象水文之间的关系，表现出潜水埋藏及动态变化的基本特点。为能清楚表现潜水面的形态，通常采用水文地质剖面图和潜水等水位线图，两种图示方法配合使用。

水文地质剖面图是按一定比例尺，在具有代表性的剖面上，先根据地形绘制地形剖面图，再结合钻孔资料绘制地质剖面图，然后再画出剖面图上各井、孔等的潜水位，连出潜水面，即绘成潜水剖面图［图6－4（a）］，也称为水文地质剖面图。从剖面图可以反映出潜水水位、含水层岩性及厚度，隔水层底板及其变化情况。

潜水等水位线图是指潜水面上高程相等的点的连线图。其绘制方法是在地形图上根据在大致相同的时间内测得的潜水面各点的水位资料，将水位标高相同的各点相连绘制而成［图6－4（b）］。因为潜水位随季节时刻都在变化，所以等水位线图要注明测定水位的日期，通过不同时期内等水位线图的对比，有助于了解潜水的动态。根据潜水等水位线图可以解决如下问题：

1）确定潜水流向。潜水自水位高的地方向水位低的地方流动，形成潜水流。在潜水等水位线图上，在两等水位线间作一垂直连线，有高水位指向低水位的方向即为潜水流向。如图6－4（b）箭头所示的方向。

2）确定潜水的水力坡度。在潜水流向上取两点的水位差，除以两点间的距离，即为该点潜水的水力坡度。图6－4（b）上A、B两点间距为240m，两点水位差为1m，则A、B间水力坡度为：

$$I_{AB} = \frac{76-75}{240} = 0.004\ 2$$

3）确定潜水的埋藏深度。潜水等水位线图应绘于赋有地形等高线的图上，某一点的地形标高与潜水位之差即为该点潜水的埋藏深度［图6－4（b）］，F点潜水的埋深等于2m。

4）确定潜水与地表水之间的关系。如果潜水流向指向河流，则潜水补给河水［图6－5（a）、图6－5（c）］；如果潜水流向背向河流，则河水补给潜水［图6－5（b）、图6－5（c）］。

3. 承压水

（1）承压水概念及特征。

承压水是充满于两个稳定隔水层之间的含水层中的重力水，承压含水层的上覆隔水层称为隔水顶板。下伏隔水层称为隔水底板。自地面某点至承压水位面的距离为该点承压水的埋藏深度（h）；顶、底板间的距离称为承压含水层的厚度（M）（图6－6）。

打井时若未揭穿隔水顶板是见不到承压水的，只有揭穿隔水顶板后才能见到水，此时的水位高程称为初见水位（H_1）。承压水在静水压力作用下沿钻孔上升到一定高度停止下来，此高程称为承压水位或测压水位（H_2）。承压水位高出隔水顶板底面距离称为承压水头（H）。

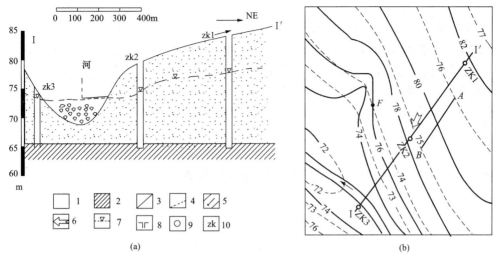

图 6-4　水文地质剖面图及潜水等水位线图

（a）水文地质剖面图；（b）潜水等水位线图

1—砂土；2—粘土；3—地形等高线；4—潜水等水位线；5—河流及流向；6—潜水流向；

7—浅水面；8—钻孔（剖面图）；9—钻孔（平面图）；10—钻孔编号

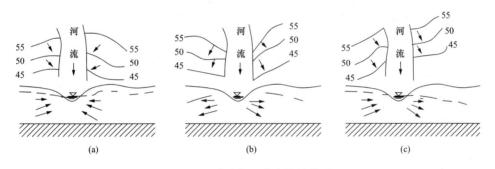

图 6-5　潜水与地表水补给关系

相对于潜水等其他类型的地下水，承压水具有如下主要特征：

1）承压水没有自由水面，并承受一定的静水压力。

2）承压水分布区和补给区是不一致的。

3）受外界的影响相对要小，动态变化相对稳定。

由于隔水层顶板的存在，在相当大的程度上阻隔了外界气候、水文因素对地下水的影响，因此承压水的水位、温度、矿化度等均比较稳定。但从另一方面说，在积极参与水循环方面，承压水就不似潜水那样活跃，因此承压水一旦大规模开发后，水的补充和恢复就比较缓慢，若承压水参于深部的水循环，则水温因明显增高可以形成地下热水和温泉。

4）承压水不易受地面污染，一般可作为良好的

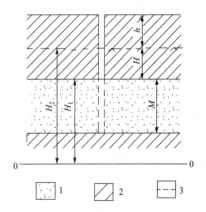

图 6-6　承压含水层剖面图

1—含水层；2—隔水层；3—承压水位；

h—承压水埋藏深度；

H—承压水头；M—承压含水层厚度；

H_1—初见水位；H_2—承压水位

供水水源。

5）水质类型多样，变化大。承压水的水质从淡水到矿化度极高卤水都有存在，可以说具备了地下水各种水质类型。有的封闭状态极为良好的承压含水层，与外界几乎不发生联系，至今保留着古代的海相残留水，由于浓缩之缘故，其矿化度可达数百克/升之多。规模大的承压含水层是很好的供水水源。但承压水的水头压力能引起基坑突涌，破坏坑底稳定性等一些不良的工程地质现象，对地下工程施工造成很大困难，所以研究承压水具有重要意义。

（2）承压水埋藏类型。

承压水的形成与所在地区的地质构造及沉积条件有密切关系。适宜形成承压水的地质构造大致有两种：一为向斜构造，称为承压盆地；另一为单斜构造称为承压斜地。

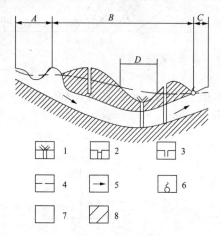

图6-7　承压盆地剖面图

1—自流井；2—非自流井；3—干井；4—承压水位；
5—地下水流向；6—泉；7—含水层；8—隔水层

1）承压盆地。每个承压盆地都可以分成三个部分：补给区（A）、承压区（B）和排泄区（C）（图6-7）。承压水位高于地表的地区称做自流区（D），在此区，凡钻到承压含水层的钻孔都形成自流井，承压水沿钻孔上升喷出地表。补给区一般位于盆地边缘、地势较高处，含水层出露地表，可直接接受大气降水和地表水的入渗补给。承压区一般位于盆地中部，分布广泛，地下水承受静水压力，但能否自溢于地表，决定于承压水位与地面高程之间的高差关系。排泄区一般位于盆地边缘的低洼地区，地下水常以泉水的形式排泄于地表。承压盆地的规模差异很大，四川盆地是典型的承压盆地，小型的一般只有几平方千米。

2）承压斜地。承压斜地形成有三种情况（图6-8）。

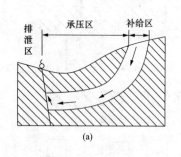
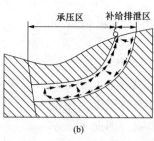
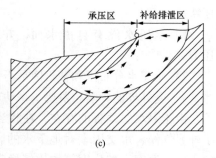

图6-8　承压斜地

（a）导水断层承压斜地；（b）阻水断层承压斜地；（c）岩性变化形成的承压斜地

① 导水断层承压斜地。含水层被断层切割形成的承压斜地［图6-8（a）］，含水层的上部露出地表成为补给区，被切割的下部与断层接触，若断层是导水的，断层出露的位置又较低时，承压水可通过断层排泄于地表，此时补给区与排泄区位于承压区的两端，与承压盆

地相似。

② 若断层不导水，则向深部循环的地下水受阻，在补给区能形成泉排泄，此时补给区与排泄区在同一地段 [图 6 - 8 (b)]。

③ 含水层岩性发生相变形成的承压斜地。含水层的一端露出地面，另一端尖灭 [图 6 - 8 (c)]。尖灭端为承压区，露出地面一端属补给区，接受大气降水，当地下水有足够数量时，在地面低洼处便形成泉溢出，形成排泄区。此区含水层的补给区与排泄区一致，而承压区位于另一端。

实际上自然界中的承压盆地与承压斜地的含水层埋藏条件是很复杂的，但人们常简化为这两种基本类型。往往在同一个区域内的承压盆地与承压斜地可埋藏多个含水层，他们有不同的稳定水位与不同的水力联系，这主要取决于地形和地质构造二者之间的关系。

（3）承压水的补给、径流与排泄。

承压水补给来源取决于埋藏条件，当承压水补给区出露于地表时，补给来源多为大气降水的入渗，在补给区位于河床或湖沼地带时，则主要由地表水补给。当承压水位低于潜水位时，潜水可以通过断裂带等通道补给承压水。

承压水的径流主要取决于补给区和排泄区的高差、二者的距离、含水层的透水性等。一般说来，补给区和排泄区距离短、含水层的透水性良好、水位差大，承压水的径流条件就好，如果水位相差不大，距离较远，径流条件差，承压水循环交替就缓慢。

承压水的排泄方式是多种多样的。当承压含水层被河流切割，这时承压水以泉的形式排出；当断层切割承压含水层时，一种情况是沿着断层破碎带以泉的形式排泄，另一种情况是断层将几个含水层同时切割，使各含水层之间有了水力联系，压力高的承压水便补给其他含水层。

（4）承压水等水压线图。

所谓等水压线图就是承压水面上高程相等的点的连线图（图 6 - 9）。承压水面不同于潜水面，潜水面是一个实际存在的地下水位面，而承压水面是一个压力面，这个面可以与地形极不吻合，甚至高出地面。只有当钻孔打穿上覆隔水层至含水层顶面时才见到水。因此，承压水等水压线图必须附有地形等高线和含水层顶板等高线。

承压水等水压线图绘制方法是在一定比例尺的地形图上，根据钻孔、井、泉等的初见水位（或含水层顶板高程）和稳定水位（承压水位）等资料，用内插法将承压水位等高的点相连，即得等水压线图。

根据承压水等水压线图，可以解决以下几个方面问题：

1）确定承压水流向。承压水自水位高的地方流向水位低的地方，并且垂直等水压线，常用箭头表示。箭头有水位高的方向指向水位低的方向即为承压水流向。

2）确定承压水初见水位。用地面高程减去含水层顶板高程即可。

3）确定承压水埋藏深度。由地面高程减去承压水头即可。这个数值越小，开采利用越方便。该值是负值时表示在自流区，开采的水会自溢于地表，据此可选定开采承压水的地点。

4）确定承压水头大小。由承压水位减去含水层顶板高程即可得承压水头。

5）确定承压水的水力坡度。在承压水流方向上取两点的水位高差，除以两点间的距离，即为该点承压水的水力坡度。

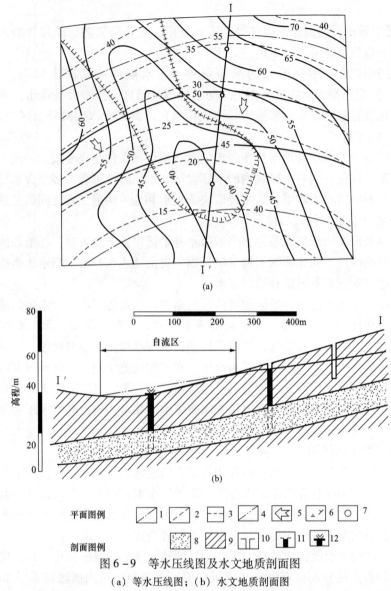

图 6 - 9　等水压线图及水文地质剖面图

（a）等水压线图；（b）水文地质剖面图

1—地形等高线图；2—顶板等高线；3—等水压线；4—承压水位线；5—承压水流向；
6—自流区；7—井；8—含水层；9—隔水层；10—干井；11—非自流井；12—自流井

6.3.2　不同岩土空隙中的地下水

1. 孔隙水

孔隙水是指赋存于松散岩土空隙中的重力水。在我国，孔隙水主要贮存于第四纪松散沉积物和第三纪未胶结的松散岩土层中。孔隙水与裂隙水、岩溶水相比较，由于松散岩层一般连通性好，含水层内水力联系密切，具有统一水面，其透水性、给水性变化较裂隙、岩溶含水层为小，孔隙水运动大多呈层流状态。

通常孔隙水根据松散沉积物的成因类型及地貌条件上的差异，可区分为山前倾斜平原孔隙水、河谷地区孔隙水、冲积平原孔隙水、山间盆地孔隙水以及黄土地区孔隙水和沙漠地区的孔隙水等。下面仅介绍山前倾斜平原上的孔隙水。

山前倾斜平原系山区与平原相接的过渡地带。通常是由一连串冲积、洪积扇以及山麓坡积相连而成。地面坡度由陡变缓，沉积物由粗变细，层次由少变多、地下水埋深由深变浅，水力坡度由大变小，透水性和给水性由强变弱，径流条件由好变差，矿化度由低增高、水质由好变差。其中对于典型冲洪积扇而言，自出山口至平原沿着纵向可分为 3 个水文地质带。深埋带、溢出带和垂直交替带（图 6 - 10）。

深埋带位于洪积扇上部，地面坡度大，沉积物多为砾石等，透水性好，来自大气降水、山区河水的补给条件好，径流条件亦好，由于地下水埋藏深，常达数十米，故称深埋带。深埋带蒸发作用微弱，加之径流条件好，溶滤作用强烈，水的矿化度低（一般小于 1g/L），多为种碳酸盐型水，故此带又称为地下水盐分溶滤带。溢出带位于洪积扇中部，具有过渡特性，地形变缓，颗粒变细，透水性和潜水径流明显减弱，潜水埋深变浅，蒸发作用加强，水的矿化度增大，由于透水性差的土层阻挡，常有泉溢出，所以称溢出带。

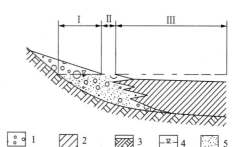

图 6 - 10　洪积物中地下水分布示意图
Ⅰ—深埋带；Ⅱ—溢出带；Ⅲ—垂直交替带
1—砂砾石；2—粘土；3—基岩；4—水位；5—砂

由于蒸发作用加强，水的矿化度增高，水的化学成分由重碳酸盐型水变为碳酸 - 硫酸盐型水，故此带又称为盐分过滤带。垂直交替带位于洪积扇前缘，其边缘常因冲积、湖积物交替沉积，形成复合堆积，透水性弱，径流缓慢，地下潜水主要消耗于蒸发，故称垂直交替带。如垂直交替带底部存在承压含水层，往往形成底部承压水的顶托补给。

2. 裂隙水

裂隙水是指埋藏于基岩裂隙中的地下水。裂隙水的埋藏分布与运动规律，主要受岩石的裂隙类型、裂隙性质、裂隙发育的程度等因素控制，与孔隙水相比，裂隙水特征主要体现在：埋藏与分布极不均匀，透水性在各个方向上往往呈现各向异性，动力性质比较复杂。裂隙水根据裂隙成因不同，可分为风化裂隙水、成因裂隙水与构造裂隙水。

（1）风化裂隙水。

风化裂隙水是分布在基岩表面风化裂隙中的地下水，多数为层状裂隙水。由于风化裂隙彼此相连通，因此在一定范围内形成的地下水也是相互连通的，水平方向透水性均匀，垂直方向随深度而减弱，多属潜水，有时也存在上层滞水。如果风化壳上部的覆盖层透水性很差时，其下部裂隙带有一定的承压性，风化裂隙水主要接受大气降水的补给，常以泉的形式排泄于河流中。

风化裂隙含水和透水的强弱，随岩石的风化程度、风化层物质等因素的不同而各异。在全风化带及一些强风化带中，因富含粘土物质，含水性和透水性反而减弱。风化裂隙水的水量随岩性不同，地形起伏而发生变化。例如，以砂岩为主的地段比以泥岩为主的地段，水量多一倍至几倍；而同一岩层分布地区的分水岭地带比河谷附近的水量少得多。一般认为，微风化带的性质近似于不透水层。

（2）成岩裂隙水。

成岩裂隙发育均匀，呈层状分布，多形成潜水。当成岩裂隙岩层上覆不透水层时，可形成承压水。玄武岩成岩裂隙常以柱状节理形式发育，裂隙宽，连通性好，使地下水赋存的良好空间，水量丰富，水质好，是很好的供水水源，但沉积岩和深成岩浆岩的成岩裂隙多为闭合的，含水意义不大。

（3）构造裂隙水。

构造裂隙水是岩石在构造应力作用下产生的裂隙中赋存的地下水。构造裂隙水可呈层状分布，也可呈脉状分布；可形成潜水，也可形成承压水。断层带是构造应力集中释放造成的断裂。大断层常延伸数十千米至数百千米，断层带宽数百米。发育于脆性岩层中的张性断层，中心部分多为疏松的构造角砾岩，两侧张裂隙发育，具有良好的导水能力。当这样的断层沟通含水层或地表水体时，断层带兼具贮水空间、集水廊道与导水通道的能力，对地下工程建设危害较大，必须给予高度重视。

综上所述，裂隙水的存在、类型、运动、富集等受裂隙发育程度、性质及成因控制，所以我们只有很好的研究裂隙发生、发展的变化规律，才能更好地掌握裂隙水的规律性。

3. 岩溶水

岩溶水是指赋存和运移于可溶岩的溶隙中的地下水。我国岩溶的分布十分广泛，特别是在南方地区。因此，岩溶水分布很普遍，其水量丰富，对供水极为有利，但对矿床开采、地下工程等都会带来一些危害。因此，研究岩溶水对国民经济意义很大。

岩溶水根据埋藏条件可以是潜水，也可以承压水。岩溶潜水在厚层灰岩地区分布广泛，而且动态变化大，水位变化幅度可达数十米，水量变化可达几百倍，这主要是受补给和径流条件的影响，降雨季节水量很大，其他季节水量很小，甚至干枯。岩溶承压水主要分布在岩溶地层被覆盖地区，岩溶承压水动态稳定，主要以承压含水层出露情况补给，排泄主要通过含水断层，以泉的形式进行排泄。

岩溶水在其运动的过程中由于受到岩溶作用不断地改善自身的赋存环境，使岩溶水在垂直和水平方向上变化都很大，空间分布极不均匀。在岩溶水地带常形成地下暗河，流动迅速，水量丰富，水质好，可作大型供水水源。岩溶水分布地区易发生地面塌陷，使建筑工程厂区的工程地质条件大为恶化。因此，在岩溶地区进行地下工程和地面建筑工程建设时，必须对岩溶的发育和分布规律调查清楚。

6.3.3 泉

泉是地下水在地表的天然露头。它是地下水的一种重要的排泄方式。山区地面切割强烈，有利于地下水的出露，所以山区多泉，平原地区堆积物深厚，又很少被河流切割，地下水不易出露，所以在平原区很难找到泉。

泉的实际意义很大，它可以作为生活饮用水，出水量大的泉还可以作为灌溉水源和动力资源，有些泉水含有特殊的化学成分，具有一定的医疗保健作用。同时研究泉也是了解一个地区的地质构造和地下水的重要依据之一。

泉的类型众多，从不同角度可以作不同的分类。下面介绍几种常用的分类。

1. 根据补给源及水流特征划分

（1）下降泉。为潜水及上层滞水补给，在出露口附近水是自上而下运动［图 6 - 11（a）、图 6 - 11（c）］。

（2）上升泉。为承压水补给，在出露口附近水是自下而上运动［图 6 - 11（b）、图 6 - 11（d）］。

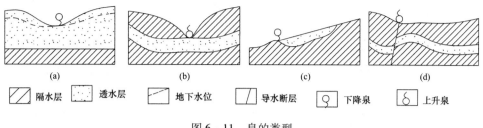

图 6-11　泉的类型

2. 根据泉水出露原因划分

（1）侵蚀泉。河谷冲沟向下切割到潜水含水层时，潜水即出露成泉，称为侵蚀下降泉[图 6-11（a）]。切穿承压含水层的隔水顶板时，承压水便喷涌成泉，称为侵蚀上升泉[图 6-11（b）]。

（2）接触泉。透水性不同的岩层相接触，地下水流受阻，沿接触面出露，称为接触泉[图 6-11（c）]。

（3）断层泉。当承压含水层被断层切割，且断层是张开的，地下水便沿断层上升，在地面高程低于承压水位处出露成泉，称为断层泉[图 6-11（d）]。沿断层线可看到呈串珠状分布的断层泉。

3. 根据泉水温度划分

（1）冷泉。泉水温度大致相当或略低于当地年平均气温。这种泉大多由潜水补给。

（2）温泉。泉水温度高于当地年平均气温。如陕西临潼华清池温泉水温50℃，云南腾冲一些温泉水温高达100℃。温泉多由深层自流水补给。温泉的形成与岩浆活动和地下深处地热的影响有关，因此，温泉往往出现于近代火山活动和深大断裂分布的地区。温泉往往溶有较多的化学成分，有的还含有放射性元素或特殊的化学元素，具有医疗功效，称为矿泉。

6.4　地下水运动的基本规律

地下水在岩土体孔隙中的运动称为渗流。岩土中的孔隙，无论大小、形状和连通情况都各不相同，因此，地下水质点在这些孔隙中的运动速度和运动方向也是极不相同的。如果按实际情况研究地下水的运动，无论在理论上或实际上都将遇到很大困难。因此必须进行简化，用连续充满整个含水层（包括颗粒骨架和孔隙）的假想水流来代替仅在岩土孔隙中流动的真实水流。

地下水运动时，水质点有秩序地呈相互平行而互不干扰的运动，称层流；水质点相互干扰而呈无秩序的运动，称紊流。天然条件下地下水在岩土中的运动速度一般都很小，多为层流运动。只有在宽大的裂隙或溶隙中，水流速度较大时，才可能出现紊流运动。一百多年前法国工程师达西（H. Darcy，1856）首先用图 6-12 所示的实验装置对均匀碎石进行了大量的渗透试验，得出了层流条件下，土中水渗流速度与能量（水头）损失之间的渗流规律，即达西定律。

达西实验装置的主要部分是一个上端开口的直立圆筒，下部放碎石，碎石上放一块多孔滤板 c，滤板上面放置颗粒均匀的土样，其断面积为 A，长度为 L。筒的侧壁装有两支测压

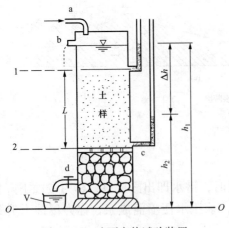

图 6-12 达西定律试验装置

管，分别设置在土样两端的 1、2 过水断面处。水由上端进水管 a 注入圆筒，并以溢水管 b 保持桶内为恒定水位。透过土样的水从装有控制阀门 d 的弯管流入容器 V 中。测压管中的水面将恒定不变。以图 6-12 中的 $O-O$ 为基准面，h_1、h_2 分别为 1、2 断面处的测管水头；Δh 即为渗流流经 L 长度砂样后的水头损失。

达西根据对不同尺寸的圆筒和不同类型及长度的土样所进行的试验发现，渗出水量 Q 与圆筒断面积 A 和水力坡降 i（$\Delta h/L$）成正比，且与水的透水性质有关，即

$$Q \propto A \frac{\Delta h}{L} \tag{6-4}$$

写成等式则为

$$Q = kAi \tag{6-5}$$

或

$$v = \frac{Q}{A} = ki \tag{6-6}$$

式中 v——断面平均渗透速度（mm/s 或 m/day）；

k——反映土的透水性能的比例系数，称为渗透系数。它相当于水力坡降 $i=1$ 时的渗透速度，故其量纲与流速相同（mm/s 或 m/day）。当水力坡度为定值时，渗透系数越大，渗流速度越大。由此可见，渗透系数越大，岩土的透水能力越强。k 值可在室内做渗透试验测定或在野外做抽水试验测定。

式（6-5）或式（6-6）即为达西定律表达式。

达西定律表明，在层流状态的渗流中，渗流速度 v 与水力坡降 i 的一次方成正比，并且与土的性质有关。Darcy 定律又称为线性渗透定律。天然条件下，地下水的实际流速很小。绝大多数渗流，无论是发生于砂土中或一般粘性土中，均属于层流范围，故达西定律均可适用。

需要注意的是，式（6-6）中的渗透速度 v 并不是土空隙中的实际平均流速，因为公式推导过程中采用的是土样的整个断面积，包括岩土颗粒所占据的面积及空隙所占据的面积。显然，土粒本身是不透水的，故水流实际通过的过水断面面积 A_1 为空隙所占据的面积，若均质砂土的空隙率为 n，则

$$A_1 = An \tag{6-7}$$

根据水流连续原理： $Q = vA = v_s A_1$

因此，实际平均流速 v_s 应大于 v，$v_s = \dfrac{v}{n}$。

由于水在土中沿空隙流动的实际路径十分复杂，v_s 也并非渗流的实际速度。要想真正确定某一具体位置的真实流动速度，无论理论分析或实验方法都很难做到，从工程应用角度而言，也没有这种必要。对于解决实际工程问题，最重要的是在某一范围内宏观渗流的平均效果。所以，为了研究的方便，渗流计算中均采用假想的平均速度。

6.5　地下水工程和环境效应

地下水是地质环境的重要组成部分，也是外力地质作用最为活跃的因素。在许多情况下地质环境的变化常常是由地下水的变化引起的。引起地下水变化的因素很多，可归纳为自然因素与人为因素两大类。自然因素主要是指气候因素，如降水引起地下水的变化，涉及范围大，影响面广。引起地下水变化的人为因素是各式各样的，往往带有偶然性、局部性，难以预测，对工程危害很大。

地下水对建筑工程的不良影响主要有：降低地下水位会使地基产生固结沉降；不合理的地下水流动会诱发某些土层出现流砂现象、管涌现象以及潜蚀作用；开挖基坑不当，引发的基坑突涌现象；某些地下水对钢筋混凝土基础产生的腐蚀等。

6.5.1　地下水位下降引起的地基沉降

在含水层中进行深基础、地铁或地下洞室施工时，往往需要采用抽水的方法人工降低地下水位。过量的抽取地下水，会在抽水井周围形成明显的降水漏斗。地下水位不均匀下降，导致地基中原水位以下土体中有效应力增加，引起大面积地基不均匀沉降，从而导致临近建筑物或地下管线的不均匀变位、变形，甚至开裂等不良工程事故。

除此之外，如果抽水井滤网和砂滤层的设计不合理或施工质量差，则抽水时会将软土层中的粘粒、粉粒，甚至细砂等细小土颗粒随同地下水一起带出地面，使周围地面土层很快产生不均匀沉降，造成地面建筑和地下管线不同程度的损坏。目前，城市大面积抽取地下水，造成大规模地面沉降，已经成为平原地区主要的地质灾害之一。

控制地下水引起的地基沉降，必须做到统筹兼顾、全面规划、合理开采，采取切实有效的措施改建水源地，增大补给量。其中，人工回灌是用于防止因大量开采地下水而引起地基沉降，增加补给量的有效措施。

6.5.2　动水压力产生的流土现象

在地下水自下而上的渗透水流的作用下，当向上的渗流力克服了土体向下的重力时，表层土局部范围内的土体或颗粒同时发生悬浮、移动的现象称为流土。任何类型的土，只要水力坡降大于临界水力坡降时，都会发生流土破坏。临界水力坡度可按式（6－8）计算。

$$i_{cr} = \frac{\rho_s - 1}{1 + e} \qquad (6-8)$$

式中　i_{cr}——临界水力坡度；

　　　ρ_s——土颗粒密度；

　　　e——土体的空隙比。

若地基为比较均匀的砂层（不均匀系数 $C_u < 10$），当水位差较大，渗透路径不够长，而且下游渗流溢出处产生水力坡降大于临界水力坡降时，地表将会普遍出现小泉眼，冒气泡，继而出现土颗粒群向上鼓起，发生浮动、跳跃现象，常成为砂沸。砂沸是流土的一种形式。

在堤坝下游渗流逸出处无保护的情况下，也常发生流土现象。例如图 6－13 所示一座修建在双层地基上的堤坝，地基表层为渗透系数较小的粘性土层，且较薄；下层为渗透性较大

的无粘性土层且 $k_1 \ll k_2$。当渗流经过双层地基时，水头将主要损失在上游水流渗入和下游水流渗出的薄粘性土层的流程中，在砂层的流程损失很小，因此，造成下游溢出处渗透坡降较大。当 $i > i_{cr}$ 就会在下游坝脚处出现土表面隆起，裂缝开展，砂粒涌出，以致整块土体被渗透水流抬起的现象。这就是典型的流土现象。

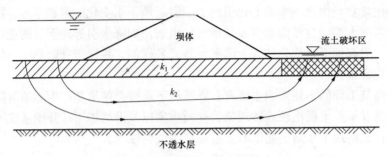

图 6 - 13 堤坝下游逸出处的流土破坏

6.5.3 管涌现象和潜蚀作用

在渗透水流作用下，土中的细颗粒在粗颗粒形成的空隙中移动，以至流失；随着土的空隙不断扩大，渗流速度不断增加，较粗的颗粒也相继被水流逐渐带走，最终导致土体中形成贯通的渗流通道（图 6 - 14），造成土体塌陷，这种现象称为管涌。管涌破坏一般有个时间发展过程，是一种渐进性质的破坏。

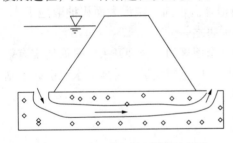

图 6 - 14 通过坝基的管涌示意图

自然界中，在一定条件同样会发生上述渗透破坏作用。为了与人类工程活动所引起管涌现象进行区别，通常称之为潜蚀。潜蚀作用有机械的和化学的两种。机械潜蚀是指土粒在地下水的动水压力作用下受到冲刷，将土粒冲走，使土的结构破坏，形成洞穴的作用；化学潜蚀是指地下水溶解土中易溶岩，使土粒间结合力和土的结构破坏，土粒被水带走，形成洞穴的作用。这两种作用一般是同时进行的。

土是否发生管涌，首先取决于土的性质，管涌多发生在砂性土中，一般粘性土是不会发生管涌现象的。无粘性土产生管涌必须具备两个条件：

（1）几何条件。土中粗颗粒所构成空隙直径必须大于细颗粒直径，这是必要条件。对于不均匀系数 $C_u < 10$ 的土，颗粒粗细相差不多，粗颗粒形成的孔隙直径不比细颗粒大，因此，细颗粒不能在空隙中移动，也就不可能发生管涌。对于不均匀系数 $C_u > 10$ 的砂砾石土，是否会发生管涌，主要取决于土的级配情况和细粒含量。大量试验结果表明，当土的不均匀系数 $C_u > 10$ 时，对于级配不连续且细粒含量小于 25% 的土，破坏形式是管涌，对于级配连续且土中有 5% 以上的细颗粒小于土的平均孔隙直径（D_0），即 $D_0 > d_5$ 的土，也会发生管涌现象。

（2）水力条件。渗流力能够带动细颗粒在空隙间滚动或移动是发生管涌的水力条件，可用管涌的水力坡降来表示。但至今，管涌的临界水力坡降的计算方法尚不成熟，国内外研究者提出的计算方法较多，但计算的结果相差较大，故还没有一个被公认的合适公式。对于一些重大工程，应尽量由渗透试验确定。

6.5.4　承压水对基坑产生的基坑突涌现象

当基坑下伏有承压含水层时，开挖基坑所留底板承受不住承压水头压力作用而被承压水顶裂或冲毁，这种现象称为基坑突涌。

为避免基坑突涌现象的发生，必须验算基坑底层的安全厚度 M（图 6-15）。根据基坑底层厚度与承压水头压力的平衡关系式 $\gamma M = \gamma_w H$，可求出隔水层的安全厚度为：

$$M \geqslant \frac{\gamma_w}{\gamma} H \tag{6-9}$$

式中　H——承压水头（m）；

　　　γ_w——水的重度（kN/m^3）；

　　　γ——基坑底层的土的重度（kN/m^3）。

当工程施工需要，开挖基坑后的坑底隔水层的厚度小于安全厚度时，为防止基坑突涌，必须对承压水层进行预先降水，以降低承压水头压力（图 6-16）。降低后的基坑中心承压水位 H_w 必须满足下式：

$$H_H \gamma_w \leqslant M\gamma$$

则

$$H_w \leqslant \frac{\gamma}{\gamma_w} M \tag{6-10}$$

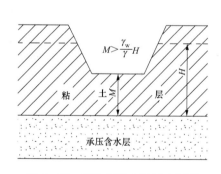

图 6-15　基坑底粘土层最小厚度

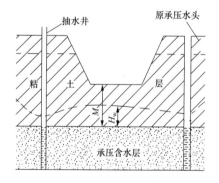

图 6-16　抽水降低承压水头

6.5.5　地下水的浮托作用

地下水以下的岩土体承受静水压力的作用，并受到向上浮托作用。这种浮托力可以按照阿基米德定理确定，即当岩土体的空隙中的水与岩土体外界的地下水相通，其浮托力应为岩土体的岩石部分或土颗粒部分的浮力。

当建筑物位于粉土、砂土、碎石土和节理发育的岩石地基时，按设计水位 100% 计算浮托力；当建筑物位于节理不发育的岩石地基时，按设计水位的 50% 计算浮托力；当建筑物位于粘性地基上时，其浮托力较难确切确定，应结合地区的实际经验考虑。根据《建筑地基基础设计规范》（GB 50007—2002）第 5.2.4 条规定，确定地基承载力设计值时，无论是基础底面以下土的天然重度或是基础底面以上土的加权平均重度的确定，地下水位以下均取有效重度。

6.5.6　地下水对钢筋混凝土的腐蚀

硅酸盐水泥调水硬化，并且形成 $Ca(OH)_2$、水化硅酸钙 $CaO \cdot SiO_2 \cdot 12H_2O$、水化铝酸钙 $CaO \cdot Al_2O_3 \cdot 6H_2O$ 等，这些物质往往会受到地下水的腐蚀。地下水对建筑结构材料腐蚀类型分为结晶类腐蚀、分解类腐蚀、结晶分解复合类腐蚀三种。

1. 结晶类腐蚀

如果地下水中 SO_4^{2-} 离子的含量超过规定值，那么 SO_4^{2} 离子将与混凝土中的 $Ca(OH)_2$ 反应，生成二水石膏结晶体 $CaSO_4 \cdot 2H_2O$，这种石膏再与水化铝酸钙 $CaO \cdot Al_2O_3 \cdot 6H_2O$ 发生化学反应，生成水化硫铝酸钙，这是一种铝和钙的复合硫酸盐，习惯上称为水泥杆菌。由于水泥杆菌结合了许多的结晶水，因而其体积比化合前增大很多，约为原体积的221.86%，于是在混凝土中产生很大的内应力，使混凝土的结构遭受破坏。

2. 分解类腐蚀

地下水中含有 CO_2 和 HCO_3^-，CO_2 与混凝土中的 $Ca(OH)_2$ 作用，生成碳酸钙沉淀。

$$Ca(OH)_2 + CO_2 = CaCO_3 \downarrow + H_2O$$

由于 $CaCO_3$ 不溶于水，它可填充混凝土的孔隙，在混凝土周围形成一层保护膜，能防止 $Ca(OH)_2$ 的分解，但是，当地下水中 CO_2 的含量超过一定数值，而 HCO_3^- 离子的含量过低，则超量的 CO_2 再与 $CaCO_3$ 反应，生成重碳酸钙 $Ca(HCO_3)_2$ 并溶于水，即：

$$CaCO_3 + H_2O + CO_2 = Ca^{2+} + 2HCO_3^-$$

上述这种反应是可逆的；当 CO_2 含量增加时，平衡被破坏，反应向右进行，固体 $CaCO_3$ 继续分解；当 CO_2 含量变少时，反应向左移动，固体 $CaCO_3$ 沉淀析出。如果 CO_2 和 HCO_3^- 的浓度平衡时，反应就停止。所以，当地下水中 CO_2 的含量超过平衡时所需的数量时，混凝土中的 $CaCO_3$ 就被溶解而受腐蚀，这就是分解类腐蚀。我们将超过平衡浓度的 CO_2 叫侵蚀性 CO_2。地下水中侵蚀性 CO_2 愈多，对混凝土的腐蚀愈强。地下水流量、流速都很大时，CO_2 易补充，平衡难建立，因而腐蚀加快。HCO_3^- 离子含量愈高，对混凝土腐蚀性愈强。

如果地下水的酸度过大，即 pH 值小于某一数值，那么混凝土中的 $Ca(OH)_2$ 也要分解，即为一般酸性腐蚀，其化学反应式如下：

$$Ca(OH)_2 + 2H^+ = Ca^{2+} + H_2O$$

3. 结晶分解复合类腐蚀

当地下水中 NH_4^+、NO_3^-、Cl^- 和 Mg^{2+} 离子的含量超过一定数量时，与混凝土中的 $Ca(OH)_2$ 发生反应，例如：

$$MgSO_4 + Ca(OH)_2 = Mg(OH)_2 \downarrow + CaSO_4$$
$$MgCl_2 + Ca(OH)_2 = Mg(OH)_2 \downarrow + CaCl_2$$

$Ca(OH)_2$ 与镁盐作用的生成物中，除 $Mg(OH)_2$ 不易溶解外，$CaCl_2$ 则易溶于水，并随之流失；硬石膏 $CaSO_4$ 还与混凝土中的水化铝酸钙反应生成水泥杆菌：

$$3CaO \cdot Al_2O_3 \cdot 6H_2O + 3CaSO_4 + 25H_2O = 3CaO \cdot Al_2O_3 \cdot 3CaSO_4 \cdot 31H_2O$$

另一方面，硬石膏遇水后生成二水石膏：

$$CaSO_4 + 2H_2O = CaSO_4 \cdot 2H_2O$$

二水石膏在结晶时，体积膨胀，破坏混凝土的结构。

综上所述，地下水对混凝土建筑物的腐蚀是一项复杂的物理化学过程，在一定的工程地质与水文地质条件下，对建筑材料的耐久性影响很大。为了评价地下水对建筑结构的腐蚀性，必须在现场同时采两个水样。两个样在现场立即密封后送实验室分析。分析项目有：pH 值、游离 CO_2、侵蚀性 CO_2、Ca^{2+}、Mg^{2+}、K^+、Na^+、NH_4^-、Fe^{3+}、Fe^{2+}、Cl^-、SO_4^{2-}、HCO_3^-、NO_3^-、CO_3^{2-}、OH^-总硬度、总矿化度和有机质。根据水样的化学分析结果，对照国家标准《岩土工程勘察规范》（GB 50021 – 2001）第 12.2 条规定，并参照附录 G 确定建筑场地的环境类别和含水层的透水性进行地下水侵蚀性评价。

思 考 题

6 – 1　什么是地下水？地下水的水理性质有哪些？

6 – 2　地下水按埋藏条件分为几类？有何异同？

6 – 3　地下水按含水层孔隙性质可分为几类？

6 – 4　地下水的物理性质包括哪些？主要的化学成分有哪些？

6 – 5　什么是 Darcy 定理？什么是渗透速度？

6 – 6　试述地下水与工程建设的关系？

第 7 章

工程动力地质作用与地质灾害

地壳表层永无停息地遭受着各种内动力地质作用和外动力地质作用。地质作用可以形成各种有用的矿产资源、土地资源和水资源，也可以产生众多影响工程建设与人类生命财产的灾害现象。对工程建设和人类环境有负面影响的，称为不良地质作用和现象，也称为物理地质现象。由于人类工程活动作用不仅使物理地质现象更为发育，而且又产生了一系列新的不良地质现象。由工程建设与地质环境相互作用而引起的现象称为工程地质现象。物理地质现象与工程地质现象二者合称为工程动力地质作用。其对人类造成生命财产损失者称为地质灾害。工程动力地质作用的类型很多，本章就工程中经常遇到的几种不良地质作用进行研究。

7.1 活断层与地震

活断层与地震是两种密不可分的不良地质作用。据统计，世界上绝大多数地震是由于断层活动引起的。地球的构造运动使地壳和上地幔中积聚构造应力，当构造应力增大并超过介质强度时，往往表现为活断层的突然错动而释放应变能，并以弹性波的形式在地壳中传播而发生震动。人类对地震的认识和研究已有 3000 多年的历史，然而活断层的研究历史却只有 100 年左右。

活断层与地震对工程建筑物和环境的影响令人关注。活断层的地面错动可直接破坏跨越该断层修建的建筑物，而活断层突然错动产生的强烈地震遭致的灾害更是尽人皆知。我国自然条件复杂，地处世界上最强的两大地震带——环太平洋地震带和欧亚地震带之间，是世界上最大的一块大陆地震区。1976 年唐山大地震（7.8 级）死亡 24 万人，是 20 世纪世界上最惨重的自然灾害。2008 年 5 月 12 日发生在我国汶川大地震（8.0 级）是中华人民共和国自新中国成立以来影响最大的一次地震，震级是自 1950 年 8 月 15 日西藏墨脱地震（8.5 级）和 2001 年昆仑山大地震（8.1 级）后的第三大地震，严重受灾地区达 10 万平方千米。

活断层与地震是工程地质学研究的重要课题之一，我国在这一领域的研究，近二三十年来，有突破性进展，在某些方面处于国际领先和先进的地位。

7.1.1 活断层

1. 活断层定义和特性

（1）活断层定义。

活断层一般是指现今正在活动的断层，或近期曾活动过、不久的将来可能会重新活动的断层。后一种情况也可称为潜在活断层。

国内外学者对现今正在活动的断层，因判别标志明确而无争议；但对潜在活断层的判别则有不同见解，因为有"近期"和"不久的将来"两个不确定的用词。争论的焦点主要是近期活动的时间上限问题。从工程使用的时间尺度和断层活动资料的准确性考虑，时间上限不宜过长，但时间上限过短，对一些重大工程的安全性来说也未必妥当。人们更关注的是"不久的将来"断层有无活动的可能，一般工程使用年限为数十年，重大工程（如核电站、高坝）为一二百年。一般考虑按 100 年较为合适。从工程勘察角度，应结合工程类型及其重要程度给予活断层以明确的含义。

美国原子能委员会从历史性和现实性观点出发，将新断层分为两类。一类是狭义的，称为"活动断层"，是指全新世（1 万年）以来活动的断层，并且未来仍有可能活动，其活动可以找到地质的、历史考古的、地震活动的、地球物理的以及大地测量的诸种证据，它对现代工程实践和地震预报等有着最直接和密切的关系。另一类是广义的，称为"能动断层"，其含义是指在过去 3.5 万年内至少有过一次活动证据，或在过去 50 万年内有反复活动的证据；美国的这个概念后来被不少国家参考使用。

我国现行的《岩土工程勘察规范》（GB 50021—2001）是把活动断裂分为全新活动断裂和非全新活动断裂。全新活动断裂是指在全新地质时期（1 万年）有过地震活动或近期正在活动，在今后一百年可能继续活动的断裂；全新活动断裂中、近期（近 500 年来）发生过地震震级 $M \geqslant 5$ 级的断裂，或在今后 100 年内，可能发生 $M \geqslant 5$ 级的断裂，可定为发震断裂。非全新活动断裂是指 1 万年以前活动过，1 万年以来没有发生过活动的断裂。

（2）活断层特性。

据研究资料概括，活断层基本特性有以下几个方面：

1）活断层是深大断裂复活运动的产物。国内外大量的研究结果表明。活断层往往是地质历史时期产生的深大断裂，在晚期及现代地壳构造应力条件下重新活动而产生的。深大断裂指的是切穿岩石圈、地壳或基底的断裂。其延伸长度达数十、数百、甚至数千千米，切割深度数公里至百余千米。复活运动的标志是地震活动和地热流异常等。尤其是那些走滑型活断层最易伴生强震，形成地震带。例如，我国川西的安宁河地震带和则木河地震带等。

2）活断层的继承性和反复性。研究资料表明，活断层往往是继承老的断裂活动的历史而继续发展的，而且现今发生地面断裂破坏的地段过去曾多次反复地发生过同样的断层运动。一些古地震中总是沿活断层有规律地分布。

我国活断层的分布总体来说是继承了老的断裂构造，尤其是中生代和第三纪以来断裂构造的格架。这些断裂处于由几个板块相互作用所控制的现代地应力场中而继续活动，并在一定程度上发育了新的活动部位。根据活断层的类型和活动方向，东部地区以 NE 和 NNE 走向的正断层和走滑—正断层为主，西部地区以 NW 和 NWW 走向的走滑和逆冲—走滑断层为主。而且西部地区的活动强度明显大于东部，一些巨大的活动断裂带控制了强震的孕育和发生。

一些活动构造带的古地震中总是沿活动性断裂有规律地分布，岩性和地貌错位反复发生，累积叠加，其中尤以走滑断层最为明显。例如，新疆喀依尔特—二台活断裂在地质时期内长期活动，其右旋走滑运动幅度为 26km；晚更新世早期形成的水系被错移的最大值 2.5km；根据大量古地震现象、不同期次断层错动、不同层序沉积物的资料和 C^{14} 年代测定等综合分析，初步可确定该活动断裂带上有 3～5 次古地震事件，各次地震位移累积叠加。说明该断裂在相当长的地质历史时期内，在差不多同一构造应力条件下以同一机制沿着已经发生错动的断裂带继续活动。

3）活断层的活动方式。活断层的活动方式有两种：① 以地震方式产生间歇性地突然滑动，称地震断层或粘滑型断层；② 沿断层面两侧岩层连续缓慢地滑动，称蠕变断层或蠕滑型断层。一条大的活断层，由于不同地段围岩性质不同，因而可有不同的活动方式。

一般认为：粘滑型断层的围岩强度高，断裂带锁固能力强，能不断积累应变能。当应力达到围岩强度极限后产生突然滑动，迅速而强烈地释放应变能，造成大的地震。所以沿这种断层往往有周期性地震活动。蠕滑型断层主要发育在围岩强度低，断裂带内含有软弱充填物，或孔隙液压和地温的高异常带内，断裂锁固能力弱，不能积累较大的应变能，在受力过程中易于发生持续而缓慢的滑动，断层活动一般无地震发生，有时可伴有小震。

4）活断层类型。根据活断层位移矢量方向与水平面关系，可将活断层划分为倾滑断层和走滑断层。倾滑断层又可分为逆（冲）断层和正断层，走滑断层又可分为左旋断层和右旋断层。它们的构造应力状态、几何特征和运动特征不同，对工程场地的影响也各异。

2. 活断层的判别标志

活断层的鉴别是对其进行工程地质评价的基础。由于活断层是第四纪以来构造运动的反映，它便显示出新的构造活动形迹。所以，我们可以借助地质学、地貌学、地震地质学以及现代测试技术等方法和手段，定性和定量地鉴别它。

（1）地质、地貌和水文地质特征。

1）地质特征。最新沉积物的地层错开，是活断层最可靠的地质特征。一般地说，只要见到第四纪中、晚期的沉积物被错断，无论是老断层的复活或新断层的出现，均可鉴别为活断层。鉴别时需注意与地表滑坡产生的地层错断相区别。

一般活断层的破碎带由松散的破碎物质所组成，而老断层的破碎带均有不同程度的胶结。所以松散、未胶结的断层破碎带，也可作为判别活断层的地质特征。

2）地貌特征。由于活断层的构造地貌格局清晰，所以许多方面可作为其鉴别特征。它们也是断层错动在地表面留下来的证据。主要地貌证据有：

① 断崖。活断层往往构成两种截然不同的地貌单元的分界线，并加强各地貌单元之间的差异性。典型的情况是：一侧为断陷区，堆积了很厚的第四纪沉积物；另一侧为隆起区，高耸的山地，叠次出现的断层崖、三角面、断层陡坎等呈线性分布。两者界线截然分明。

② 溪流错开。相邻溪流沿同一条线作方向相同的肘状转折。走滑型活断层可使穿过它的河流、沟谷方向发生明显变化；当一系列的河谷向一个方向同步移错时，即可作为鉴别活断层位置和性质的有力佐证。根据水系移错的距离和堆积物的绝对年龄，还可推算该活断层的平均错动速率。

③ 封闭洼陷或下陷池塘。应与岩溶塌陷形成的下陷池塘相区别。通常活动的走向错动或正断层往往有下陷池塘。

④ 冲积层中的活断层带经常构成地下水的障壁，这是活断层的特有现象。往往沿活断层出露一系列泉或断层两侧地下水位高程不同，致使地面的色调或植被不同，所以也就成为判定活断层的有力标志之一。

⑤ 滑坡分布线，由于活断层错动形成的陡崖常发育一系列滑坡。

⑥ 错开的阶地或错开的冲积扇。

⑦ 活断层经常造成同一地貌单位或地貌系统的分解和异常。如同一夷平面或阶地被活断层错断，造成高差和位错。

此外，在活断裂带上滑坡、崩塌和泥石流等动力地质现象常呈线性密集分布。

3）水文地质特征。活动断裂带的透水性和导水性较强，因此当地形、地貌条件合适时，沿断裂带泉水常呈线状分布，且植被发育。但需注意的是，有些老断层沿线泉水也有线状分布的特征，判别时要慎重，应结合其他特征与之区别。

地质、地貌和水文地质特征地表迹象明显的活断层，在遥感图像中的信息极为丰富，即使是隐伏的活断层，也可提供一定的信息量。因此，利用遥感图像判释来鉴别活断层，是一种很有效的手段。尤其是研究大区域范围内的活断层，利用遥感图像判释更有明显的优越性。

（2）历史地震和历史地表错断资料。包括历史上记录的地震的证据和说明，历史上记录的地表错断的证据和说明，以及断层错动的大地测量记录等。

一般地说，老的历史记载，往往没有确切的震中位置，又无地表错断的描述，所以只能用以证实有活断层存在，而难以确切判定活断层的位置。较新的历史记载，震中位置、地震强度以及断裂方向、长度与地表错距等，都较为具体、详细。因此，对历史记载要加以分析。

利用考古学的方法，可以判定某些断陷区的近期下降速率。这种方法主要的依据是古代文化遗迹被掩埋于地下的时间和深度。例如，山西省山阴县城南公元 1214 年的金代文物被埋于地下 1.5～1.8m 处，由此可估算汾渭地堑北端的雁同盆地近 700 多年平均下降速率是 2.2mm/a。

在某些较早的记录中，也可能有关于地表错断的某些记录，如记录有地面高程发生变化、开口裂缝、新泉形成等，但必须小心的排除其他作用如滑坡、震陷等造成这些现象的可能性，才能作为活断层的可信标志。

（3）使用仪器测定。

利用密集的地震台网能确切地测定小震震中位置，并确定活断层的存在。但是有些活动性较强的蠕滑断层，并不发生地震。所以单纯依靠它来鉴别活断层，就不会获得满意的效果。采用重复精密水准测量和三角测量所获得的证据，能判定无震蠕滑断层或地震断层的活动性。它可求算活断层不同地段两盘相对活动的趋势和幅度。

（4）地震标志。

经地震台网仪器记录确定大地震震中沿一定断层线分布，则表明此断层曾经错动并发震，将来也会错动和发震。近年来很多人主张以密集的地震台网确切测定小地震震中位置，以它们沿一定断层线分布作为判定活断层的一种地震标志。但这种活断层是否会产生大地震或地表错动，单凭这种标志还不能确定。美国沿加州圣安德烈斯断层所进行的微震监测是这类研究的先驱。我国进行此项工作较迟，尚未取得足够资料。

通过上述方法可以确定断层带的位置、宽度、分支断裂发育情况。错动幅度及变形带宽度，以及活断层的活动时间间隔。

3. 活断层的工程评价

活断层的工程评价内容包括：断裂对工程建设和环境可能产生的影响，断裂活动性和地震效应的分析以及处理方案等。应根据工程的类型、规模和重要性，按有关规范要求，将活断层进行分级；活断层的地震效应，应根据其基本活动形式和工程的重要性进行综合评价。在活断层区选择工程厂址时应慎重，一般应该考虑以下几点要求：

（1）建筑物场址一般应避开活动断裂带，尤其是高坝和核电站这类重要的永久性建筑物，失事的后果极为严重，更不能在活断层附近选择场地。

（2）铁路、桥梁、运河等线性工程必须跨越活断层时，尽量使其大角度相交，并尽量避开主断层。

（3）必须在活断层地区兴建的建筑物，应尽可能地选择相对稳定地块即"安全岛"，尽量将重大建筑物布置在断层的下盘。

（4）在活断层区的建筑物应采取与之相适宜的建筑型式和结构措施。活断层上修建水坝时，不宜采用混凝土重力坝和拱坝，而应采用土石坝这类散体堆填坝，而且坝体结构应是一种有相当厚且无粘性土过渡带的多种土质坝。建于活断层上的桥梁，也应采取相应的结构措施。

7.1.2　地震

1. 概述

地震是由内力地质作用和外力地质作用引起的地壳振动现象的总称。地震是一种地质现象，是地壳运动的表现之一，它主要发生在板块边缘地区及大断裂带上。在地球上，地震主要发生在环太平洋边缘地区和欧亚大陆的南部边缘一带。我国位于世界两大地震带——环太平洋地震带与欧亚地震带之间，受太平洋板块、印度板块和菲律宾海板块的挤压，地震断裂带十分发育，地震活动频度高、强度大、震源浅，分布广，是一个震灾严重的国家。

中国科学院地球物理研究所曾将全国划分为 23 个地震带。其中主要地震带有：台湾与东南沿海地震带、郯城—庐江地震带、南北向地震带、华北地震带、西藏—滇南地震带、天山南北地震带。

我国历史上发生过多次破坏性很强的地震，统计结果见表 7-1。

表 7-1　　　　　　　　　　　中 国 近 期 主 要 地 震

时　　间	震级	位　　置	死亡/人	备　　注
1920 年 12 月 16 日	8.5	宁夏海原县	24 万	
1927 年 5 月 23 日	8.0	甘肃古浪	4 万余	
1932 年 12 月 25 日	7.6	甘肃昌马堡	7 万	
1933 年 8 月 25 日	7.5	四川茂县叠溪镇	2 万多	
1950 年 8 月 15 日	8.5	西藏察隅县	近 4 000	
1962 年	6.1	广东河源		水库诱发
1966 年 3 月 8 日/22 日	6.8/7.2	河北邢台隆尧县/宁晋县	8064	
1970 年 1 月 5 日	7.7	云南通海县	15 621	
1975 年 2 月 4 日	7.3	辽宁海城	1020	成功预报
1976 年 7 月 28 日	7.8	河北唐山、丰南	242 000	
1996 年 2 月 3 日	7.0	云南省丽江县	309	
2008 年 5 月 12 日	8.0	四川省汶川县	95 000	

在地壳内部发生地壳震动的发源地叫震源（图 7-1）。震源在地面的投影称为震中。震源到震中距离称为震源深度。震源深度在 70km 以内的称为浅源地震，震源深度在 70～300km 范围内的称为中源地震，震源深度在 300～700km 范围内的称为深源地震。其中浅源地震约占 95% 以上，而且大多发生在第三纪、第四纪以来的活动断裂带内，由于它距离地表很近，对地面影响显著，破坏性地震一般均为浅源地震。

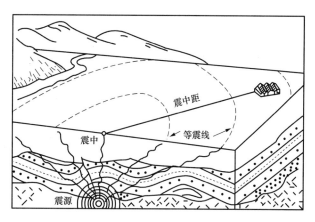

图 7-1　震源、震中和等震线

地面上某一点到震中的距离称为该点震中距（图 7-1）。震中距在 1000km 以内的地震称为近震，大于 1000km 的地震称为远震。引起灾害一般都是近震。在同次地震影响下，地面上破坏程度相同各点的连线称为等震线。

地震时最初发生的小震动称为前震；前震活动逐渐增加后，接着发生剧烈的大地震称为主震；主震之后继续发生的大量的小地震称为余震，余震是成群的，最初发生的频率（单位时间内震动的次数）很高，往后逐渐衰减，持续时间长短不一，有的大地震之后余震很少，有的则很多，持续数月乃至数年之久还有小地震发生。据统计，我国 2008 年 5 月 12 日发生的汶川大地震，汶川地区共发生 4.0 级以上余震 156 次。

2. 地震的成因类型

地震按其成因可以分为构造地震、火山地震、陷落地震和诱发地震四类。

（1）构造地震。构造地震是由于地壳运动而引起的地震。构造地震是地震的主要类型，约占地震总数的 90%。构造地震中最为普遍的是由于地壳断裂活动而引起的地震。即当地壳运动使岩体变形时，在岩体内部产生应力，当岩体应力积累到超过岩体强度时，岩体发生突然破裂或错动，同时释放大量的应变能，引起地震。构造地震特点是传播范围广、震动时间长而且强烈，往往是突发性和灾害性。

（2）火山地震。由于火山活动时岩浆喷发冲击或热力作用而引起的地震，称为火山地震。这类地震可产生在火山喷发的前夕，亦可在火山喷发的同时。其特点是震源常限于火山活动地带，影响范围不大，强度也不大，地震前有火山发作作为前兆。火山地震为数不多，数量约占地震总数的 7% 左右。火山爆发可能会激发地震，而发生在火山附近的地震也可能引起火山爆发。全球最大的火山地震带是环太平洋地震带。

（3）陷落地震。由于地下水对可溶性岩石的溶解，使岩石中出现溶洞并逐渐扩大，或由于地下开采形成了巨大的空洞，造成岩石顶部和土层崩塌陷落而引起地震，叫陷落地震。地震能量主要来自重力作用。陷落地震主要发生在石灰岩或其他岩溶岩地区，由于地下溶洞不断扩大，洞顶崩塌，引起震动。矿洞塌陷或大规模山崩、滑坡等亦可导致这类地震发生。这类地震为数很少，约占地震总数的 3%，震级都很小，影响范围不大。

（4）诱发地震。在特定的地区因某种地壳外界因素诱发而引起的地震，称为诱发地震。这些外界因素可以是地下核爆炸、陨石坠落、油井灌水等，其中最常见的是水库地震。水库蓄水后改变了地面的应力状态，且库水渗透到已有的断层中，起到润滑和腐蚀作用，促使断层产生新的滑动。但是，并不是所有的水库蓄水后都会发生水库地震，只有当库区存在活动断裂、岩性刚硬等条件，才有诱发地震的可能性。

3. 地震波

地震时，震源释放的能量以弹性波的形式向四处传播，这种弹性波就是地震波。地震波在地壳内部传播的波称为体波；体波经过反射、折射，到达地表，使地面产生波动，这种由体波形成的沿地面传播的次声波称为面波。在地壳内部传播的体波包括纵波（P 波）和横波（S 波）。纵波是由震源向外传播的压缩波，质点震动与波前进的方向一致，一疏一密的向前推进，其振幅小，周期短，速度快；横波是由震源向外传播的剪切波，质点震动与波前进的方向垂直，其振幅大，周期长，速度慢。因此，在仪器记录的地震波谱上，总是纵波先于横波（图 7 - 2）。

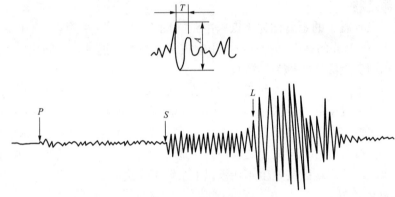

图 7 - 2　地震波记录

T—周期；A—全振幅；P—纵波；S—横波；L—面波

在地表传播的面波分为瑞利波（R 波）和勒夫波（Q 波）两种。瑞利波（R 波）是在地表作椭圆运动 [图 7 - 3（a）]，勒夫波在地表作蛇行摆动 [图 7 - 3（b）]。面波传播速度较体波慢，面波到达时，地面震动较强烈，对建筑物破坏性较大。

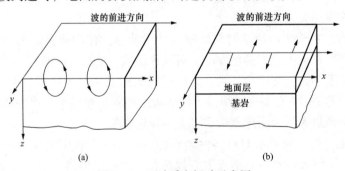

图 7 - 3　面波质点振动示意图

（a）瑞利波；（b）勒夫波

4. 地震震级及烈度

（1）地震震级。

地震震级表示地震本身强度大小的等级，是衡量震源释放能量大小的一种量度。释放出来的能量越大，则震级越大。一次地震所释放的能量是一定的，因此一次地震只有一个震级。小于 2 级的地震人们感觉不到，称为微震。现有记载的地震震级最大没有超过 8.9 级的，因为超过 8.9 级时，岩石强度便不能积蓄弹性应变能。

地震释放能量的大小可根据地震波记录图的最高振幅来确定。目前国际上震级定义采用是李希特—古登堡的最初定义，震级（M）是标准地震仪在距震中 100km 处记录的以微米为单位的最大振幅（A）的对数值，即

$$M = \lg A \tag{7-1}$$

古登堡和李希特根据观测数据，推出震级（M）与能量（E）之间关系为：

$$\lg E = 11.8 + 1.5M \tag{7-2}$$

（2）地震烈度。

地震烈度是指地面及建筑物受地震影响的强烈程度。它表明地震对具体地点的实际影响。地震烈度除了与震级、震中距、震源深度有关外，还与地质情况有关。地震烈度的定量描述极其复杂的，一般可按地面的宏观破坏现象来进行鉴定（表 7-2）。

表 7-2　　　　　　　　　　　　地 震 烈 度 表

地震烈度	地 震 现 象
1～2 度	人们一般没感觉，只有地震仪才能记录到
3 度	室内少数人感觉到轻微震动
4～5 度	人们有不同程度的感觉
6 度	人行不稳，器皿倾斜，房屋出现裂缝，少数受到破坏
7～8 度	人立不住，大部分房屋遭到破坏，高大烟囱可以断裂，有时有喷砂冒水现象
9～10 度	房屋严重破坏，地表裂缝很多，湖泊水库中有大浪，部分铁轨弯曲、变形
11～12 度	房屋普遍倒坍，地面变形严重，造成巨大的自然灾害

震级与烈度都是反应地震强烈程度的指标，但烈度对工程抗震来说意义更大。为了表示某一次地震的影响程度以及为工程建设抗震提供依据，把地震烈度分为基本烈度、场地烈度和设防烈度。

1）基本烈度。基本烈度是指某一地区在今后一定期限内（我国一般考虑 100 年），可能遭遇的最大地震烈度。基本烈度定的准确与否，与该地工程建设的关系极为密切。如烈度定得过高，提高设计标准，会造成人力和物力上的浪费；定得过低，会降低设计标准，一旦发生较大地震，必然造成损失。我国已编制了全国基本烈度图，从图上可以找出一地的基本烈度，以此作为工程防震的宏观依据。

2）场地烈度。场地烈度是指在建筑场地范围内，由于工程地质条件的不同而引起的对基本烈度的提高或降低。这种根据场地条件调整后的烈度，在工程上称为场地烈度。场地烈度对工程设计具有重要意义。

3）设计烈度。在场地烈度基础上，根据工程的重要性、抗震性和修复的难易程度，按抗震设计规范进一步调整，得到设计烈度，亦称设防烈度。设防烈度是设计中实际采用的烈度。

5. 地震效应

在地震作用影响所及的范围内，于地面出现的各种震害或破坏称为地震效应。地震效应包括振动破坏效应、地震破裂效应、地震液化效应等。

（1）振动破坏效应。

振动破坏效应是由于地震力作用直接引起建筑物的破坏。所谓地震力是指地震发生时，地震波在岩土体中传播而引起强烈的地面运动，使建筑物的地基基础以及上部结构都发生振动，相当于给建筑物施加了一个附加荷载。当地震力达到某一限度时，建筑物即发生破坏。在地震效应中振动破坏效应是最主要的。一次强烈地震发生时，建筑物的破坏、倾倒，主要是由于地震力的直接作用引起的。特别是高层建筑物，水平向刚度比垂直向刚度小得多，建筑物的损毁主要是由水平分力造成的。因此，在一般的抗震设计中都必须考虑水平向地震力的影响。

（2）地震破裂效应。

强震导致地面岩土体直接出现破裂和位移，从而引起附近的或跨越破裂带的建筑物变形或破坏。在地表一般都会出现地震断层和地裂缝。在宏观上，它沿着一定方向展布在一个狭长地带内，绵延数十至数百千米，对工程建设意义重大。

（3）地震液化效应。

地震液化是地震中发生的主要震害。唐山地震中发生液化面积达 $24\,000\mathrm{km}^2$，在液化区域内，由于地基丧失承载力，造成建筑物大量沉陷和倒塌。

1）地震液化机理。对于干的松散粉细砂层在受到震动时，会变得更为紧密，但当粉细砂土层处于饱和状态时，振动会使砂土层中的孔隙水压力骤然上升，而在地震过程的短暂时间内，骤然上升的孔隙水压力来不及消散，这就使原来由砂粒通过其接触点传递的压力（称为有效应力）减小。当有效应力完全消失时，砂土层会完全丧失其抗剪强度和承载能力，变成像液体一样的状态，这就是通常所说的砂土液化现象。

2）地震液化的宏观表现。地震液化在地质上可有以下两方面的宏观表现：

① 喷水冒砂现象。它是土体中剩余孔隙水压力区产生的管涌所导致的水和砂在地面上喷出的现象。

② 渗流液化现象。对于由几层土组成的地基，且较易液化的砂层被覆盖在不易液化的土层下面。地震时，往往地基内部的砂层首先发生液化，在砂层内产生很高的超静孔隙水压力，引起自下而上的渗流，当上覆土层中的渗流坡降大于临界坡降时，原来在振动中没有液化的土层，在渗透水流的作用下也处于悬浮状态，砂层以及上覆土层中的颗粒随水流喷出地面，这就是渗流液化现象。

3）影响地震液化的主要因素。

① 饱和度。一般只发生于饱和土。

② 土的性质。一般情况下，中、细、粉砂是最容易发生振动液化的土。粉土和砂粒含量较高的砂砾土也属于可液化土。砂土的抗液化能力与平均粒径 d_{50} 的关系很密切，在 d_{50}（平均粒径）$=0.07 \sim 1.0\mathrm{mm}$，抗液化性能最差。对于粘性土，由于存在黏聚力，振动不容易使其体积发生变化，不容易产生较高的孔隙水压力，是非液化土。

③ 状态。1964 年日本新泻地震现场调查资料表明，相对密度为 50% 地区，地基砂土普遍出现液化现象，而相对密度大于 70% 的地区，则未出现地基液化现象。

④ 其他。排水条件、应力状态及历史、地震特性等都会对地震液化产生不同程度的影响。

7.2　滑坡与崩塌

滑坡和崩塌是发生在山区主要的不良地质作用，它们是在重力作用下形成的自然斜坡和人工边坡的破坏现象。两种作用的表现形式、力学机制、形成条件、评价方法和防治措施等均不同。

滑坡是在重力、水压力、地震力或其他某种力的作用下，斜坡或边坡（人工边坡）岩土体整体向下滑移的现象。崩塌是斜坡上被陡倾破裂面分割的岩土体，主要受重力作用，突然而快速地坠落下来的现象。规模巨大的崩塌称为山崩，个别岩块的崩落称为坠石。滑坡与崩塌的主要特征见表 7-3。

表 7-3　　　　　　　　　　　滑坡与崩塌的主要特征对比表

特征	滑坡	崩塌
岩土体	软弱面或软硬相间	层厚、坚硬、性脆
地形地貌	各种地形坡度、较深层的破坏	高陡斜坡前缘
运动矢量	水平方向为主	铅直方向为主
依附（滑移）面	有	无
运动特点	一般较缓慢，且具整体性	突然发生，快速运动

滑坡与崩塌是山区常见的不良地质现象。我国是一个多山的国家，山地面积占国土面积的 65% 以上。无论从分布之广泛抑或发生之频次看，滑坡和崩塌当属最大、最严重的地质灾害。

经研究，我国崩塌、滑坡分布的基本规律为：新构造活动的频度和强度大的山区；中新生代陆相沉积厚度大或其他易形成滑坡的岩土体斜坡地区；地表水侵蚀切割强烈的山区；人类活动强度大，对自然环境破坏严重的斜坡地区；暴雨集中且具有形成崩塌、滑坡地质背景的地区。

从全国范围看，崩塌、滑坡的多发区主要在：横断山区、黄土高原区、川北陕南山区、川西北龙门山区、金沙江中下游河谷地区、川滇南北向条带状地带、汉江河古（安康—白河）地段、川东丘陵区以及长江上游河谷（重庆—庙河地段）等。

鉴于崩塌与滑坡（尤其是滑坡）对人类工程——经济活动和环境危害较大，所以他们是工程地质学研究的重要对象。

7.2.1　滑坡机理和发育过程

1. 滑坡机理

在斜坡形成过程中，由于侧向临空面的产生，坡面附近的岩土体发生卸荷回弹，引起应力重分布和应力分异和应力集中等效应，导致坡面附近主应力迹线明显偏转；坡体内最大剪应力迹线也发生变化，呈现为凹向坡面的圆弧状；在坡脚附近，与坡面大致平行的最大主应力显著增高，而最小主应力（垂直于坡面）显著降低，甚至可能为负值，形成为最大剪应力增高带，最易于发生剪切破坏。

当坡体内某处的最大剪应力值达到甚至超过了岩土体本身的抗剪强度时，就开始发生局部剪切破坏，表现形式为蠕滑，坡体内不同部位的蠕滑面会逐渐扩展以至于贯通时，即演化为滑坡。所以在均质岩土体中滑坡破坏面往往呈现圆弧状。如果坡体内有顺坡向的软弱结构面（如层面、断层面、节理面）时，则滑坡面就受弱面控制。

2. 滑坡的发育过程

滑坡发育过程通常可划分为三各阶段，即蠕动变形阶段、滑动破坏阶段和渐趋稳定阶段。研究滑坡的发育过程，对于认识滑坡和正确选择治理滑坡措施具有重要意义。

（1）蠕动变形阶段。

在自然条件和人为因素作用下，使斜坡内部剪应力不断增加，岩土强度不断降低，导致斜坡稳定状况受到破坏。滑坡体的某一部分，因抗剪强度小于剪切力而首先变形，产生微小的滑动。以后变形逐渐发展，直至坡面出现断续的拉张裂缝。随着裂缝的出现，渗水作用加强，使变形进一步发展。后缘拉张裂缝逐渐加宽并渐渐出现不大的垂直断距，两侧剪切裂缝也相继出现。坡脚附近的土层被挤压，而且显得比较潮湿，有时在坡脚可以观察到有浑浊的泉水渗出，此时滑动面已基本形成。蠕动阶段的时间，长的可达数年，短的仅几天。一般说来，滑坡规模越大，蠕动阶段历时越长。斜坡在整体滑动之前出现的各种现象，叫做滑坡的前兆现象。尽早发现和观测滑坡的各种前兆现象，对于滑坡的预测和预防都是很重要的。

（2）滑动破坏阶段。

当滑动面形成，滑坡体与滑坡床完全分离。滑动带抗剪强度急剧减小，只要有很小的剪切力就能使滑坡体滑动。滑坡整体向下滑动，滑坡后壁越露越高，滑坡体分裂成数块，并在地面上形成阶梯状滑坡台地；滑坡体上的树木东倒西歪地倾斜，形成"醉林"（图7-4）；滑坡体上的建筑物以及一些设施发生严重变形破坏。随着滑坡体向前滑动，滑坡体前部向前伸出，形成滑坡舌。在滑坡滑动的过程中，滑动面附近湿度增大，并且由于重复剪切，岩土的结构受到进一步破坏，从而引起岩土抗剪强度进一步降低，促使滑坡加速滑动。滑坡滑动的速度取决于滑动过程中岩土抗剪强度降低的多少，并和滑动面形状、滑坡体厚度和长度，以及滑坡在斜坡上的位置等有关。对于速度快、来势猛的滑坡，滑动时往往伴有巨响并产生很大气浪，甚至造成巨大的灾害。

（3）渐趋稳定阶段。

经剧滑之后，滑坡体重心降低，能量消耗在克服前进阻力和土体变形中，位移速度越来越慢，并趋于稳定。滑动停止后，岩土体变得松散破碎，透水性增大，含水量加大。滑坡停息后，在自重作用下，岩土体逐渐压实，地表裂缝逐渐闭合。该阶段可能延续数年之久，原有滑坡体上东倒西歪的"醉林"，又重新垂直向上生长，但其下部已不能伸直，因而下部的树干呈弯曲状，称之谓"马刀树"（图7-5），这是滑坡趋于稳定的一种典型现象。

滑坡趋于稳定之后，如果产生滑坡的主要因素已经消除，滑坡将不再滑动；若产生滑坡的主要因素并未完全消除，而且不断的积累，当积累到一定程度后，稳定的滑坡便又会重新滑动；或者已停息多年的老滑坡若遇到特别突出的诱发因素，如强烈地震、暴雨、大规模切坡等，也会重新活动。

图7-4　醉林

7.2.2 滑坡构造特征

一个发育完全的比较典型的滑坡具有如下的基本构造特征（图 7-6）：

1. 滑坡体

斜坡内沿滑动面向下滑动的那部分岩土体称为滑坡体。这部分岩土体虽然经受了扰动，但大体上仍保持有原来的层位和结构构造上的特点。滑坡体和周围不动岩土体的分界线叫滑坡周界。滑坡体的体积大小不等，大型滑坡体可达几千万立方米。

2. 滑动面、滑动带和滑坡床

滑坡体沿其滑动的面称滑动面。滑动面以

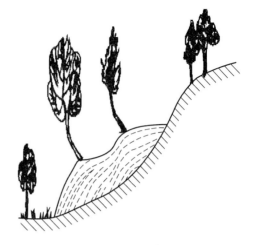

图 7-5 马刀树

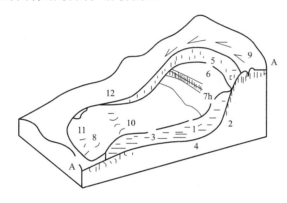

图 7-6 滑坡示意图

1—滑坡体；2—滑动面；3—滑动带；4—滑坡床；5—滑坡后壁；6—滑坡台地；7—滑坡台地陡坎；
8—滑坡舌；9—张拉裂缝；10—滑坡鼓丘；11—扇形张裂缝；12—剪切裂缝

上，被揉皱了的厚数厘米至数米的结构扰动带，称滑动带。有些滑坡的滑动面（带）可能不止一个，在最后滑动面以下稳定的岩土体称为滑坡床。

3. 滑坡后壁

滑坡体滑落后，滑坡后部和斜坡未动部分之间形成的一个陡度较大的后壁称为滑坡后壁。滑坡后壁实际上是滑动上部的露头。后壁的左右呈弧形向前延伸，其形态呈"圈椅"状，称为滑坡圈谷。

4. 滑坡台地

滑坡体滑落后，形成阶梯状的地面称滑坡台地。滑坡台地的台面往往向着滑坡后壁倾斜。滑坡台地前缘比较陡的破裂壁称为滑坡台坎。有两个以上滑动面的滑坡或经过多次滑动的滑坡，经常形成几个滑坡台地。

5. 滑坡鼓丘

滑坡体在向前滑动的时候，如果受到阻碍，就会形成隆起的小丘，成为滑坡鼓丘。

6. 滑坡舌

滑坡体的前部如舌状向前伸出的部分称为滑坡舌。

7. 滑坡裂缝

在滑坡运动时，由于滑坡体各部分的移动速度不均匀，在滑坡体内及表面所产生的裂缝称为滑坡裂缝。

8. 滑坡主轴

滑坡主轴也称主滑线，为滑坡体滑动速度最快的纵向线，它代表整个滑坡的滑动方向。

9. 滑坡裂缝

根据受力情况不同，滑坡裂缝可以分为以下四种：

（1）张拉裂缝。在斜坡将要发生滑动的时候，由于拉力的作用，在滑坡体的后部产生一些张口的弧形裂缝。坡上拉张裂缝的出现是产生滑坡的征兆。

（2）鼓张裂缝。滑坡体在下滑的过程中，如果滑动受阻或上部滑动较下部为快，则滑坡下部会向上鼓起并开裂，这些裂缝通常是张口的。

（3）剪切裂缝。滑坡体两侧和相临的不动岩土体发生相对位移时，会产生剪切作用；或滑坡体中央部分较两侧滑动快而产生剪切作用，都会形成大体上与滑动方向平行的裂缝。

（4）扇形张裂缝。滑坡体向下滑动时，滑坡舌向两侧扩散，形成放射状的张开裂缝，成为扇形裂缝，也称滑坡前缘放射状裂缝。

7.2.3　滑坡的分类

1. 按滑坡体的主要物质组成和滑坡与地质构造关系划分

（1）覆盖层滑坡。主要有粘性土滑坡、黄土滑坡、碎石滑坡、风化壳滑坡。

（2）基岩滑坡。按照与地质结构的关系可分为：均质滑坡、顺层滑坡、切层滑坡。顺层滑坡又可分为沿层面滑动或沿基岩面滑动的滑坡。

1）均匀滑坡。发生在均质土体或极其破碎的岩体中，不具有成层性，滑动面取决于斜坡内部的应力状态和岩土的抗剪强度关系，通常近似为一圆弧面。

2）顺层滑坡。沿着某些地质作用的面产生的滑坡，如岩层层面、裂隙面、堆积物与基岩交界面、透水层与不透水层交界面和岩层不整合面［图7-7（a）］。

3）切层滑坡。滑动面与层面相切割的滑坡，通常由几组节理组合贯通而成，滑动面是折线形的［图7-7（b）］。

（3）特殊滑坡 有融冻滑坡、陷落滑坡等。

2. 按滑坡体的厚度划分

（1）浅层滑坡。厚度小于6m。

（2）中层滑坡。厚度为6～20m。

（3）深层滑坡。厚度大于20～30m。

（4）超深层滑坡。厚度大于30m。

3. 按滑坡的规模大小划分

（1）小型滑坡。规模小于3万 m^3。

（2）中型滑坡。3万～50万 m^3。

（3）大型滑坡。50万～300万 m^3。

（4）巨型滑坡。大于300万 m^3。

4. 按力学条件划分

（1）牵引式滑坡。主要由于坡脚被人为开挖或冲刷使边坡下部变形滑动，引起边坡的

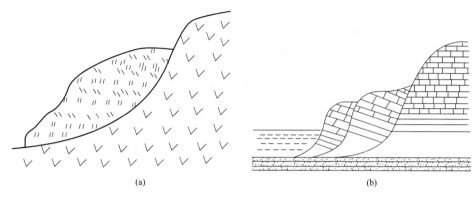

图 7 - 7　滑坡的分类

(a) 顺层滑坡；(b) 切层滑坡

上部相继向下滑动。牵引式滑坡的滑动速度比较缓慢，但会逐渐向上延伸。

（2）推动式滑坡。主要是在上部荷载（如建筑物、弃土等）的作用下，边坡上部先变形滑动，并挤压推动下部边坡继续滑动。推动式边坡滑动速度较快，但规模通常较小。

5. 按形成年代划分

（1）新滑坡。进入第四纪年代以来滑动过的滑坡。

（2）古滑坡。进入第四纪年代以来没有滑动过的滑坡

7.2.4　影响边坡稳定性因素

1. 地形地貌条件

滑坡与地貌的关系主要表现在临空面和坡度上。在斜坡地质条件相同的条件下，高陡斜坡失去稳定性比低缓斜坡容易。

2. 岩性条件

容易发生滑坡的岩性条件主要有：

（1）第四纪的各类堆积物、沉积物。滑坡现象主要发生在该岩性中。

（2）砂岩与页岩或泥岩互层。

（3）石灰岩、白云岩与页岩、泥岩互层。

（4）泥质岩的变质岩系，如千枚岩、板岩、云母片岩。

3. 地质构造条件

地质构造是影响滑坡的重要因素，大型滑坡往往和地质构造有关，主要表现在以下方面：

（1）在大的断裂构造带附近，岩体破碎，构成破碎岩层滑坡的滑体。

（2）各种构造结构面（如断层面、岩层面、节理面、片理面及不整合面等），控制了滑动面的空间范围、位置及滑坡的范围。

（3）滑坡区地下水的类型、分布、状态和运动规律，不同程度的影响着滑坡的产生和发展。

4. 气候

气候方面主要通过降雨和温度对滑坡产生影响，其中尤以降雨影响最为显著。降雨不仅

增加滑坡体的重量，而且雨水还起到润滑的作用，因此，对于很多滑坡有大雨大滑、小于小滑、无雨不滑的现象。另外在冻融季节也经常出现滑坡。

5. 水文地质条件

地表水及地下水的活动常是导致产生滑坡的重要因素。据有关资料介绍，90%以上的边坡滑动都与水的作用有关。水的作用表现在以下几个方面：

（1）因水的进入而使边坡体的重量发生变化并导致边坡的滑动。大气降水降落到地面以后沿土坡表面下渗，使上层土体的重量增加，改变了土坡原有的受力状态，因而有可能引起土坡的滑动。

（2）水的进入造成土坡力学性质指标的变化而导致边坡滑动。细粒土会随着含水量的增大而引起其物理状态的改变，其力学强度指标也会随土体含水量增加而降低，自然可能导致边坡体的滑动破坏。斜坡堆积层中的上层滞水和多层带状水极易造成堆积层产生顺层滑动。斜坡上部岩层节理裂隙发育、风化剧烈，形成含水层，下部岩层较完整或相对隔水，这种水文地质结构，具有季节性的充水条件，在雨季易沿含水层和隔水层界面产生滑坡。

（3）断裂带的存在使地下水、地表水和不同含水层之间发生水力联系，使坡体内水压力变化复杂，导致坡体滑动，或渗流动水力作用下导致边坡体受力状态的改变并进而产生坡体滑动。

（4）地下水在渗流中对坡体介质的溶解、溶蚀和冲蚀改变了边坡体的内部构造而导致边坡滑动，或河流等地表水对土坡岸坡的冲刷、切割致使边坡产生滑动。地表水体（河、湖等）水位的涨落是岸边滑坡的诱因，水位上涨使岸边土体浸湿软化，水位下降时土体内部产生朝向斜下方的动水压力，极易导致岸坡滑动。

6. 人为因素

人为因素影响是边坡滑动破坏的一个重要因素，人们在平整场地、修筑道路、开挖渠道、基坑以及采矿过程中，如果不合理的开挖坡脚，不适当的在边坡体上弃土堆重或进行工程项目建设，都有可能破坏边坡原有的稳定性而引起滑坡。不适当的开挖坡脚，可导致牵引式滑坡，或引起古滑坡复活。不适当地在坡体上部堆放荷载，可引起推移式滑坡；不合理地开采矿藏，使山体斜坡失稳滑动或引起崩塌性滑坡。大型爆破产生的动力效应也能诱发山体滑坡；斜坡上部修筑渠道或铺设管道，由于渠道或管道漏水，引起坡体滑动；深基坑开挖引起的基坑周边土体失稳滑动并造成周围地面其他市政设施的破坏等。

7.2.5　边坡稳定性评价

对于大型或地质条件复杂的边坡，稳定性评价方法一般分两个阶段进行。第一阶段，对初勘所取得的地质资料进行研究，由于这阶段试验资料少，多用定性分析对边坡稳定性作出估价；第二阶段，对经上阶段分析认为是不稳定的边坡进行详勘，取得包括岩土或软弱结构面强度、地下水流和水压等方面的资料后，经定量分析对边坡稳定性作出判断。对中、小型边坡可将上述两阶段合并一次进行。

1. 边坡稳定性定性评价

边坡稳定性定性分析是在大量搜集边坡及所在地区地质资料的基础上，综合考虑影响边坡稳定的各种因素，通过工程地质类比法或赤平极射投影法等方法对边坡稳定状况和发展趋势作出估价和预测。

（1）工程地质类比法。该法是将已有的天然边坡或人工边坡的研究经验（包括稳定的或破坏的），用于新研究边坡的稳定性分析，如坡角或计算参数的取值、边坡的处理措施等。类比法具有经验性和地区性的特点。应用时必须全面分析已有边坡与新研究边坡两者之间的地貌、地层岩性、结构、水文地质、自然环境、变形主导因素及发育阶段等方面的相似性和差异性，同时还应考虑工程的规模、类型及其对边坡的特殊要求等。

（2）赤平极射投影法。赤平极射投影法是用二维平面图形表达物体空间方位的几何要素，并方便的求得它们之间的夹角与组合关系。在斜坡稳定研究中，能表示出可能滑动面与坡面的空间关系及其稳定性。此方法被广泛采用。有关赤平极射投影法的原理及作图方法可参阅相应的参考书。

2. 边坡稳定性定量评价

边坡稳定性定量分析需按区段及不同坡向分别进行。根据每一区段的岩土技术剖面，确定其可能的破坏模式，并考虑所受的各种荷载（如重力、水作用力、地震或爆破振动力等），选定适当的参数进行计算。

定量分析方法主要有极限平衡法、有限元法、概率法三种。

有限元分析边坡应用较多的是二维线性有限元分析方法，其原理及步骤是通过离散化，将坡体变换成离散的单元组合体，假定各单元为均匀、连续、各向同性的完全弹性体，各单元由节点相互连接，内外力由节点来传递，单元所受的力按静力等效原则移到节点，称为节点力。当按位移求解后，取各节点的位移作为基本未知数，按照一定的函数关系求出各节点位移后，即可进一步求得单元的应变和应力，分析评价斜坡的变形破坏机制，进而对其稳定性作出评价。

边坡稳定的概率分析是将边坡稳定问题视为一随机过程，把影响稳定性的各种因素（如岩石构造、抗剪强度及边坡尺寸、地下水位等）均视为随机变量，通过调查、试验及分析求得各变量的函数分布，并确定出边坡稳定状态的概率值。由于影响边坡稳定的各种因素具有可变性，因此概率分析法在近些年来逐渐被应用于边坡的稳定性分析中。

7.2.6　滑坡的防治

对于滑坡采用预防为主、治理为辅的方针，最大限度的节省人力财力。滑坡的防治方法可以分为五大类，这五类方法可以根据实际情况单独使用或结合使用。

1. 绕避

在项目选址或居住、生活环境选址时应尽量避开不稳定的山坡滑动影响，对于地段稳定性较差、有滑动可能或易于滑动的边坡以及已经确定正在滑动或滑动已经完成的古滑坡地段，一般不宜选为工程项目建设场址，在项目选址、交通线路选择或居住、生活环境选址时应尽最大可能予以避开。可采用以下方式：

（1）以隧道方式从滑床下通过。

（2）以旱桥方式从滑坡前缘通过。

（3）跨河将线路放在对岸稳定地段通过。

2. 排水

如前所述，绝大多数的滑坡都与水的作用有关，因此，防止外围水进入边坡体内部、排除或疏导边坡体中危害边坡稳定性的地下水，是滑坡防治中的一种重要举措，对于地表水和地下水应采用不同的排水措施。

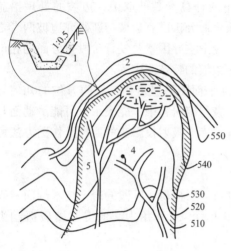

图 7 - 8　地表排水系统
1—泄水孔；2—截水沟；3—湿地；
4—泉；5—滑坡周界

或多种排水方法结合进行。

（1）排地表水。

可使用排水明沟或截水沟将滑坡体外的地表水排除，在变形破坏区内充分利用地形和自然沟谷，布置成树枝状排水系统（图 7 - 8）。

（2）排地下水。

1）针对出露的泉水和湿地等，做排水沟或渗沟，将水引出滑坡体外。

2）滑坡体前缘，常因坡体内的地下水活动而松软、潮湿，引起坡体坍塌滑动，为此，可作边坡渗沟疏干，或作小盲沟，兼起支撑和疏干作用。

3）整个坡面植树，加大蒸发量，保证坡面干燥等。

排水是保证边坡稳定的一项重要措施，排水方法除上述介绍的以外，还有很多其他方法，应结合边坡工程的实际情况，采取不同的排水方法。

3. 设置支挡构筑物，增大边坡的抗滑移能力

当设置支挡结构物可以保证边坡的安全性且又经济合理时，可考虑采用被动或主动的支挡方式对边坡加以防护。

（1）被动式支挡主要是修筑挡土墙（图 7 - 9）或设置抗滑桩（图 7 - 10），当空间不成问题时还可考虑通过在坡脚御土来防止边坡的滑动。

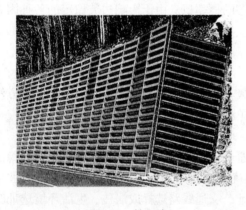

图 7 - 9　挡土墙

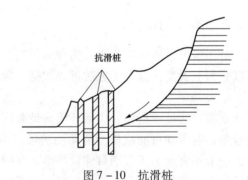

图 7 - 10　抗滑桩

（2）主动式的支挡主要是通过抗拉能力强的若干锚固杆体将可能滑动的"滑动体"锚固在稳定的滑坡床中去（图 7 - 11）。

（3）介于主动和被动支挡之间的桩、锚支挡体系近年来更是得到了大力发展。对于大中型滑坡通过锚杆（索）和抗滑桩的共同作用，可以在保证安全的前提下降低处理滑坡的成本（图 7 - 12）。

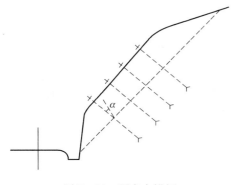

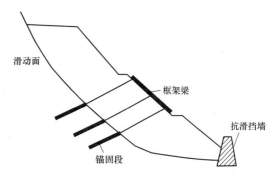

图 7 – 11　预应力锚杆　　　　　　图 7 – 12　锚索框架和抗滑挡墙结合治理滑坡

（4）在道路工程中还可通过设置抗滑明洞来保证车辆安全通过浅层滑坡多发地段。抗滑明洞基部岩土体稳固可靠，滑动体位于斜坡上方的一定位置，在明洞靠滑坡方向一侧和洞顶，回填土石以支撑侧帮推力，让滑坡体从洞顶滑过。但由于这种方案造价昂贵，且拱脚连接部位（明洞侧帮）稳定性必须严格保证，因此工程中应该慎用。

4. 改变滑坡体表面形态、降低"滑动体"的重心

改变滑坡体表面形态的目的是改善滑坡体的受力状态，降低"滑动体"的重心和下滑力，通过削坡、减荷使边坡高度降低、坡度变缓，稳定性增加，以达到防止边坡滑动的目的。具体实施时应根据坡高和坡面情况确定挖填方位置和土石方量，填方部分除应尽量夯实外还要做好地下排水设施。削坡减荷的方式有：

（1）滑坡体上部刷方减重，下部堆土加载。

（2）把边坡修成台阶式，变高陡边坡为多个低缓边坡。

5. 改变滑坡体的岩土性质

滑坡体的岩土性质可以通过以下物理化学方法加以改变，使滑坡体趋向稳定。

（1）灌浆法。采用高压灌入水泥浆、化学浆，使滑坡体的整体性能增强，稳定系数增加。

（2）电渗排水和电化学加固。采用电渗法排除滑坡体内的地下水或加入化学浆液加固土体。

（3）焙烧法。可以降低滑坡体含水量。

7.2.7　崩塌机理和形成条件

1. 崩塌机理

崩塌是斜坡破坏的另一种形式，但由于崩塌作用主要是垂直运动，无依附面，经常发生在坡肩的前缘，以突然跳跃、翻滚的形式坠落，所以它的机理与滑坡是完全不同的。

滑坡的破坏力 P，根据物理学定义为 $P = Mv^2/2$（式中 M 为坠落块体质量，v 为坠落体的速度）。由此可见，崩塌的危险性取决于坠落位置的高度和块体的大小。

崩塌块体沿斜坡运动的轨迹呈抛物线形，最后堆于崖下。因此，可按向下抛物体的运动规律求得崩塌块体的落点，为设防范围提供依据。

2. 崩塌形成条件

崩塌发育与岩性、地形地貌、构造、地震和人类活动等因素有关，其中岩性与地形地貌关系尤为重要。

（1）地形地貌。

一般斜坡坡度大于 55°，高度超过 30m 的地段，有利于发生崩塌。

1）在河谷地貌中，峡谷两岸通常为坚硬基岩裸露，坡角 50°～70°，发育平行河流的卸荷裂隙和风化裂隙，故崩塌容易发生；宽谷两岸坡多低缓，但河曲凹岸，由于河流的侧蚀作用致使岸坡底部被掏空，有利于崩塌的产生。

2）冲沟岸坡、山坡陡崖，其边坡常常也发生崩塌。

3）在丘陵或分水岭地区，崩塌较少。

（2）地层岩性。

地层岩性是形成崩塌的重要条件，它决定着崩塌发生的规模和形式，下述岩性有利于崩塌的发育：

1）高陡边坡多为硬岩组成，而易风化的软岩多构成低缓边坡。

2）如果边坡底部有一层软岩，上部为硬岩，由于差异风化就会形成大规模的崩塌。

3）如果软、硬岩相间分布，形成的崩塌规模相对较大。

4）如果硬岩边坡的底部有一层可溶岩，当地下水或河水对可溶岩产生溶蚀后也可能产生崩塌。

（3）地质构造。

在地质构造发育的地区，岩体变得支离破碎，发生崩塌的可能性大大增强。

1）褶皱。在核部，坡面方向与轴线垂直所产生的崩塌比两者平行时所产生的崩塌规模要小。在翼部，崩塌有可能沿岩层面形成。

2）断层。使两层的岩石破碎，若线路与断裂带平行，多崩塌。

3）节理。如果节理的产状和组合关系出现楔形岩体时，这时有崩塌和落石的危险；如果其中充满粘土、风化矿物，干燥时较稳定，吸水后极危险。

（4）水的影响。

水是崩塌发生的敏感因素。

1）降雨。"大雨大崩，小雨小崩，无雨不崩"，崩塌多发生在六、七、八月雨季。

2）地下水。增加岩土体重量；产生静、动水压力、浮托力；降低岩土体力学性质。比如：就抗压强度而言，干、湿状态下，泥岩分别为 20～60MPa、2～30MPa；玄武岩分别为 100～300MPa、100～200MPa。

（5）其他原因。

1）列车振动、地震。

2）施工不当。开挖由下至上；大爆破开挖；非跳槽开挖。

3）设计不当。设计边坡过陡过高。

7.2.8 崩塌的防治

崩塌的防治应尽量以根治作为基本原则，对一些重要区域或重要交通线路路段，要确保边坡体不发生崩塌现象。当不能根治时，可采取以下措施来防治崩塌和崩塌造成的危害。

1. 清除斜坡体上的危石

当道路或山地建设工程周边总体稳定，但存在有坠落危险的危石的边坡，应尽量将危石予以清除，这往往能够收到事半功倍的效果。

2. 支补

当斜坡上凸出的岩石块体基本稳定但安全性又不高，或者岩石块体不太稳定，但又难以清除时可采用支补的方法加以固定。支补是在上部悬空的危岩下设置浆砌片石支墩或混凝土支顶墙等支撑体。其基本条件是支墩或支顶墙基础稳固，无滑动崩落危险。当坡面陡峻，危岩分散而坚硬，既无支撑条件，又不宜清除时，可采用插别的方法予以加固。插别是用圆钢或铁路部门废弃的钢轨紧贴危岩体（块），并将圆钢或钢轨垂直插入其下的稳定岩体，并用水泥砂浆将其与岩体锚接在一起，用圆钢或钢轨的抗弯能力来保证危岩体不发生崩落。

3. 压注浆

当斜坡上的岩石风化破碎、有崩落可能但又无法一一清除时，或者危岩体（块）巨大、被节理面或裂隙面从母岩上切割开来时，可用压浆或注浆的方法来加固。前者是将破碎的大小岩块胶结为一个整体，而后者是通过在有限的裂隙中注浆，通过注浆或勾缝将危岩体（块）与稳定的母岩胶结在一起。

4. 做好防排水工作

如前所述，崩塌有很多发生在雨季。因此修筑防排水设施，防止水流对坡面的冲刷是防治崩塌的重要一环。

5. 拦截措施

当山坡上方的岩石风化破碎严重，崩塌、坠石规模不大却频频发生，而且建筑物或线路与坡脚之间有足够空间或地势合适时，可修筑拦截构筑物以拦截落石。常见的拦截构筑物有落石平台、落石槽、拦石堤（拦石墙）、拦石栅栏等（图 7 - 13）。

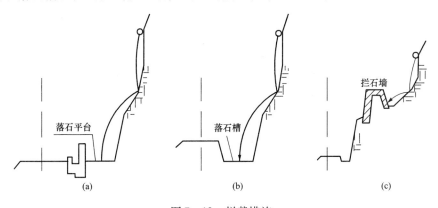

图 7 - 13 拦截措施
（a）落石平台；（b）落石槽；（c）拦石墙

6. 避让措施

上述各防止崩塌的措施并非是万能的，对于可能发生大型崩塌的地段或崩塌严重且频发地段，在工程建设选址或线路选择时应尽量避开。

7.3 泥石流

泥石流是发生在山区的一种含有大量泥砂、石块的特殊洪流。泥石流是山区特有的一种不良地质现象。泥石流与一般洪流相比，主要区别在于它是由固体和液体两相物质组成的流体，并且固体物质的体积超过 10%，密度大于 1300kg/m³。它的活动特点是：突然爆发、能量巨大、历史短暂、且频繁复发，因此破坏力巨大。比如，1985 年，哥伦比亚的鲁伊斯火山泥石流，以 50km/h 的速度冲击了近 3 万 km² 的土地，其中包括城镇、农村、田地，哥伦比亚的阿美罗城成为废墟，造成 2.5 万人死亡，15 万家畜死亡，13 万人无家可归，经济损失高达 50 亿美元。2002 年 8 月，云南省发生泥石流，231 人在洪涝、泥石流、滑坡等自然灾害中丧生，使新平县 3 个乡镇的 600 多户农户房屋被毁，3000 多名群众无家可归。

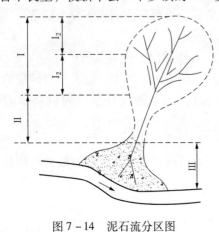

图 7 - 14　泥石流分区图
Ⅰ—形成区（Ⅰ₁—汇水动力区，
Ⅰ₂—固体物质供给区）；Ⅱ—流通区；Ⅲ—堆积区

典型的泥石流流域，一般可以分为形成区、流通区和堆积区三个区（图 7 - 14）。

（1）形成区。位于泥石流流域上游，包括汇水动力区和固体物质供给区。形成区内岩层破碎，风化严重，植被稀少，水土流失严重，崩塌、滑坡发育。

（2）流通区。一般位于流域的中、下游地段，多为沟谷地形，沟壁陡峻，河床狭窄，纵坡大，多陡坎和跌水。

（3）堆积区。多在沟谷的出口处，地形开阔，纵坡平缓，泥石流在此多漫流扩散，流速减低，固体物质大量堆积，形成规模不同的洪积扇。

以上分区，仅对一般泥石流而言，由于泥石流类型不同，常难以明显分区。

7.3.1　泥石流分类

泥石流的分类是为研究和防治的需要而进行的，目前，国内外从不同的角度有多种不同的分类，下面介绍四种分类方案。

1. 按泥石流流域地貌形态分类

（1）沟谷型泥石流。沟谷明显，流域可明显划分为形成区、流通区和沉积区，这种泥石流规模大、来势猛、过程长、强度大、危害大。

（2）山坡型泥石流。沟谷与山坡基本一致，无明显的流通区和形成区，这种泥石流规模小，来势快，过程短，危害小。

2. 按泥石流流态特征分类

（1）粘性泥石流。固体物质含量占 40% ～ 60%，最高可达 80%；

（2）稀性泥石流。固体物质含量占 10% ～ 40%，主要成分是水。

3. 按物质组成分类

（1）水石流型泥石流。一般含有非常不均的粗颗粒成分，粘土质细粒物质含量少，且它们在泥石流运动过程中极易被冲洗掉。所以水石流型泥石流的堆积物常是很粗大的碎屑物质。

（2）泥石流型泥石流。一般含有很不均匀的粗屑物质和相当多的粘土质细粒物质，因而具有一定的粘结性，所以堆积物常形成连接牢固的土石混合物。

（3）泥水流型泥石流。固体物质基本上由细碎屑和粘土物质组成。这类泥石流主要分布在我国黄土高原地区。

4. 按发生频率并考虑规模及危害情况的分类

《岩土工程勘察规范》（GB 50021—2001）根据泥石流的发生频率并考虑了泥石流的规模及危害情况对泥石流沟谷进行了工程分类，该分类方法将泥石流沟谷划分为两大类，并将每个大类各划分为三个亚类。

（1）高频率泥石流沟谷。高频率泥石流沟谷基本上每年均有泥石流灾害发生，固体物质主要来源于滑坡、崩塌。泥石流暴发雨强小于 2 ～ 4mm/10min。除岩性因素外，滑坡、崩塌严重的沟谷多发生粘性泥石流，规模大；反之，多发生稀性泥石流，规模小。按发生规模、流域面积、危害严重程度等细分为严重型、中等型和轻微型三类。

（2）低频率泥石流沟谷。低频率泥石流沟谷中泥石流灾害发生周期一般在 10 年以上，固体物质主要来源于沟床，泥石流发生时"揭床"现象明显。暴雨时坡面的浅层滑坡往往是激发泥石流的因素。泥石流暴发雨强一般大于 4mm/10min。泥石流规模一般较大，性质有粘、有稀。按发生规模、流域面积、危害严重程度等也细分为严重型、中等型和轻微型三类。

7.3.2　泥石流形成条件

关于泥石流的形成条件国内外公认的有地形地貌条件、地质条件和水文气象条件三方面。这三方面为泥石流的形成提供了沟谷纵坡降，固体物质来源以及启动所需的水流量，三者缺一不可。

地形地貌条件为泥石流形成三大条件中的一个重要条件。山高坡陡、高差悬殊、切割强烈、山坡崎岖等是泥石流易发区的地形地貌特征。地形地貌条件为泥石流提供形成、运动（搬运）和堆积场所。

地质条件对泥石流的形成起着十分重要的控制作用。泥石流强烈活动的山区，一般都是地质构造复杂、岩石风化破碎、新构造运动活跃、地震频发、崩塌和滑坡丛生的地段。我国中部地区的南北向地震带，就是这样的地区，泥石流最为活跃。

水文气象条件为爆发泥石流提供动力条件。泥石流形成必须有强烈地表径流、暴雨和冰雪融化等形成山洪，流速又大，有足够的动力将大量泥石固体物质携带而下形成泥石流。泥水既是泥石流的水源条件和组成部分，又是激发泥石流作用的直接因素。降雨对泥石流的影响是多方面的，视降雨量级、强度和持时而定。

7.3.3　泥石流的防治

由于泥石流的发生极为迅速，它又是一种水、泥、石的混合物，而且泥石流来势突然、凶猛，冲毁力和摧毁力强；在堆积区堆积的范围和厚度迅速加大，故有着掩埋和破坏工程的威胁，故对泥石流应予以防治。

防治泥石流的原则是以防为主，兼设工程措施。根据泥石流的形成条件和影响因素，可采用如下的防范措施：

（1）稳固山坡岩土体，减少固体风化物质补给量。

具体措施有植被防护和工程防护两种。植被防护（植树造林、种植草皮）不仅能加固土壤、抵抗风化、减缓地面径流、防止水土流失，还可在一定范围内改善气候状况，也是我国目前正在加紧实施的一项环境综合治理基本国策。工程措施包括：在山坡上做截水沟、分洪沟等，减少水流对山坡的冲刷；封固风化坡面、填充冲沟，消除固体物质供给源；支挡锚固、排水泄水，确保边坡不产生滑动或崩塌。

（2）治理工程。

1）拦挡工程。在中游流通区，设置一系列拦截构筑物，如拦截坝、拦栅、溢流坝等（图7-15），以阻挡泥石流中夹带的物质。用改变沟床坡度，降低流速的方法，防止沟床下切，如修建不太高的挡墙，筑半截堰堤等。

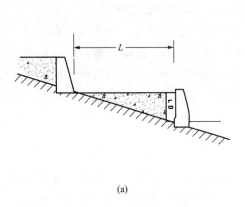

(a)   (b)

图7-15   拦挡坝和拦栅
（a）拦挡坝；（b）拦栅

① 拦挡坝。拦截泥石流固体物质，减小泥石流的流速和规模，固定沟床，保护上一个拦挡坝。

② 储淤场。指在较平缓的洪积扇上或较宽阔的沟内，修建拦截建筑物，形成泥石流淤积的场地。其作用是在一定期限内，让泥石流物质在指定地段内淤积，从而减少泥石流固体物质下泄量。

2）排导工程。在泥石流下设置排导措施使泥石流顺利排除。例如修排洪道、导流坝、急流坝，用以固定沟槽，约束水流，改善沟床平面、或者引导泥石流避开建筑物而安全地泄走。

① 排洪道。是排泄泥石流的工程建筑物，应尽可能修成直线并与河流成锐角相交。

② 导流堤。改变泥石流的运动方向。

7.4 岩溶

7.4.1 岩溶定义及其形态特征

1. 定义

岩溶，原称喀斯特。喀斯特（Karst）原是南斯拉夫西北部沿海一带碳酸盐岩高原的地名，那里发育着各种碳酸盐岩地形，19世纪末，南斯拉夫学者 J. Cvijic 研究了喀斯特高原的奇特地貌，并把这种地貌叫做喀斯特，以后，就借用喀斯特这个地名来称呼碳酸盐岩地区一系列特殊的地貌或水文现象。

凡是以地下水为主、地表水为辅，以化学过程（溶解和沉淀）为主、机械过程（流水侵蚀和沉积、重力崩塌和堆积）为辅的对可溶岩石的破坏和改造作用都叫岩溶作用，这种作用所造成的地表形态和地下形态叫岩溶地貌，岩溶作用及其所产生的水文现象和地貌现象统称岩溶。岩溶形态有石芽、溶蚀洼地、漏斗、落水洞、溶沟、溶洞、暗河、融蚀裂隙、钟乳石等（图7-16）。

岩溶在我国分布非常广泛，尤其南方各省连续分布，是我国主要岩溶区。如广西桂林山水、云南石林皆闻名于世，广西碳酸盐岩出露的面积占全区面积60%，贵州和云南东南部碳酸盐岩分布的面积占该地区总面积50%以上。

2. 岩溶形态特征

（1）地表岩溶形态特征。

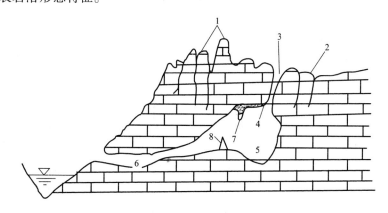

图7-16　岩溶剖面示意图

1—石林；2—溶沟；3—漏斗；4—落水洞；5—溶洞；6—暗河；7—钟乳石；8—石笋

1）石芽、溶沟。地表水流沿着坡面上的节理流动，溶蚀或冲蚀出许多凹槽和坑洼，称为溶沟，沟内的突起称为石芽。

2）漏斗。一种漏斗状洼地，直径为数米至数十米；深度为数米至数十米，是由于地表水下渗、溶蚀，导致上部岩石顶板塌落而成，底部常有坍塌物或流水带来的物质沉积。

3）落水洞。是地表水流入地下的进口，常与暗河相连，大小不一，形态各异。

4）溶蚀洼地。一种盆状的封闭、半封闭洼地，面积为数十平方米至数万平方米。

5）坡立谷。一种大型封闭洼地，也称溶蚀盆地，面积由数平方千米至数百平方千米，谷底平坦，常有第四纪沉积物，谷壁陡峻，进一步溶蚀，可形成溶蚀平原。

6）峰丛、峰林和孤峰。为岩溶作用极度发育的产物，早期为峰丛，中期为峰林，晚期为孤峰。

7）干谷。原来的河谷，由于河水沿谷中漏斗、落水洞等通道全部流入地下，使下游河床干涸而成干谷。

（2）地下岩溶形态特征。

1）溶洞。地下水沿可溶岩体的各种构造面（层面、节理面或断裂面），逐渐溶蚀和侵蚀而开拓出来的地下洞室，其中发育石笋、石钟乳、石柱。

2）暗河。岩溶地区沿水平溶洞流动的河流。

7.4.2　岩溶的形成条件

岩溶的发育主要是水对可溶性岩体化学溶蚀的结果。可溶性岩石、溶解水及水在岩体中的循环交替条件被称为岩溶发育的基本条件。可溶性岩石与溶解水是岩溶发育的物质基础，而水在岩体中循环交替条件则是控制岩溶发育的根本条件。

1. 可溶性岩石

可溶岩虽然种类繁多，但在岩溶研究中，一般均指碳酸盐岩类，因为它分布广泛，在我国几乎遍及各省区。经研究证实：岩溶化程度最强的为灰岩其次为白云质灰岩和白云岩，再次为泥质灰岩。就碳酸盐岩的结构来说，一般晶粒愈粗，溶解度就越大，岩溶发育也就愈强烈。这是由于粗粒的岩石空隙大、岩石吸水率高，抗溶蚀能力弱，有利于溶蚀之故。就碳酸盐岩的成层结构而言，一般岩层愈厚，岩溶就愈发育。这是由于厚层碳酸盐岩含不溶物较少，溶解度较大；薄层碳酸岩常含较多泥质，溶解度较小，故岩溶化程度较弱。

2. 岩溶水

岩溶水的溶蚀力是岩溶发育的必要条件。碳酸盐在纯水中的溶解度是很小的，地表水与地下水的溶解度多半取决于其中的碳酸含量，即水中游离 CO_2 的存在。天然水对石灰岩的溶解作用是水、CO_2 和碳酸钙的化学反应过程（$CaCO_3 + CO_2 + H_2O \rightarrow 2HCO_3^- + Ca^{2+}$）。

在研究岩溶时，特别对能与 $CaCO_3$ 发生反应的那部分 CO_2 感兴趣，一般称为侵蚀性 CO_2。水的溶解能力随水中侵蚀性 CO_2 含量的增高而增大。水中 CO_2 的来源有多方面：通过大气降水补给；土壤层中植物残骸的分解或者根部呼吸产生的 CO_2；含碳物质的氧化以及变质作用、火山活动、岩层中的某些化学作用等均可产生 CO_2。因而岩溶水随深度的增加，水的溶解性能将由于侵蚀性 CO_2 的减少而逐渐减弱。

3. 水的循环交替条件

所谓水的循环交替条件，系指岩溶水的补给、径流和排泄三方面的统称。它控制了岩溶水的流动途径、交替强度和水动力学特征以及水的化学特征。在可溶岩分布地区，凡有补给途径与排水出口的地段，由于补给充足、循环畅通、交替强烈，溶蚀作用就强，岩体中渗流通道就会较快的发展为通畅的岩溶管道；反之亦然。显见，水的循环交替条件不仅影响到岩溶发育的强烈程度，而且岩溶水的不同类型、不同的运动状态和水动力带形成不同的岩溶形态类型。

地质构造是控制水循环交替条件的主要条件。因此，地质构造，尤其是断裂构造是岩溶发育的重要条件。在褶皱山区，由于岩石遭到构造破坏，裂隙富集，岩石破碎，从而有利于溶蚀作用向纵深发展。大型溶洞常沿断层破碎带组优势节理裂隙的走向发育，地表大型溶蚀洼地的长轴和落水洞的平面展布，也受控于断层走向。

岩层的成层组合、可溶岩与非可溶岩的互层关系，影响地下水的循环，对岩溶发育均有重大影响。一般情况下，均一、厚层、质纯的碳酸岩更易于岩溶化。当碳酸岩与非碳酸岩互层或碳酸岩中有非碳酸岩夹层时，由于限制了地下水的循环交替，岩溶发育也就显得弱些。此外，当碳酸岩与非碳酸岩互层时，往往沿着碳酸岩底面强烈发育。

地形地貌条件是影响地下水循环交替的重要因素，进而影响岩溶发育的规模、速度、类型和空间分布。地形高差大，表明岩溶水循环交替条件好，有利于岩溶发育。

新构造运动也对岩溶发育起着控制作用。新构造运动主要表现形式是地壳的间歇性升降运动，它升降的幅度、速度和波及的范围控制着岩溶水循环交替条件的好坏及其变化趋势，从而控制了岩溶的发育。当地壳处于相对稳定时期，水对碳酸岩长时间进行溶蚀作用，可形成规模巨大的水平溶洞和暗河系统。当地壳上升，地下水位相对下降，岩溶作用向深部发展，而且以垂直形态的溶隙和管道为主，上升速度愈快，则岩溶愈不易发育。当地壳下降时，由于岩溶水循环交替条件减弱，岩溶作用亦减弱；而且原来发育的岩溶形态埋藏于地下深部。

7.4.3　岩溶工程地质问题与防治

1. 岩溶工程地质问题

岩溶地区在工程建设中，经常遇到的工程地质问题有地基不均匀沉降、溶洞塌陷、基坑和洞室涌水以及岩溶渗漏等。

（1）地基不均匀沉降。由于岩溶现象使基岩岩面起伏，导致上覆土层的厚度很不均匀，使建筑物产生不均匀沉降。在岩溶发育地区，水平方向上相距很近的两点（如 2m 左右），可能土层厚度相差 $4 \sim 6m$，有时甚至更多。在土层较厚的溶沟底部，往往又有软弱土存在，加剧了地基的不均匀性。

（2）岩溶塌陷。当建筑物位于溶洞上方，在附加荷载作用下，常因溶洞顶板厚度不足而产生洞顶坍塌陷落，有时还导致地表塌陷。当桥梁墩台等从溶洞中通过时，由于洞顶风化作用，有时也产生洞顶塌方。

（3）基坑和洞室涌水。建筑物基坑或洞室在开挖过程中，如果挖穿了蓄水溶洞、暗河、含水高压岩溶通道等都有可能产生突然涌水，给工程带来严重困难，甚至造成事故。如 2008 年贵州省构皮滩电站地下厂房在地下洞室群开挖中，先后出现数十次突发涌水、涌泥情况，其中，汛期最大涌水量一天达 $7000m^3$，最大的突发涌水量一小时达 $6000m^3$，持续时间为 70min，最大突发涌泥超过 $3000m^3$。

（4）岩溶渗漏。在岩溶发育地区兴建水利工程时，库水经常沿溶蚀裂隙、溶洞、岩溶管道、地下暗河等产生渗漏，严重时可能造成水库不能蓄水，甚至会造成环境污染。如贵阳大干沟地区岩溶地下水被工业废水污染，地下水中磷、氟含量超过地下水和地表水国标Ⅲ类水质标准几十～上百倍。由于岩溶渗漏形式错综复杂，防渗工程处理难度大，所以在岩溶区水坝选址应慎重，要进行详细的工程地质勘察。

2. 防治措施

（1）做好工程地质勘察工作。

岩溶地区的岩土工程地质勘察重点是通过调查、研究和分析确定岩溶的类型；查明岩溶洞隙和土洞的发育条件、发展规律、发展趋势以及主要影响因素；查明岩溶洞隙和土洞的分布状况、发育规模、埋置深度、有无岩溶堆填物、堆填物的性状、地表水与地下水的水力关系、地下水特征和岩溶土洞的工程危害大小，给工程设计、施工和岩溶土洞灾害防治提供可靠的分析、治理依据。当岩溶发育强烈、治理困难或治理费用过高时，在建筑物场址或铁路公路线路选址时尽量避开岩溶发育地段。

（2）岩溶地面塌陷的工程处理。

对于岩溶地面塌陷可采用夯实、停止抽取地下水、人工回灌等方式。对于路堤可采用碎石路堤，由于碎石填料无粘聚力，塌陷时，可自行充填空洞，形成缓慢地基下沉，威胁小。

（3）岩溶洞穴的处理。

1）跨越。采用梁、板、拱、桥等措施，例如建筑工程可通过调整柱距或设置梁板、桁架等来避开或跨越个别溶洞、溶隙；道路可通过局段绕线或架桥来避绕或跨越个别溶洞或溶隙。

2）加固。灌浆、灌混凝土、回填片石；桩、浆砌片石支柱；锚杆加固。对于埋深不大的浅层或薄顶岩溶洞体，可采用清、爆、挖、填的方法进行处理，即清除表层覆盖浮土、爆裂溶洞薄顶、挖出洞内淤积软土或烂泥、用块石、碎石、砂、粘土等分层回填夯实，或用毛石混凝土砌筑填实。有时还可视具体情况通过设置柱体、桩体等穿越空洞，将上部结构荷载传递给下部完整稳定的岩体。对于埋深较大，空间有限的岩溶裂隙或洞穴，可通过灌浆的方法或冲填的方法对裂隙或洞穴进行充填处理。当岩溶洞体过大，但顶板及围岩较为稳定时可采用支顶的办法或加固洞体围岩的办法来保证洞体不产生垮塌，并进而保证其上的工程建设设施或道路的安全。

（4）岩溶水的处理。

对水工建构筑物而言，岩溶灾害主要体现在渗漏和塌陷两个方面，其相应的处理措施主要有设置铺盖、截水墙、防水帷幕、堵塞、导排等。但水量难以精确计算，对排水建筑物应留有余地；宜疏不宜堵。

7.5　采空区

采空区根据开采现状可分为老采空区、新采空区和未来采空区三类。老采空区是指建筑物兴建时，历史上采空的的场地。新采空区是指建筑物兴建时，地下正在采掘的场地。未来采空区是指建筑物兴建时，地下赋存有工业价值的煤层，目前尚未开采，而规划中要开采的场地。

7.5.1　采空区地表移动和变形

地下矿层开采以后，在采空区上的覆盖岩层和地表失去平衡而发生移动和变形。大量的地表移动观测资料表明，当采深采厚比 $H/m > 25 \sim 30$，无地质构造破坏，且采用正规采矿方法开采的条件时，地表不会出现大的裂缝或塌陷坑，即出现的是有规律的、在空间和时间上是连续的地表移动和变形。当采深采厚比 $H/m < 25 \sim 30$，或虽 $H/m > 25 \sim 30$，但地表覆盖层很薄，且采用高落式的非正规开采方法或上覆岩层受地质构造破坏时，地表将出现大的裂缝或塌陷坑，易出现非连续的地表移动和变形。

当地下开采的影响到达地表以后，在采空区上方地表就形成一个凹地，此凹地称为地表移动盆地。在既定采深的条件下，当采空区的长度和宽度均小于开采深度时，地表移动盆地呈碗状，地表不出现应有的最大下沉值，这时的采动称为非充分采动。当采空区的长度和宽度均分别大于或等于开采深度时，地表移动盆地呈盘状，地表出现应有的最大下沉值，这时的采动称为充分采动。当采空区的长度和宽度继续增大，使最大下沉和其他最大移动、变形不再增大，这时的采动称为超充分采动。

在充分采动的情况下，地表移动过程完成之后，地表移动盆地一般可分为三个区域，即中间区、内边缘区、外边缘区（图7-17）。

（1）中间区。位于采空区正上方，地表下沉均匀，地形平坦，一般不出现裂缝，地表下沉值最大。

（2）内边缘区。位于采空区外侧上方，地表下沉不均匀，地面向盆地中心倾斜，呈凹形，产生压缩变形，一般不出现明显裂缝。

（3）外边缘区。位于采空区外侧煤层上方，地表下沉不均匀，地面向盆地中心倾斜，呈凸形，产生拉伸变形，当拉伸变形值超过一定数值后，地表产生张裂缝。

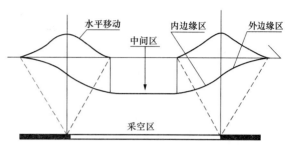

图 7-17　地表移动盆地

地表移动盆地的范围要比采空区面积大得多，与采空区的相对位置取决于矿层的倾角。矿层倾角平缓时，盆地位于采空区正上方，形状对称于采空区；矿层倾角较大时，盆地在沿走向方向仍对称于采空区，而沿倾向方向随着倾角的增大，盆地中心愈向矿层倾斜方向偏移。

7.5.2　采空区工程地质评价

1. 地表移动和变形对建筑物的影响

地下开采引起地表移动和变形对建筑物的影响因素很多，除考虑地层结构和地质构造等因素外，建筑物遭受损坏的程度，还取决于建筑物所处的位置和地表变形的性质及其大小。

在充分采动的条件下，建筑物与地表移动盆地的相对位置不同，对建筑物的损坏程度是不同的。经验表明，位于地表移动盆地边缘区的建筑物要比中间区不利的多。

地表倾斜对高耸建筑物影响较大。它使高耸建筑物的重心发生倾斜，引起附加压力重分配，建筑物的均匀荷重将变成非均匀荷重，导致建筑结构内应力发生变化而造成破坏。同时，地表倾斜会改变排水系统和铁路的坡度，造成污水倒灌和影响铁路的运营，后者严重时会发生事故。

地表曲率对建筑物也有较大影响。在负曲率（地表下凹）作用下，建筑物中央部分悬空，使墙体产生正八字裂缝和水平裂缝。如果建筑物长度过大，则在重力作用下，建筑物将会从底部断裂，使建筑物破坏。在正曲率（地表上凸）作用下，建筑物两端将会悬空，使墙体产生倒八字裂缝，严重时还会出现屋架或梁的端部从墙体或柱内抽出，造成建筑物倒塌。

地表水平的拉伸或压缩变形，对建筑物的破坏作用也很大，尤其是拉伸的影响破坏性更大。建筑物抵抗拉伸的能力远低于抵抗压缩的能力，较小的拉伸变形就能使建筑物产生裂缝。压缩变形使墙体产生水平裂缝并使纵墙褶曲、屋顶鼓起。

地表移动和变形对建筑物的破坏作用，往往是几种变形同时作用的结果。在一般情况下，地表的拉伸和正曲率同时出现；地表的压缩和负曲率同时发生。

2. 采空区建筑场地的适宜性评价

在采空区建筑时，应根据地表移动特征、地表移动所处的阶段、地表变形值的大小和上覆岩层的稳定性划分不宜建筑的场地和相对稳定可以建筑的场地。

（1）不宜作为建筑场地的地段。

① 在开采过程中可能出现非连续变形的地段。当出现非连续变形时，地表将产生台阶、裂缝、塌陷坑。它对建筑物的危害要比连续变形大得多。

② 处于地表移动活跃阶段的地段。地表移动活跃阶段内，各种变形指标达到最大值，是一个危险变形期。它对地面建筑物的破坏性很大。

③ 特厚煤层和倾角大于 $55°$ 的厚煤层露头地段。

④ 由于地表移动和变形可能引起边坡失稳和山崖崩塌的地段。

⑤ 地表倾斜大于 $10mm/m$ 或地表水平变形大于 $6mm/m$ 或地表曲率大于 $0.6 \times 10^{-3}/m$ 的地段。

⑥ 地下水位深度小于建筑物可能下沉量与基础埋深之和的地段。由于建筑物下沉，使地面积水，影响正常使用。同时，由于地基土长期受水浸泡，强度降低，引起地基失稳，造成建筑物破坏。

（2）可以作为建筑地段的相对稳定区。

① 已达充分采动，无重复开采可能的地表移动盆地的中间区。

② 同时满足预计的地表倾斜小于 $3mm/m$、地表曲率小于 $0.2 \times 10^{-3}/m$、地表水平变形小于 $2mm/m$ 的地段。

思 考 题

7 - 1　试述活断层定义、特性及其判别标志。

7 - 2　地震定义及地震效应。

7 - 3　活断层与地震的联系。

7 - 4　崩塌和滑坡的区别。

7 - 5　简述滑坡与崩塌机理及其形成条件。

7 - 6　简述泥石流机理及其形成条件。

7 - 7　简述岩溶的机理及其形成条件。

7 - 8　主要的岩溶形态有哪些?

7 - 9　简述采空区的变形特征。

第8章

工程地质勘察

任何工程建设都处于一定的地质环境中，作为工程场地和地基的岩土体，其工程地质条件将直接影响工程的安全。对与工程有关的岩土体的充分了解是进行工程设计与施工的重要前提。因此，按照基本的建设程序，各项工程在设计和施工前必须进行工程地质勘察。工程地质勘察就是根据工程建设要求，查明与工程有关的岩土体的空间分布及工程性质，在此基础上对场地稳定性、适宜性以及不同地层的承载能力、变形特性等作出评价，为工程建设的规划、设计、施工提供可靠的地质依据，以充分利用有利的自然地质条件，避开或改造不利的地质因素，保证建筑物安全和正常使用。

工程地质勘察工作必须坚持为工程建设服务的原则，结合具体建筑物类型、要求、特点以及当地的自然条件和环境来进行，要有明确的目的性和针对性。

工程地质勘察的要求、内容和方法应视工程的类别不同而各异。本章重点介绍建筑工程勘察的基本内容和方法、现场原位测试技术、勘察报告编写方法以及基坑检验和监测等有关内容。

8.1 工程地质勘察的等级划分

由于各项工程的重要性以及其所处的工程场地和地基的复杂程度各不相同。因此，在进行工程地质勘察工作时，应该针对每项工程的实际情况，首先确定勘察等级，根据勘察等级来布置该项工程勘察的具体内容、工作量、工作方法等。按《岩土工程勘察规范》（GB 50021—2001）（以下简称《规范》）规定，工程地质勘察的等级，是由工程安全等级、场地复杂程度和地基的复杂程度三项因素决定的。首先应分别对三项因素进行分级，再在此基础上进行综合分析，以确定岩土工程勘察的等级。下面先分别论述三项因素等级划分的依据及具体规定，然后综合划分岩土工程勘察的等级。

1. 工程重要性等级

根据工程的规模和特征，以及由于岩土工程问题造成工程的破坏或影响正常使用的后果可分为三个工程重要性等级：

（1）一级工程：重要工程，后果很严重。

（2）二级工程：一般工程，后果严重。

（3）三级工程：次要工程，后果不严重。

重要工程一般是指重要的工业与民用建筑物；30 层以上的高层建筑；体型复杂，层数相差超过 10 层以上的高低层连成一体的建筑物；对地基变形有特殊要求的建筑物；大面积的多层地下建筑物（地下车库、商场、运动场等）；复杂地质条件下的坡上建筑物；对原有工程影响较大新建建筑物；场地和地基条件复杂的一般建筑物；位于复杂地质条件及软土地区的二层及二层以上地下室的基坑工程。

次要工程是指荷载分布均匀的七层及七层以下的的民用建筑及一般工业建筑、次要的轻型建筑物。一般工程是指除重要的和次要的以外的工业与民用建筑。

2．工程场地等级

场地复杂程度是由建筑抗震稳定性、不良地质现象发育情况、地质环境破坏程度和地形地貌四个条件衡量的。根据场地的复杂程度，可按下列规定分为三个场地等级：

（1）符合下列条件之一者为一级场地（复杂场地）：

1）对建筑抗震危险的地段。

2）不良地质作用强烈发育。

3）地质环境已经或可能受到强烈破坏。

4）地形地貌复杂。

5）有影响工程的多层地下水、岩溶裂隙水或其他水文地质条件复杂，需专门研究的场地。

（2）符合下列条件之一者为二级场地（中等复杂场地）：

1）对建筑抗震不利地段。

2）不良地质作用一般发育。

3）地质环境已经或可能受到一般破坏。

4）地形地貌较复杂。

5）基础位于地下水位以下的场地。

（3）符合下列条件之一者为三级场地（简单场地）：

1）对建筑抗震不利地段，或抗震设防烈度等于或小于 6 度。

2）不良地质作用不发育。

3）地质环境基本未受到破坏。

4）地形地貌简单。

5）地下水位对工程无影响。

3．地基等级

根据地基的复杂程度，可按下列规定分为三个地基等级：

（1）符合下列条件之一者为一级地基（复杂地基）：

1）岩土种类多，很不均匀，性质变化大，需特殊处理。

2）严重湿陷，膨胀、盐渍、污染的特殊性岩土，以及其他情况复杂，须作专门处理的岩土。

（2）符合下列条件之一者为二级地基（中等复杂地基）：

1）岩土种类较多，不均匀，性质变化较大。

2）除 1）条以外的特殊性岩土。

（3）符合下列条件之一者为三级地基（简单地基）：

1）岩土种类单一，均匀，性质变化不大。

2）无特殊性岩土。

4. 勘察等级

根据工程重要性等级、场地复杂程度等级和地基复杂程度等级，可按下列条件划分岩土工程勘察等级。

甲级：在工程重要性、场地复杂程度和地基复杂程度的等级中，有一项或多项为一级。

乙级：除勘察等级为甲级和丙级以外的勘察项目。

丙级：工程重要性、场地复杂程度和地基复杂程度等级均为三级。

8.2　工程地质勘察基本要求

8.2.1　工程地质勘察内容

工程地质勘察主要包括以下内容：

（1）查明与场地的稳定性和适宜性有关的不良地质现象，如强震区的重大工程场地的断裂类型，尤其是断裂的活动性及其地震效应；岩溶及其伴生土洞的发育规律和发育程度，预测其危害性；滑坡的范围、规模、稳定程度，进而预测其发展趋势和危害程度；崩塌的产生条件、范围、规模与危害性；泥石流的产生及其类型、规模、发育程度和活动规律以及地下采空区、大面积地表沉降、河岸冲刷、沼泽相沉积等。

（2）查明场地的地层类别、成分、厚度和坡度变化等，特别是基础下持力层和软弱下卧层的工程地质性质。

（3）查明场地的水文地质条件，如河流水位及其变化、地表径流条件、地下水的埋藏类型、赋存方式、补给来源、排泄途径、水力特征、化学成分及污染程度等。

（4）提供满足设计、施工所需的土的物理性质和力学性质指标等。

（5）在地震设防区划分场地土类型和场地类别，并进行场地与地基的地震效应评价。

（6）推荐承载力及变形计算参数，提出地基基础设计和施工的建议，尤其是不良地质现象的处理对策。

8.2.2　工程地质勘察阶段

为了给工程项目设计、施工提供详细可靠的工程地质资料，工程地质勘察工作宜分为：可行性研究勘察、初步勘察、详细勘察三个阶段进行。

可行性研究勘察应符合选择场址方案的要求；初步勘察应符合初步设计的要求；详细勘察应符合施工图设计的要求；场地条件复杂或有特殊要求的工程，宜进行施工勘察。

场地较小且无特殊要求的工程可合并勘察阶段。当建筑物平面布置已经确定，且场地或其附近已有岩土工程资料时，可根据实际情况，直接进行详细勘察。

1. 选址勘察阶段

选址勘察工作对于大型工程是非常重要的环节，其目的在于从总体上判定拟建场地的工程地质条件能否适宜进行工程建设。一般通过取得几个候选场址的工程地质资料进行对比分析，对拟选场址的稳定性和适宜性作出工程地质评价。选择场址阶段应进行下列工作：

（1）搜集区域地质、地形地貌、地震、矿产、当地的工程地质、岩土工程和建筑经验等资料。

（2）在充分搜集和分析已有资料的基础上，通过踏勘了解场地的地层、构造、岩性、不良地质作用和地下水等工程地质条件。

（3）当拟建场地工程地质条件复杂，已有资料不能满足要求时，应根据具体情况进行工程地质测绘和必要的勘探工作。

（4）当有两个或两个以上拟选场地时，应进行比较分析。

在选址时，宜避开下列地段：

1）不良地质现象发育且对场地稳定性有直接危害或潜在威胁。

2）地基土性质严重不良。

3）对建筑抗震不利。

4）洪水或地下水对建筑场地有严重不良影响。

5）地下有未开采的有价值的矿藏或未稳定的地下采空区。

2. 初步勘察阶段

初步勘察阶段主要任务是对拟建建筑地段的稳定性作出评价。此阶段主要进行以下工作：

（1）初步查明地质构造、地层结构、岩土工程特性。

（2）在季节性冻土地区，应调查场地土的标准冻结深度。

（3）查明场地不良地质现象的成因、分布、对场地稳定性的影响及其发展趋势。

（4）对抗震设防烈度大于或等于 6 度的场地，应评价场地和地基的地震效应。

（5）初步勘察，尚应调查地下水类型、补给、径流和排泄条件，实测地下水位并初步确定其变化幅度，以及判别地下水对建筑材料的腐蚀作用。

（6）高层建筑初步勘察时，应对可能采取的地基基础类型、基坑开挖与支护、工程降水方案进行初步分析评价。

初步勘察的勘探工作应符合下列要求：

（1）勘探线应垂直地貌单元、地质构造和地层界线布置。

（2）每个地貌单元均应布置勘探点，在地貌单元交接部位和地层变化较大的地段，勘探点应予加密。

（3）在地形平坦地区，可按网格布置勘探点。

（4）对岩质地基，勘探线和勘探点的布置，勘探孔的深度，应根据地质构造、岩体特性、风化情况等，按地方标准或当地经验确定。

（5）对土质地基，应符合以下要求：

1）初步勘察勘探线、勘探点间距可按表 8-1 确定，局部异常地段应予加密；勘探孔的深度可按表 8-2 确定。

表 8-1　　　　　　　　　　　初步勘察勘探线、勘探点间距　　　　　　　　（单位：m）

地基复杂程度等级	勘探线间距	勘探点间距
一级（复杂）	50～100	30～50
二级（中等复杂）	75～150	40～100
三级（简单）	150～300	75～200

注：1. 表中间距不适用于地球物理勘探；

2. 控制性勘探点宜占勘探点总数的 1/5～1/3，且每个地貌单元均应有控制性勘探点。

表 8 - 2	初步勘察勘探孔的深度	（单位：m）
工程重要性等级	一般性勘探孔	控制性勘探孔
一级（重要工程）	≥15	≥30
二级（一般工程）	10～15	15～30
三级（次要工程）	6～10	10～20

注 1. 勘探孔包括钻孔、探井和原位测试孔等；

2. 特殊用途的钻孔除外。

2）当遇到下列情况之一时，应适当增减勘探孔深度：

① 当勘探孔的地面标高与预计整平地面标高相差较大时，应按其差值调整勘探孔的深度；

② 在预计深度内遇基岩时，除控制性勘探孔仍应钻入基岩适当深度外，其他勘探孔达到确认的基岩后即可终止钻进。

③ 在预定深度内有厚度较大，且分布均匀的坚实土层时，除控制性勘探孔应达到规定深度外，一般性勘探孔的深度可适当减小。

④ 当预定深度有软弱土层时，勘探孔深度应适当增加，部分控制性勘探孔应穿透软弱土层或达到预计控制深度。

⑤ 对重型工业建筑应根据结构特点和荷载条件适当增加勘探孔深度。

3）初步勘察采取土试样和进行原位测试应符合下列要求：

① 采取土试样和进行原位测试勘探应结合地貌单元、地层结构和土的工程性质布置，其数量可占勘探点总数的 1/4～1/2。

② 采取土试样的数量和孔内原位测试的竖向间距，应按地层特点和土的均匀程度确定；每层土均应采取土试样或进行原位测试，其数量不宜少于 6 个。

4）初步勘察应进行下列水文地质工作：

调查含水层的埋藏条件，地下水的类型，补给、径流、排泄条件，各层地下水位的变化幅度，必要时应设置长期观测孔，监测水位变化；当地下水可能侵蚀基础时，应采取水试样进行腐蚀性评价。

3. 详细勘察

（1）详细勘察应按单体建筑物或建筑群提出详细的岩土工程资料和设计、施工所需的岩土参数；对建筑地基做出岩土工程评价，并对地基类型、基础形式、地基处理、基坑支护、工程降水和不良地质作用的防治等提出建议。主要应进行下列工作：

1）搜集附有坐标和地形的建筑总平面图，场区的地面整平标高，建筑物的性质、规模、载荷、结构特点，基础形式，基础埋置深度，地基允许变形等资料。

2）查明不良地质作用的类型、成因、分布范围、发展趋势和危害程度，提出整治方案和建议。

3）查明建筑范围内岩土层的类型、深度、分布、工程特性，分析和评价地基的稳定性、均匀性和承载力。

4）对需进行沉降计算的建筑物，应提供地基变形计算参数，预测建筑物的变形特征。

5）查明埋藏的河道、沟浜、墓穴、防空洞、孤石等对工程不利的埋藏物。

6）查明地下水的埋藏条件，提供地下水位及其变化幅度。

7）在季节性冻土地区，提供场地土的标准冻结深度。

8）判定水和土对建筑材料的腐蚀性。

（2）工程需要时，详细勘察应论证地基土和地下水在建筑施工和使用期间可能产生的变化及其对工程和环境的影响，提出防治方案、防水设计水位和抗浮设计水位的建议。

（3）详细勘察勘探孔布置和勘探孔深度，应根据建筑物特性和岩土工程地质条件确定。对岩质地基，应根据地质构造、岩体特性、风化情况等，结合建筑物对地基要求，按地方标准或当地经验确定；对土质地基应符合下列规定：

1）详细勘探点间距可按表 8-3 确定。

表 8-3　　　　　　　　　　　　　详 细 勘 探 点 间 距　　　　　　　　（单位：m）

地基复杂程度等级	勘探点间距	地基复杂程度等级	勘探点间距
一级（复杂）	10～15	三级（简单）	30～50
二级（中等复杂）	15～30		

2）详细勘察勘探点布置，应符合下列规定：

① 勘探点宜按建筑物和建筑周边线和角点布置，对无特殊要求的其他建筑物可按建筑物或建筑群的范围布置。

② 同一建筑范围内的主要受力层或有影响的下卧层起伏较大时，应加密勘探点，查明其变化；

③ 重大设备基础应单独布置勘探点，重大的动力机器基础和高耸构筑物，勘探点不宜少于 3 个。

④ 勘探手段宜采用钻探与触探相结合，在复杂地质条件、湿陷性土、膨胀岩土、风化岩和残积土地区，宜布置适量探井。

⑤ 详细勘察的单栋高层建筑勘探点的布置，应满足对地基均匀性评价的要求，且不应少于 4 个；对密集的高层建筑群，勘探点可适当减少，但每栋建筑物至少应有 1 个控制性勘探点。

3）详细勘察勘探深度自基础底面算起，应符合下列规定：

① 勘探孔深度应能控制地基主要受力层，当基础底面宽度不大于 5m 时，勘探孔深度对条形基础不应小于基础底面宽度的 3 倍，对单独柱基不应小于 1.5 倍，且不应小于 5m。

② 对高层建筑和需做变形计算的地基，控制性勘探孔的深度应超过地基变形计算的深度；高层建筑的一般性勘探孔应达到基底下 0.5～1.0 倍的基础宽度，并深入稳定分布的地层。

③ 对仅有地下室的建筑，或高层建筑的裙房，当不能满足抗浮设计要求，须设置抗浮桩或锚杆时，勘探孔深度应满足抗拔承载力评价的要求；

④ 当有大面积地面堆载或软弱下卧层，应适当加深控制性勘探孔的深度；在上述规定深度内当遇基岩或厚层碎石土等稳定地层时，勘探孔深度应根据情况进行调整。

4）详细勘察采取土试样和进行原位测试应符合下列要求：

① 采取土试样和进行原位测试的勘探点的数量，应根据地层结构、地基土的均匀性和设计要求确定，对地基基础设计等级为甲级的建筑物每栋不应少于 3 个。

② 每个场地每一主要土层的原状土样或原位测试数据不应少于 6 件（组）。

③ 在地基主要受力层内，对厚度大于 0.5m 夹层或透镜体，应采取土试样或进行原位测试。

④ 当土层性质不均匀时，应增加取土数量或原位测试工作量。

8.3　工程地质测绘和调查

为了提高勘察质量，达到工程地质勘察目的、要求和内容，必须有一套勘察方法来配合实施。工程地质测绘和调查是工程地质勘察工作中的基础工作，是勘察中最先进行的项目。工程地质测绘和调查是通过搜集资料、调查访问、地质测量、遥感解译等方法，来查明场地的工程地质要素，并绘制相应的工程地质图件的一种工程地质勘察的方法。对岩石出露的地貌，地质条件复杂的场地应进行工程地质测绘，在地质条件简单的场地，可用调查代替工程地质测绘。工程地质测绘宜在可行性研究或初步勘察阶段进行。在详细勘察阶段可对某些专门地质问题作补充调查。

8.3.1　工程地质测绘主要内容

1. 工程地质测绘范围

工程地质测绘范围包括场地及其附近地段。一般情况下，测绘范围应大于建筑占地面积，但也不宜过大，以解决实际问题的需要为前提。一般情况下应考虑以下因素：

（1）建筑类型。对于工业与民用建筑，测绘范围应包括建筑场地及其邻近地段；对于渠道和各种线路，测绘范围应包括线路及轴线两侧一定宽度范围内的地带；对于洞室工程的测绘，不仅包括洞室本身，还应包括进洞山体及其外围地段。

（2）工程地质条件复杂程度主要考虑动力地质作用可能影响的范围。例如建筑物拟建在靠近斜坡的地段时，测绘范围则应考虑到邻近斜坡可能产生不良地质现象的影响地带。

2. 工程地质测绘比例尺

（1）可行性研究勘察阶段、城市规划或工业布局时，可选用 1:5000～1:50 000 的小比例尺；在初步勘察阶段可选用 1:2000～1:10 000 的中比例尺；在详细勘察阶段可选用 1:200～1:2000 的大比例尺。

（2）工程地质条件复杂时，比例尺可适当放大；对工程有重要影响的地质单元体（如滑坡、断层、软弱夹层、洞穴等），必要时可采用扩大比例尺表示。

（3）建筑地基的地质界线和地质观测点的测绘精度在图上的误差不应超过 3mm。

3. 工程地质测绘主要内容

（1）地貌条件。查明地形、地貌特征及其与地层、构造、不良地质作用的关系，并划分地貌单元。

（2）地层岩性。查明地层岩性是研究各种地质现象基础，评价工程地质的一种基本因素。因此应调查地层岩土的性质、成因、年代、厚度和分布，对岩层应确定其风化程度，对土层应区分新近沉积土、各种特殊性土。

（3）地质构造。主要研究测区内各种构造形迹的产状、分布、形态、规模及结构面的力学性质，分析所属构造体系，明确各类构造的工程地质特性。分析其对地貌形态，水文地质条件，岩体风化等方面的影响，还应注意新构造活动的特点及其与地震活动的关系。

（4）水文地质条件。查明地下水的类型，补给来源、排泄条件及径流条件，井、泉的位置、含水层的岩性特征、埋藏深度、水位变化、污染情况及其与地表水体的关系等。

（5）不良地质现象。查明岩溶、土洞、滑坡、泥石流、崩塌、冲沟、断裂、地震震害和岸边冲刷等不良地质现象的形成、分布、形态、规模、发育程度及其对工程建设的影响；调查人类工程活动对场地稳定性的影响，包括人工洞穴、地下采空、大挖大填、抽水排水及水库诱发地震等；监测建筑物变形，并搜集临近工程建筑经验。

8.3.2　工程地质测绘方法

工程地质测绘有像片成图法和实地测绘法。

1. 像片成图法

像片成图法是利用地面摄影或航空（卫星）摄影的像片，在室内根据判释标志，结合所掌握的区域地质资料，把判明的地层岩性、地质构造、地貌、水系和不良地质现象等，调绘在单张像片上，并在像片上选择需要调查的若干地点和线路，然后据此做实地调查，进行核对、修正、补充。将调查的结果转绘在地形图上而成工程地质图。

2. 实地测绘法

当该地区没有航测等像片时，工程地质测绘主要依靠野外工作的实地测绘法，常用实地测绘法有以下三种：

（1）路线法。它是沿着一些选择的路线，穿越测绘场地，将沿线所测绘或调查的地层、构造、地质现象、水文地质、地质界线和地貌界线等填绘在地形图上。路线可为直线型或折线型。观测路线应选择在露头及覆盖层较薄的地方；观测路线方向大致与岩层走向、构造线方向及地貌单元相垂直，这样就可以用较少的工作量而获得较多的工程地质资料。

（2）布点法。它是根据地质条件复杂程度和测绘比例尺的要求，预先在地形图上布置一定数量的观测路线和观测点。观测点一般布置在观测路线上，但要考虑观测目的和要求，如为了观察研究不良地质现象、地质界线、地质构造及水文地质等。布点法是工程地质测绘中的基本方法，常用于大、中比例尺的工程地质测绘。

（3）追索法。它是沿地层走向或某一地质构造线，或某些不良地质现象界线进行布点追索，主要目的是查明局部的工程地质问题。追索法通常是在布点法或路线法基础上进行的，它是一种辅助方法。

8.4　工程地质勘探

工程地质勘探是在工程地质测绘和调查的基础上，进一步查明地基岩土性质、分布及地下水等工程地质条件以及与场地有关的工程地质问题等所采用的重要手段。工程地质勘探常用的手段有钻探、坑探及地球物理勘探三类。

钻探和坑探是直接勘探手段，能较可靠地了解地下地质情况。钻探工程是使用最广泛的一类勘探手段，普遍应用于各类工程的勘探；由于它对一些重要的地质体或地质现象有时可能会误判、遗漏，所以也称它为"半直接"勘探手段。坑探工程勘探人员可以在其中观察编录，以掌握地质结构的细节；但是重型坑探工程耗资高，勘探周期长，使用时应具经济观点。

地球物理勘探简称物探，是一种间接的勘探手段，它可以简便而迅速地探测地下地质情况，且具有立体透视性的优点。但其勘探成果具多解性，使用时往往受到一些条件的局限。

考虑到三类勘探手段的特点，布置勘探工作时应综合使用，互为补充。

8.4.1　钻探

钻探是指用钻探机具钻进地层的勘探方法，是工程地质勘探方法中应用最广泛的一种。钻探与坑探、物探相比较，钻探有其突出的优点，它可以在各种环境下进行，一般不受地形、地质条件的限制；能直接观察岩芯和取样，勘探精度较高；能提供作原位测试和监测工作，最大限度地发挥综合效益；勘探深度大，效率较高。因此，不同类型、结构和规模的建筑物，不同的勘察阶段，不同环境和工程地质条件下，凡是布置勘探工作的地段，一般均需采用此类勘探手段。下面分别介绍机钻、手钻以及现场的岩土取样。

1. 机钻

机钻按钻进方式可以分为回转式、冲击式、振动式、冲洗式四种。

（1）回转钻进。通过钻杆将旋转力矩传递至孔底钻头，同时施加一定的轴向压力使钻头在回转中切入岩土层达到加深钻孔的目的，产生旋转力矩的动力源可以是人力或机械。轴向压力则依靠钻机的加压以及钻具自重。

（2）冲击钻进。利用卷扬机借钢丝绳将钻具提升到一定高度，利用钻具自重，迅猛放落，钻具在下落时产生冲击动能，冲击孔底岩土后，使岩土达到破碎之目的而加深钻孔。

（3）振动钻进。通过钻杆将震动器激发的震动传递之孔底管状钻头周围的土中，使土的抗剪阻力急剧降低，同时在一定轴向压力下使钻头贯入土层之中。

（4）冲洗钻进。通过高压射水破坏孔底土层实现钻进。土层被破碎后由水流冲出地面。这是一种简单快速成本低廉的钻进方法。适用于砂层、粉土层和不太坚硬的粘性土。但冲出地层的粉屑往往是各土层物质的混合，代表性很差，给地层的判断划分带来困难。

以上几种钻进方式各有独自特点和利弊，分别适用于不同地层。一定要根据地层特点和勘察目的来选择适当的钻探方法。

钻探机具种类繁多，钻孔的口径和钻具规格可按《建筑工程地质钻探技术标准》（JGJ 87—1992）第3.1.1条执行。用于工程钻探的钻机，除了须满足钻进深度、口径和钻进速度方面的要求外，应着重以下性能的要求：① 能按照指定的钻进方式钻进；② 能按照技术标准采取岩土样品，进行原位测试；③ 能适应现场复杂的地形条件，具有较好的机动性或解体性，便于频繁移位和安装拆卸。比如 SH－30－2A 型钻机（图 8-1），机械性能好，柴油机与电动机两用，回转冲击两用，可钻深 30m，能满足一般多层与高层建筑勘察要求，且不易损坏。

2. 手钻

手钻通常勘探 6 m 以内浅部地层，适用于小型工程或中型工程的勘察。常采用小口径麻花钻（图 8-2）、小口径的勺形钻、洛阳铲（图 8-3）及北京铲等。

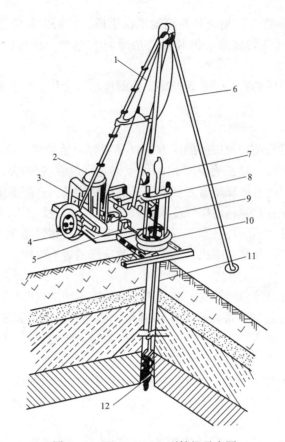

图 8 - 1　SH - 30 - 2A 型钻机示意图

1—钢丝绳；2—汽油机（4.41kW）（或电动机4.5kW）；3—卷扬机；4—车轮；5—变速箱及操纵把；
6—四腿支架（高6m）；7—钻杆；8—钻杆夹；9—拨棍；10—转盘；11—钻孔（ϕ114mm）；12—钻头

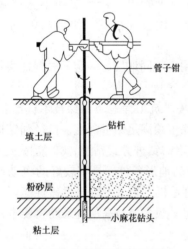

图 8 - 2　小麻花钻钻孔示意图

图 8 - 3　洛阳铲头示意图

　　麻花钻是用人力回转入土，将土的结构破坏，然后拔出，借附着在钻头上的土了解土层情况，出土后，放入钻孔继续钻进。可用于地基土的分层定名或用来做旁压试验孔。勺形钻适用于软土，钻进后提钻时不会将软土滑落。洛阳铲最初由河南省洛阳制作，用来探测黄河大堤被动物打洞的隐患，或用于当地探测墓穴。洛阳铲的下端为半圆形的钢铲头，底部为刀刃，上部装木杆，长 5.0 m。在均匀稍湿的粘性土与粉土中，一人操作，每次进深约 20cm，提钻一敲，铲头土即脱落，竖直向下继续钻进，若钻具突然大幅度下落，即为洞穴。

在北京地区建筑垃圾普遍存在，洛阳铲强度不够，利用洛阳铲很难钻进，后经改造，钢产头由半圆形改为圆桶形，加一窗口，并设一开口缝，同时用铝合金空心杆代替木杆。这种改进型可以打碎砖块，穿透杂填土层，在北京应用较广，俗称北京铲。

为了完成勘探工作的任务，岩土工程钻探有以下几项特殊的要求：

（1）对要求鉴别地层和取样的钻孔，均应采取回转方式钻进，取得岩土样品。遇到卵石、漂石、碎石、块石等类地层不适用于回转钻进，可改用振动回转方式钻进。

（2）在地下水位以上的地层中应进行干钻，不得使用冲洗液，不得向孔内注水，但可采用能隔离冲洗液的二重或三重管钻进取样。

（3）钻进岩层宜采用金刚石钻头。对软质岩石及风化破碎岩应采用双层岩芯管钻头钻进，需测定岩石质量指标 RQD 时，应采用外径 75mm 的双层岩芯管钻头。

（4）在湿陷性黄土中应采用螺旋钻头钻进，亦可采用薄壁钻头锤击钻进。操作应符合"分段钻进、逐次缩减、坚持清孔"的原则。

（5）对可能坍塌的地层应采取钻孔护壁措施，在浅部填土及其他松散地层中，可采用套管护壁。在地下水位以下的饱和软粘土层、粉土层和砂层中宜采用泥浆护壁。在破碎岩层中需要采用优质泥浆、水泥浆或化学浆液护壁，冲洗液漏失严重时，应采取充填、封闭等堵漏措施。

（6）钻进中应采取孔内水头压力等于或稍大于孔周地下水压，提钻时应能通过钻头向孔底通气透水，防止孔底土层由于负压、管涌而受到扰动破坏。

（7）在土层中采用螺旋钻头钻进时，应分回次提取扰动土样，回次进尺不宜超过 1.0m，在主要持力层或重点研究部位，回次进尺不宜超过 0.5m，并应满足鉴别厚度小至 20cm 的薄层的要求。

3. 岩土试样的采取

在工程地质钻探过程中，为研究地基土的性质，需要从钻孔中采取土试样。根据需要在现场可以取扰动土样和不扰动土样两种。扰动土样是在采取试样的过程中，试样天然结构被破坏。不扰动土样（又称原状土样）是指在采取试样过程中保持土样的天然结构、天然密度和天然含水量的土样。扰动土样的采取比较容易，而在钻孔内取不扰动土样需要采用专用的取样器，取出土样后，现场进行密封，并尽快运送到土工实验室进行室内土工实验分析，提供土的物理力学性质指标。

在工程地质勘察中，采取原状土试样是一项重要技术。但是在实际工程地质勘察钻探过程中，要取得完全不扰动的原状土试样是不可能的。造成土样扰动的原因是多方面的，比如钻进工艺、钻具选用、钻压、钻速、取土方法及采用的取土器的不同等。所谓的原状土样实际上都不可避免的遭到了不同程度的扰动。按照取样方法和试验目的，岩土工程勘察规范对土试样的扰动程度即土试样的质量分为四个等级（表 8-4）。

表 8 - 4 土试样质量等级划分表

级别	扰动程度	试 验 内 容
I	不扰动	土类定名、含水量、密度、强度试验、固结试验
II	轻微扰动	土类定名、含水量、密度
III	显著扰动	土类定名、含水量
IV	完全扰动	土类定名

采取原状土样所采用的取样器的种类较多，钻孔取土器可按表 8 - 5 选用。

表 8 - 5 钻孔取土器的分类与应用表

取土器分类		取土器名称	采取土试样等级	适 用 土 类
I	I - a	固定活塞薄壁取土器、水压式固定活塞薄壁取土器	I	可塑至流塑粘性土、（粉砂）、（粉土）
		二（三）重管回转取土器（单动）		可塑至坚硬粘性土、粉砂、粉土、细砂
		二（三）重管回转取土器（双动）		硬塑至坚硬的粘性土、中砂、粗砂、砾砂、（碎石土）、（软岩）
	I - b	自由活塞薄壁取土器	I ～ II	可塑至软塑粘性土、（粉砂）、（粉土）
		敞口薄壁取土器、束节式取土器		可塑至流塑粘性土、（粉砂）、（粉土）
II		厚壁取土器	II	各种粘性土、粉土、（粉、细砂，中、粗砂）

采取原状土试样时，为了保证天然状态下的土层不受扰动，应注意以下事项：

（1）取土钻孔的孔径要适当，取土器与孔壁之间要有一定间距，避免下放取土器时切削孔壁，挤进过多的废土。尤其在软土钻孔中，时有缩颈现象，则更需加大取土器与孔壁的间隙。

（2）选用合理的钻进方法，确保孔底拟取土样不被扰动，尤其是结构敏感或不稳定的土层尤为重要。在结构性敏感的粘性土层和较疏松的砂层中需采用回转钻进，不得采用冲击、振动、水冲等对土层扰动大的钻进方式。

（3）在地下水位以上一般应采用干钻方式，采用泥浆护壁时应注意保持钻孔内的水头和地下水的水头保持平衡，避免产生孔底管涌。

（4）到达取样位置后，要采用适当的清孔工具，仔细清除浮土，并不致扰动待取样的土层。

（5）下放取土器必须平稳，避免戳坏孔壁使孔底再度淤积浮土，或撞击孔底，引起土样的扰动。

8.4.2 坑探

当钻探方法难以查明地下情况时，可结合坑探进行勘察。坑探主要是人力开挖，也有用机械开挖。与钻探相比，采用坑探时，勘察人员能直接观察到地质结构，准确可靠，便于素描，而且不受限制地从中采取原状岩土样和用作大型原位测试。尤其对研究断层破碎带、软弱泥化夹层和滑动面（带）等的空间分布特点及其工程性质等，更具有重要意义。工程地质勘探中常用的坑探工程（图 8-4）有探槽（图 8-5）、试坑、浅井、竖井（斜井）、平硐和石门（平巷）。其中前三种为轻型坑探工程，后三种为重型坑探工程。坑探不足之处是使用时往往受到自然地质条件的限制，勘探周期长而且耗费资金大；尤其是重型坑探工程不可轻易采用。各种坑探工程的特点和适用条件见表 8-6。

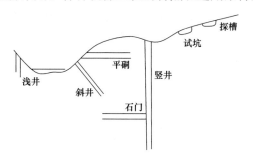

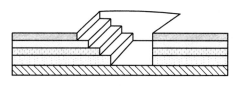

图 8-4　常用的坑探工程示意图　　　　　　图 8-5　探槽剖面图

表 8-6　　　　　　　　　　各种坑探工程的特点和适用条件

名称	特　点	适　用　条　件
探槽	在地表深度小于 3-5m 的长条形槽子	剥除地表覆土，揭露基岩，划分地层岩性，研究断层破碎带；探查残、坡积层的厚度、物质成分及结构
试坑	从地表向下，铅直的、深度小于 3～5m 的圆形或方形小坑	局部剥除覆土，揭露基岩；作载荷试验、渗水试验，取原状土样
浅井	从地表向下，铅直的、深度 5～15m 的圆形或方形井	确定覆盖层及风化层的岩性及厚度；作载荷试验，取原状土样
竖井（斜井）	形状与浅井相同，但深度大于 15m，有时需支护	了解覆盖层的厚度和性质，作风化壳分带、软弱夹层分布、断层破碎带及岩溶发育情况、滑坡体结构及滑动面等；布置在地形较平缓、岩层又较缓倾的地段。
平硐	在地面有出口的水平坑道，深度较大，有时需支护	调查斜坡地质结构，查明河谷地段的地层岩性、软弱夹层、破碎带、风化岩层等；作原位岩体力学试验及地应力量测、取样；布置在地形较陡的山坡地段。
石门（平巷）	不出露地面而与竖井相连的水平坑道，石门垂直岩层走向，平巷平行	了解河底地质结构，做试验等。

坑探工程现场观察和描述，是反映坑探工程第一手地质资料的主要手段。所以在掘进过程中岩土工程师应认真、仔细地做好此项工作。观察、描述的内容主要包括：

（1）划分地层并分层描述。对第四系堆积物主要描述其成因、岩性、时代、厚度及空间变化和相互接触关系；对基岩主要是描述其颜色、成分、结构、构造、地层层序以及各层间接触关系；应特别注意软弱夹层的岩性、厚度及其泥化情况。

（2）岩石的风化特征及其随深度的变化，作风化壳分带。

（3）岩层产状要素及其变化，各种构造形态；注意断层破碎带及节理、裂隙的研究；

断裂的产状、形态、力学性质；破碎带的宽度、物质成分及其性质；节理裂隙的组数、产状、穿切性、延展性、隙宽、间距（频度），有必要时作节理裂隙的素描图和统计测量。

（4）水文地质情况。如地下水渗出点位置、涌水点及涌水量大小等。

坑探工程成果除文字材料外，展视图也是坑探工程所需提交的主要成果资料。所谓展视图就是沿坑探工程的壁、底面所编制的地质断面图，按一定的制图方法将三度空间的图形展开在平面上。由于它所表示的坑探工程成果一目了然，故在岩土工程勘探中被广泛应用。不同类型坑探工程展视图的编制方法和表示内容有所不同，其比例尺应视坑探工程的规模、形状及地质条件的复杂程度而定，一般采用 1:25～1:100。

8.4.3　地球物理勘探

地球物理勘探简称物探。它是利用仪器在地面、空中、水上测量地质体物理场的分布情况，通过对测得的数据和分析判释，并结合有关的地质资料推断地质性状的勘探方法。不同成分、不同结构、不同产状的地质体，在地下半无限空间呈不同的物理场分布，如电场、重力场、磁场、弹性波应力场、辐射场等。

工程地质勘察可在下列方面采用物探：

（1）作为钻探的先行手段，了解隐蔽的地质界线、界面或异常点。

（2）作为钻探的辅助手段，在钻孔之间增加地球物理勘探点，为钻探成果的内插、外推提供依据。

（3）作为原位测试手段，测定岩土体的波速、动弹性模量、动剪切模量、卓越周期、电阻率、放射性辐射参数、土对金属的腐蚀等参数。

应用地球物理勘探方法时，应具备下列条件：

1）被探测对象与周围介质之间有明显的物理性质差异。

2）被探测对象具有一定的埋藏深度和规模，且地球物理异常有足够的强度。

3）能抑制干扰，区分有用信号和干扰信号。

4）在有代表性地段进行有效性试验。

地球物理勘探发展很快，不断有新的技术方法出现。如近年来发展起来的瞬态多道面波法、地震 CT 法、电磁波 CT 法等，效果很好。当前，常用的工程物探方法有：电法、电磁法、地震波法和声波法、地球物理测井等。在工程地质物探方法上，其中采用的最多、最普遍的是电法勘探。它常在初期的工程地质勘察中使用，初步了解勘察区的地下地质情况，配合工程地质测绘用，此外，常用于古河道、暗浜、洞穴、地下管线等勘测的具体查明。为此，在这里着重介绍有关电法勘探的基本知识。

自然界的各种岩石由于其矿物成分、结构、含水量、含盐量、温度等条件的不同而具有不同的导电性质。电法勘探就是以各种岩石所具有的不同的导电特性为基础，来探测某些工程地质问题的。下面介绍电法勘探中的电阻率法。岩土的电阻率及其测定方法如下：

电阻率在数值上等于电流在材料里均匀分布时，该种材料单位立方体所呈现的电阻。常用单位为欧姆·米，记作 $\Omega \cdot m$。电阻率是岩土的一个重要电学参数，它表示岩土的导电特性。不同的岩土有不同的导电性，因而不同的岩土具有不同的电阻率。岩土的电阻率变化范围很大。表 8-7 列出了各类岩土的电阻率变化范围。

表 8 - 7   各类岩土电阻率变化范围表

岩土类别		电阻率/（Ω·m）							
		0	10^0	10^1	10^2	10^3	10^4	10^5	10^6
岩浆岩									
变质岩									
沉积岩	粘土								
	软页岩								
	硬页岩								
	砂								
	砂岩								
	多孔灰岩								
	致密灰岩								

岩层电阻率的测定：设地下岩层为均质且各向同性，则其电阻率（ρ）可视为恒定的。如图 8 - 6 所示，A、B 为两个供电电极，M、N 为测量电极。用电位计可测得 M、N 两点间的电流强度（I）及电位差（Δu_{MN}），则可求得该点的视电阻率 ρ_S 为：

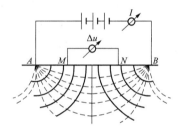

图 8 - 6 电法勘探原理示意图
注：虚线表示电流线分布图，实线表示电位线。

$$\rho_S = \cfrac{2\pi}{\cfrac{1}{AM} - \cfrac{1}{AN} - \cfrac{1}{BM} + \cfrac{1}{BN}} \cdot \frac{\Delta u_{MN}}{I} = K \frac{\Delta u_{MN}}{I} \quad (8-1)$$

式中　Δu_{MN}——M、N 两极的电位差，$\Delta u_{MN} = u_M - u_N$，其中 u_M、u_N 分别为观测点 M、N 处产生的电位。

K——装置系数，与供电和测量电极间距有关。

由于实际地面的岩层既非各向同性，又不均质，所得的电阻率并非真实电阻率，而是非均质体的综合反映，所以，称这个所得的电阻率为视电阻率。由于电极极距的装置不同，所反映的地质情况也不同，因此根据极距的装置可将电阻率法分为电测深法、电剖面法。

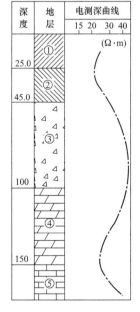

图 8 - 7 第四系含水层
电测深曲线图
注：① 粉质粘土；② 粘土；③ 砂砾石；
④ 泥灰岩；⑤ 灰岩。

1. 电测深法

电测深法是在地表以某一点为中心（此点称为常测点），用不同供电极距测量不同深度岩层的视电阻率值，以获取该点处的地质断面的方法。若测点沿勘探线布置时，可得出地质剖面情况。图 8 - 7 即为根据地下随深度增加的电阻变化情况而绘制的地层剖面情况。

2. 电剖面法

电剖面法是测量电极和供电电极的装置不变，而测点沿某一方向移动，来探测某深度岩层 ρ_s 值的水平变化规律的方法。图 8 - 8 就是利用电剖面法测得某岩溶地区灰岩面的起伏情况。

8.4.4   勘探孔的回填

　　勘探完工后，勘探孔应及时回填，否则可能造成以下危害：妨碍人、畜安全；形成地表污染源进入地下水的通道；在堤防附近形成管涌通道；在有深层承压水的情况下，在隔水层中形成通道，引起基坑突涌等现象。因此，钻探结束后，勘探孔可根据不同要求选用合适材料进行回填。一般情况下，可采用以下措施进行回填：临近堤防的钻孔应采用干泥球进行回填，泥球直径以 2cm 左右

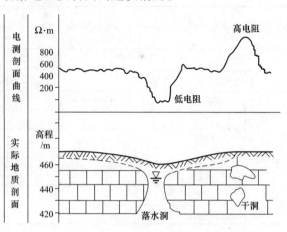

图 8 - 8   岩溶区电剖面法 ρ_s 曲线图

为宜。回填时应均匀投放，每回填 2m 进行一次捣实。对隔水有特殊要求时，可用 4∶1 水泥、膨润土浆液通过泥浆泵由孔底逐步向上灌注回填。探井、探槽等可用原土回填，每 30cm 分层夯实。夯实土干重度不小于 15kN/m³。有特殊要求时可用低标号混凝土回填。

8.5   工程地质原位测试

　　工程地质原位测试是指在岩土层原来所处的位置上，基本保持其天然结构、天然含水量及天然应力状态下进行测试的技术。它与室内试验相辅相成，取长补短。

　　常用的原位测试方法主要有：载荷试验、静力触探试验、标准贯入试验、十字板剪切试验、旁压试验、现场直接剪切试验等，选择原位测试方法应根据岩土条件、设计对参数的要求、地区经验和测试方法的适用性等因素综合确定。

8.5.1   静力载荷试验（CPT）

　　载荷试验是在天然地基上模拟建筑物的基础载荷条件，通过承压板向地基施加竖向荷载，借以确定在承压板下应力主要影响范围内的承载力及变形参数等。载荷试验的主要设备有三个部分：即加荷与传压装置、变形观测系统及承压板（图 8 - 9）。试验时，将试坑挖到基础的预计埋置深度、整平坑底、放置承压板，在承压板上施加荷重来进行试验。

　　载荷试验包括平板载荷试验（plate loading test）和螺旋板载荷试验（screw plate loading test）。平板载荷试验又可分为浅层平板载荷试验和深层平板载荷试验。浅层平板载荷试验适用于浅层地基土；深层平板载荷试验适用于埋深等于或大于 3m 和地下水位以上的地基土，螺旋板载荷试验适用于深部或地下水位以下的地层。本节仅介绍浅层平板载荷试验。

　　1. 浅层平板载荷试验装置和基本技术要求

　　浅层平板载荷试验应布置在场地内具有代表性位置的基础底面标高处，每个场地不宜少于 3 个，当场地内岩土体不均时，应适当增加。试坑宽度不应小于承压板宽度或直径的 3 倍，应注意保持试验土层的原状结构和天然湿度。宜在拟试压表面用不超过 20mm 厚的粗、中砂找平。承压板面积不应小于 0.25m²，对软土不应小于 0.5m²。

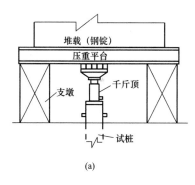
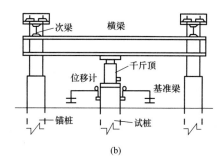

图 8 - 9 单桩竖向静载荷试验装置

（a）堆载法；（b）锚桩法

试验时，荷载应分级施加，加荷分级不应小于 8 级，最大加载量不应小于设计要求的两倍。每级加载后按间隔 10min、10min、10min、15min、15min，以后为每隔半小时测读一次沉降量，当在连续两小时内，每小时的沉降量小于 0.1mm 时，则认为已趋于稳定，可加下一级荷载。当出现下列情况之一时，即可终止加载：

（1）承压板周围的土明显地侧向挤出。

（2）沉降 s 急骤增大，荷载 - 沉降（p - s）曲线出现陡降段。

（3）在某一级荷载下，24 h 内沉降速率不能达到稳定。

（4）沉降量与承压板宽度或直径之比大于或等于 0.06。

当满足前三种情况之一时，其对应的前一级荷载定为极限荷载。

2. 浅层平板载荷试验成果的应用

根据载荷试验结果，可绘制压力（p）与稳定沉降量（s）的关系曲线（图 8 - 10）。这些资料主要应用于以下几个方面：

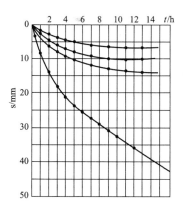
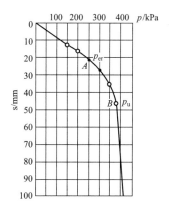

图 8 - 10 载荷试验的沉降曲线

（1）确定地基承载力的特征值。

按载荷试验 p - s 曲线确定地基承载力特征值的规定如下：

1）当载荷试验 p - s 曲线上有明显的比例界限时，取该比例界限所对应的荷载 p_{cr} 作为地基承载力特征值 f_{ak}。

2）当极限荷载 p_u 小于比例界限荷载 p_{cr} 的 2 倍时，取极限荷载 p_u 的一半作为地基承载力特征值 f_{ak}。

3）不能按上述两点确定时，可按限制沉降量取值。当承压板面积为 0.25~0.5m² 时，可采用 $[s]$ = 0.01b~0.015b 所对应的荷载值作为地基承载力特征值 f_{ak}，但其值不应大于最大加载量的一半。

同一土层参加统计的试验点不应少于三点，特征值的极差（最大值与最小值之间的差值）不应超过平均值的 30%。当符合以上规定时取其平均值作为该土层地基承载力特征值 f_{ak}。

（2）确定地基土的变形模量 E_0。

根据 $p-s$ 曲线并假定地基为均质、各向同性、半无限弹性介质，可求得承压板下有限深度内土层的平均变形模量 E_0。

$$E_0 = I_0(1-\mu^2)\frac{p}{s}b \tag{8-2}$$

式中　I_0——刚性承压板的形状系数，圆形承压板取 0.785，方形承压板取 0.886；

　　　μ——土的泊松比，碎石土取 0.27，砂土取 0.30，粉土取 0.35，粉质粘土取 0.38，粉土取 0.42；

　　　b——承压板的边长或直径（m）；

　　p、s——相应于地基承载力特征值的荷载及其所对应的沉降的特征值。

（3）估算地基土基床反力系数（k_s）。

根据承压板边长为 30cm 的平板载荷试验的 $p-s$ 曲线，可按下式计算出基准基床系数（k_v）。

$$k_v = \frac{p}{s} \tag{8-3}$$

式中　$\dfrac{p}{s}$——$p-s$ 曲线直线段斜率，如果 $p-s$ 曲线无直线段，p 值可取临塑荷载 p_{cr} 的一半，

　　　　　s 取相对应的沉降量。根据基准基床系数可确定地基土基床反力系数 k_s。

粘性土　　　　　　　　　　$$k_s = \frac{0.305}{B_f}K_V \tag{8-4}$$

砂土　　　　　　　　　　$$k_s = \left(\frac{B_f + 0.305}{2B_f}\right)^2 K_V \tag{8-5}$$

式中　B_f——基础的宽度（m）。

在应用载荷试验的成果时，由于加荷后影响深度不会超过 2 倍承压板边长或直径，因此对于分层土要充分估计到该影响范围的局限性。特别是当表面有一层"硬壳层"、其下为软弱土层时，软弱土层对建筑物沉降起主要作用，它却不受到承压板的影响，因此试验结果和实际情况有很大差异。所以对于地基压缩范围内的土层分层时，应该用不同尺寸的承压板或进行不同深度的静力载荷试验，也可以采用其他的原位测试和室内土工试验。

在应用静载荷试验资料确定地基土的承载力和变形模量、估算软土地基的不排水抗剪强度和地基土的基床反力系数时，必须注意两个问题：一是静力载荷试验的受荷面积比较小，加荷后受影响的深度不会超过 2 倍承压板边长或直径，而且加荷时间也比较短，因此不能通过静力载荷试验提供建筑物的长期沉降资料；二是在沿海软粘土分布地区，地表往往有一层"硬壳层"，当用小尺寸的承压板时，常常受压范围还在地表"硬壳层"内，其下软弱土层

还未受到承压板的影响，而对于实际建筑物的大尺寸基础，下部软弱土层对建筑物沉降起着主要的影响（图 8 - 11）。因此，静载荷试验资料的应用是有条件的，在进行载荷试验时，要充分估计到试验影响范围的局限性，注意分析试验成果与实际建筑地基之间可能存在的差异。所以，当地基压缩层范围内土层单一而且均匀时，可以直接在基础埋置标高处进行静力载荷试验；如果地基压缩层范围内土层是成层变化的，或者是不均匀的，则要进行不同尺寸承压板或不同深度的静载荷试验。遇到这种情况，可以采用其他原位测试和室内土工试验，来确定静载荷试验影响不到的土层的工程力学性质。此外，如果地基土层起伏变化很大时，还应在不同地点做静力载荷试验。

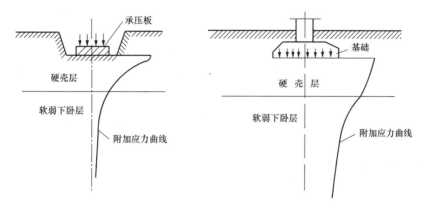

图 8 - 11　承压板与实际基础尺寸的差异对评价建筑物沉降的影响

8.5.2　圆锥动力触探试验（DPT）

圆锥动力触探试验是用一定质量的重锤，以一定高度的自由落距，将标准规格的圆锥形探头贯入土中，根据打入土中一定距离所需的锤击数，判定土层力学特性，具有勘探和测试双重功能。圆锥动力触探的优点是设备简单、操作方便、工效高、适应性广，并且具有连续贯入的特性。对于难以取样的砂土、粉土和碎石土等，圆锥动力触探是十分有效的探测手段。圆锥动力触探类型可分为：轻型、重型、超重型三种，其规格和适用性应符合表 8 - 8 圆锥动力触探类型。图 8 - 12 为轻型圆锥动力触探试验仪器示意图

1. 圆锥动力触探试验技术要求

（1）采用自动落锤装置。

（2）触探杆最大偏斜度不应超过 2% ，锤击贯入应连续进行；同时防止锤击偏心、探杆倾斜和侧向晃动，应保持探杆垂直度；锤击速率每分钟宜为 15 ～ 30 击。

（3）每贯入 1m，宜将探杆转动一圈半；当贯入深度超过 10m，每贯入 20m 宜转动探杆一次。

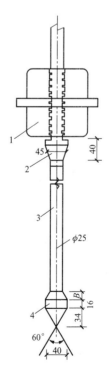

图 8 - 12　轻便触探设备（单位：mm）
1—穿心锤；2—锤垫；3—触探杆；4—尖锤

（4）对轻型动力触探，当 $N_{10} > 100$ 或贯入 15cm 锤击数超过 50 击时，可停止试验；对重型动力触探，当连续三次 $N_{63.5} > 50$ 时，可停止试验或改用超重型动力触探。

表 8 – 8　　　　　　　　　　圆锥动力触探类型

类型		轻型	重型	超重型
落锤	锤的质量/kg	10	63.5	120
	落距/cm	50	76	100
探头	直径/mm	40	74	74
	锥角/（°）	60	60	60
探杆直径/mm		25	42	50 – 60
指标		贯入 30cm 的读数 N_{10}	贯入 10cm 的读数 $N_{63.5}$	贯入 10cm 的读数 N_{120}
主要适用岩土		浅部的填土、砂土、粉土、粘性土	砂土、中密以下的碎石土、极软岩	密实和很密的碎石土、软岩、极软岩

2. 圆锥动力触探试验成果的应用

圆锥动力触探试验成果主要是：锤击数与贯入深度关系曲线，下面简要介绍圆锥动力触探试验成果的应用。

（1）确定地基土承载力。重型圆锥动力触探在我国已有近五十年的应用经验，各地积累了大量资料。铁道部第二勘测设计院通过筛选，采用了 59 组对比数据，包括卵石、碎石、圆砾、角砾，分布在四川、广西、辽宁、甘肃等地，数据经修正（表 8 – 9），统计分析了与地基承载力关系（表 8 – 10）。

表 8 – 9　　　　　　　　　　修　正　系　数

l/m ＼ $N_{63.5}$	5	10	15	20	25	30	35	40	≥50
≤2	1.0	1.0	1.0	1.0	1.0	1.0	1.0	1.0	1.0
4	0.96	0.95	0.93	0.92	0.90	0.98	0.87	0.86	0.84
6	0.93	0.90	0.88	0.85	0.83	0.81	0.79	0.78	0.75
8	0.90	0.86	0.83	0.80	0.77	0.75	0.73	0.71	0.67
10	0.88	0.83	0.79	0.75	0.72	0.69	0.67	0.64	0.61
12	0.85	0.79	0.75	0.70	0.67	0.64	0.61	0.59	0.55
14	0.82	0.76	0.71	0.66	0.62	0.58	0.56	0.53	0.50
16	0.79	0.73	0.67	0.62	0.57	0.54	0.51	0.48	0.45
18	0.77	0.70	0.63	0.57	0.53	0.49	0.46	0.43	0.40
20	0.75	0.67	0.59	0.53	0.48	0.44	0.41	0.39	0.36

表 8 – 10　　　　　　　　　$N_{63.5}$ 与地基承载力的关系

$N_{63.5}$	3	4	5	6	8	10	12	14	16
σ_0/kPa	140	170	200	240	320	400	480	540	600
$N_{63.5}$	18	20	22	24	26	28	30	35	40
σ_0/kPa	660	720	780	830	870	900	930	970	1000

（2）评价碎石土的密实度。根据重型圆锥动力触探试验锤击数，可按表 8 – 11 把碎石土密实度划分为松散、稍密、中密、密实四种状态。此外，根据圆锥动力触探试验指标和地

区经验，可进行力学分层、评定土的强度、变形参数、估算单桩承载力，查明土洞、滑动面、软硬土层界面、检测地基处理效果等。

表 8 – 11　　　　　　　　　　　　　　　　碎石土的密实度

重型圆锥动力触探锤击数 $N_{63.5}$	$N_{63.5} \leqslant 5$	$5 < N_{63.5} \leqslant 10$	$10 < N_{63.5} \leqslant 20$	$N_{63.5} > 20$
密实度	松散	稍密	中密	密实

3. 确定单桩承载力标准值 R_k

重型动力触探试验对桩基持力层的锤击数 $N_{63.5}$ 与打桩机最后若干锤的平均每锤贯入度之间有一定的相关关系，根据这种关系就可以确定打入桩的单桩承载力标准值 R_k。广东省建筑设计研究院，通过对广州地区的重型动力触探 $N_{63.5}$ 与现场打桩资料的分析研究，认为打桩机最后 30 锤平均每锤的贯入度 S_p 与持力层的 $N_{63.5}$ 有如下的经验关系：

$$S_p = 2.86 / N_{63.5} \tag{8 – 6}$$

利用 8 – 6 式，即可估算打入桩单桩承载力标准值 R_k：

对大桩

$$R_k = \frac{WH}{9(0.15 + S_p)} + \frac{WH \sum N_{63.5}}{6000} \tag{8 – 7}$$

对中桩

$$R_k = \frac{WH}{8(0.15 + S_p)} + \frac{WH \sum N_{63.5}}{2250} \tag{8 – 8}$$

式中　W——打桩机的锤重量（kN）；

H——打桩机锤的自由落距（cm）；

S_p——打桩机最后 30 锤平均每锤贯入度（cm）；

$\sum N_{63.5}$——重型动力触探持力层的锤击总数；

R_k——打入桩单桩承载力标准值（kN）。

8.5.3　标准贯入试验（SPT）

标准贯入试验实质上仍属动力触探类型之一，所不同的是其触探头不是圆锥形探头，而是标准规格的圆筒形探头（由两个半圆管合成的取土器），称之为贯入器。标准贯入试验是用质量为 63.5kg 的穿心锤，以 76cm 的落距，将标准规格的贯入器，自钻孔底部预打 15cm，记录再打入 30cm 的锤击数，判定土的力学特性。

标准贯入试验仪器主要有三部分组成：触探头、触探杆以及穿心锤（图 8 – 13）。设备规格见表（8 – 12）。

表 8 – 12　　　　　　　　　　　　　　标准贯入试验设备规格

落锤		锤的质量/kg	63.5
		落距/cm	76
贯入器	对开管	长度/mm	> 500
		外径/mm	51
		内径/mm	35
	管靴	长度/mm	50 ～ 76
		刃口角度/（°）	18 ～ 20
		刃口单刃厚度/mm	2.5

续表

钻杆	直径/mm	42
	相对弯曲	<1/1000

标准贯入试验适用于砂土、粉土和一般粘性土。试验时，结合钻孔进行，国内统一使用直径为 42mm 的钻杆，国外也有使用直径 50mm 或 60mm 的钻杆。标准贯入试验设备简单、操作方便、土层的适应性广，而且通过贯入器可以采取挠动土样，对它进行直接鉴别描述和有关的室内土工试验，如对砂土作颗粒分析试验。本试验特别对不易钻探取样的砂土和砂质粉土物理力学性质的评定具有独特意义。

1. 标准贯入试验的技术要求

（1）进行标准贯入试验时，宜采用回转钻进方法，以尽可能减少对孔底土的挠动，钻至试验标高以上 15cm 处，消除孔底残土后再进行试验。

钻进时需注意以下几点：

1）保持孔内水位高出地下水位一定高度，保持孔底土处于平衡状态，不使孔底发生涌砂变松，影响 N 值。

2）下套管不要超过试验标高。

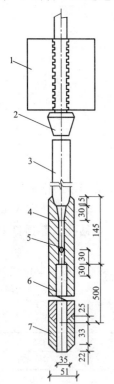

图 8-13 标准贯入试验设备
1—穿心锤；2—锤垫；3—钻杆；
4—贯入器头；5—出水孔；
6—由两半圆形管并合而成的
贯入器身；7—贯入器靴

3）要缓慢地下放钻具，避免孔底土的扰动。

4）细心清孔。

5）为防止涌砂或塌孔，可采用泥浆护壁。

（2）标准贯入试验所用钻杆应定期检查，钻杆相对弯曲小于 1%。

（3）采用自动脱钩的自由落锤法进行锤击，并减小导向杆与锤间的摩阻力，避免锤击时的偏心和侧向晃动，保持贯入器、探杆、导向杆联接后的垂直度，锤击速率应小于 30 击/min。

（4）贯入器打入土中 15cm 后，开始记录每打入 10cm 的锤击数，累计打入 30cm 的锤击数为标准贯入试验锤击数 N。当锤击数已达 50 击，而贯入深度未达 30cm 时，可记录 50 击的实际贯入深度（ΔS），按下式换算成相当于 30cm 的标准贯入试验锤击数 N，并终止试验。

$$N = 30 \times \frac{50}{\Delta S} \qquad (8-9)$$

标准贯入试验锤击数可直接标在工程地质剖面图上，也可绘制单孔标准贯入击数与深度关系曲线，统计分层标贯击数平均值时，应剔除异常值。

2. 标准贯入试验的成果整理

（1）标准贯入试验成果整理时，以下资料应齐全，包括：钻孔孔径、钻进方式、护孔方式、落锤方式、地下水位及孔内水位、初始贯入度、预打击数、试验标贯击数、及记录深度、贯入器所取扰动土样的鉴别描述等。

（2）标准贯入试验成果 N 可直接标在工程地质剖面图上，也可绘制单孔标准贯入试验击数 N 与深度关系曲线。统计分层标贯击数平均值时，应剔除异常值。

（3）关于标准贯入试验锤击数 N 值的修正问题，虽然国内外已有不少研究成果，但意见很不一致。在我国，一直用修正后的 N 值确定地基承载力，用不修正的 N 值判别液化及评价砂土密实程度。因此，勘察报告首先提供未经修正的的实测值，这是基本数据。然后，在应用时根据当地积累资料统计分析时的具体情况，确定是否修正和如何修正。

国内长期以来对 N 值修正，着重考虑杆长修正。对杆长修正，目前在工程上大多采用的是以牛顿碰撞理论为基础的修正方法。N 值可按（8 - 10）式进行修正，杆长限制在 21m，但是在实际工程中标准贯入试验的杆长早已超过 21m，最大长度已达 100m 以上，试验效果仍然良好，N 值仍能有效地反映土层的力学性质变化。

$$N = \alpha N^l \tag{8 - 10}$$

式中　N——经杆长修正后的标贯试验的锤击数；

　　　N^l——实测的标贯击数；

　　　α——触探杆长度修正系数（表 8 - 13），当杆长超过 21m 时，α 取 0.7。

表 8 - 13　　　　　　　　　　　　　　杆长修正系数

触探杆长/m	≤ 3	6	9	12	15	18	21
α	1.00	0.92	0.86	0.81	0.77	0.73	0.70

3. 标准贯入试验成果应用

根据标准贯入试验锤击数，可以来评价砂土密实程度，结合地区经验还可以确定地基土承载力，判定粘性土的稠度状态以及评价砂土、粉土的液化势等。

（1）评价砂土密实度。根据《建筑地基基础设计规范》（GB 50007—2002），利用标准贯入试验锤击数 N 可将砂土密实度分为密实、中密、稍密、松散四种状态（表 8 - 14）。

表 8 - 14　　　　　　　　　　　　　　砂 土 的 密 实 度

标准贯入试验锤击数 N	N≤10	10 < N≤15	15 < N≤30	N > 30
密实度	松散	稍密	中密	密实

注：表中的 N 是未经修正的锤击数

（2）确定地基土承载力。由于影响地基承载力因素较多，不便于在全国范围内建立统一标准，《建筑地基基础设计规范》（GB 50007—2002）中没有建立地基承载力与标贯击数 N 之间的关系，至于如何根据锤击数确定地基承载力，可由地方标准或地方经验确定。

（3）评定粘性土的状态。冶金部武汉勘察公司提出标准贯入击数 N 与粘性土的状态关系（表 8 - 15）。

表 8 - 15　　　　　　　　　标贯击数 N 与粘性土稠度状态的关系

N	<2	2～4	4～7	7～18	18～35	>35
I_L	>1	1～0.75	0.75～0.5	0.5～0.25	0.25～0	<0
稠度状态	流塑	软塑	软可塑	硬可塑	硬塑	坚硬

太沙基（Terzaghi）和佩克（Peck）提出 N 与粘性土状态关系（表8-16）。

表8-16　　　　　　　　　　太沙基和佩克关于 N 与粘性土稠度状态关系

N	<2	2~4	4~8	8~15	15~30	>30
q_u/kPa	<25	25~50	50~100	100~200	200~400	>400
稠度状态	极软	软	中等	硬	很硬	坚硬

（4）估算单桩承载力。将标贯击数 N 换算成桩侧、桩端土的极限摩阻力相极限端承力，再根据当地的土层情况，就可以估算单桩的极限承载力。例如：北京市勘察院的经验公式为：

$$Q_u = P_b A_p + U_P(\sum P_{fc} \cdot L_c + \sum P_{fs} \cdot L_s) + C_1 - C_2 x \qquad (8-11)$$

式中　P_b——桩尖以上以下 $4D$（D 为桩径或边长）范围 N 平均值换算的极限桩端承力（kPa）（表8-17）；

P_{fc}、P_{fs}——分别为桩身范围内粘性土、砂土的 N 值换算成桩侧极限摩阻力（kPa）（表8-17）；

L_c、L_s——分别为粘性土层和砂土层的桩段长度（m）；

C_1——经验系数（kN）（表8-18）；

C_2——孔底虚土折减系数（kN/m），取18.1；

x——孔底虚土厚度，预制桩 $x=0$，当虚土厚度大于0.5m，取 $x=0.5$m 但端承力 $P_b=0$。

表8-17　　　　　　　　　　N 与 P_{fc}、P_{fs} 和 P_b（kPa）的换算表

	N	1	2	4	6	8	10	12	14	16	18	20	22	24	26	28	30	35	40
预制桩	P_{fc}	7	13	26	39	52	65	78	91	104	117	130							
	P_{fs}			18	27	36	44	53	62	71	80	89	98	107	115	124	133	155	178
	P_b			440	660	880	1100	1320	1540	1760	1980	2200	2420	2640	2860	3080	3300	3850	4400
灌注桩	P_{fc}	3	6	12	19	25	31	37	43	50	56	62							
	P_{fs}		7	13	20	26	33	40	46	53	59	66	73	79	86	92	99	116	132
	P_b			110	117	220	280	330	390	450	500	560	610	670	720	780	830	970	1120

表8-18　　　　　　　　　　　　　经验系数 C_1

桩型	预制桩		灌注桩
土层条件	桩周有新近堆积土	桩周无新近堆积土	桩周无新近堆积土
C_1/KN	340	150	180

（5）评价砂土、粉土的液化势。对于饱和砂土和饱和粉土，需要进一步进行液化判别时，应采用标准贯入试验判别法判断地面下15m深度范围内的液化；当采用桩基或埋深大于5m的深基础时，尚应判别 $15\sim20$m 范围内土的液化。当饱和土标准贯入锤击数 N（未经杆长修正）小于液化判别标准贯入锤击数的临界值 N_{cr} 时，应判为液化土。

在地面下15m深度范围内，液化判别标准贯入锤击数的临界值 N_{cr} 可按式（8-12）

计算：

$$N_{cr} = N_0 \left[0.9 + 0.1(d_s - d_w) \right] \sqrt{3/\rho_c} \qquad (d_s \leq 15) \qquad (8-12)$$

在地面下 15～20m 范围内，液化判别标准贯入锤击数的临界值 N_{cr} 可按下式计算：

$$N_{cr} = N_0 (2.4 - 0.1 d_s) \sqrt{3/\rho_c} \qquad (15 \leq d_s \leq 20) \qquad (8-13)$$

式中　N_0——液化判别标准贯入锤击数基准值，应按表 8-19 采用；

　　　d_s——饱和土标准贯入点深度（m）；

　　　ρ_c——粘粒含量百分率，当小于 3 或为砂土时，应采用 3。

表 8-19　　　　　　　　　　　标准贯入锤击数基准值

设计地震分组	7 度	8 度	9 度
第一组	6（8）	10（13）	16
第二、三组	8（10）	12（15）	18

注：括号内数值用于设计基本地震加速度为 0.15g 和 0.30g 的地区。

8.5.4　静力触探试验（CPT）

静力触探试验是通过静压力将一个内部装有传感器的触探头，以匀速压入土中，由于地层中各种土的软硬不同，探头所受阻力自然也不一样。传感器将感受到的大小不同的贯入阻力，通过电信号输入到电子量测仪中。因此，通过贯入阻力变化情况，可以达到了解土层的工程性质的目的。

静力触探试验适用于粘性土、粉土、砂土及含少量碎石的土层。尤其是对地层变化较大的复杂场地，以及不易取得原状土样的饱和砂土、高灵敏度软粘土地层的勘察，显示出其独特的优越性。但是静探不能直接识别土层。而且对碎石类土和较密实的砂土层难以贯入。所以在工程地质勘察中，它只能作为钻探的配合手段。

1. 静力触探试验仪器设备及技术要求

静力触探设备主要由三部分组成：触探头、触探杆和记录器。其中触探头是静力触探设备中的核心部分。它的类型很多，目前国内大多采用电阻应变式触探头。当触探杆将探头匀速压入土层时，一方面是引起锥尖以下局部土层的压缩，产生了作用于锥尖的阻力；另一方面又在孔壁周围形成一圈挤密层，产生了作用于探头侧壁的摩阻力。探头的这两种阻力是土的力学性质的综合反映。这两种阻力通过设置于探头内的应变元件转变成电讯号，并由仪表（或静探微机）量测出来。

常用的静力触探探头按其功能可分为单桥探头和双桥探头两种。探头圆锥锥底截面积国际通用标准为 $10cm^2$，但国内勘察单位广泛使用 $15cm^2$ 探头，$10cm^2$ 与 $15\ cm^2$ 的贯入阻力相差不大，在同样的土质条件和机具贯入能力的情况下，$10cm^2$ 比 $15\ cm^2$ 贯入深度更大，为了向国际标准靠拢，最好使用锥头底面积为 $10cm^2$ 的探头。探头的几何形状及尺寸会影响测试数据的精度，因此，应定期进行检查。单桥侧壁高度应分别采用 57mm 或 70mm，双桥探头侧壁面积应采用 $150～300\ cm^2$，锥尖锥角应为 $60°$。

单桥探头（图 8-14）测得的是包括锥尖阻力和侧壁摩阻力在内的总贯入阻力 $P(kN)$，通常用比贯入阻力 $p_s(kPa)$ 表示，即

$$p_s = \frac{P}{A} \qquad (8-14)$$

式中 A ——探头截面积（m^2）。

双桥探头（图 8 – 15）可以同时分别测得锥尖阻力和侧壁阻力。用 Q_c（kN）和 P_f（kN）分别表示锥尖总阻力和侧壁总阻力。则单位面积锥尖阻力 q_c（kPa）和侧壁阻力 f_s（kPa）分别为

$$q_c = \frac{Q_c}{A} \qquad\qquad (8-15)$$

$$f_s = \frac{P_f}{F_s} \qquad\qquad (8-16)$$

式中 F_s ——外套筒的总侧面积（m^2）。

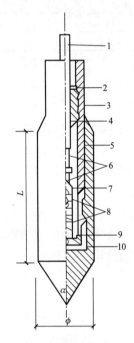

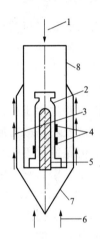

图 8 – 14 单桥探头结构示意图

1—四心电缆；2—密封圈；3—探头管；4—防水塞；

5—外套管；6—导线；7—空心柱；8—电阻片；

9—防水盘根；10—顶柱；α – 探头锥角；ϕ—探头

锥底直径；L—有效侧壁长度

图 8 – 15 双桥探头工作原理示意图

1—贯入力；2—空心柱；3—侧壁摩阻力；

4—电阻片；5—顶柱；6—锥尖阻力；

7—探头套；8—探头管

根据锥尖阻力 q_c 和侧壁阻力 f_s 可计算同一深度处的摩阻比 R_f：

$$R_f = \frac{f_s}{q_c} \times 100\% \qquad\qquad (8-17)$$

在静力触探试验的整个过程中，探头应匀速、垂直地压入土层中，贯入速率一般控制在 (1.2 ± 0.3) m/min。探头测力传感器应连同仪器、电缆进行定期标定，室内率定探头测力传感器的非线性误差、重复性误差、滞后误差、温度飘移，归零误差均应小于 $\pm 1\% f_s$。在现场当探头返回地面时应记录归零误差，现场的归零误差不得超过 3%，它是试验数据质量好坏的重要标志。同时，探头的绝缘度不小于 500MΩ。触探时，记录误差不得大于触探深度的 $\pm 1\%$。当贯入深度大于 30m 时，或穿过厚层软土再贯入硬土层时，应采取措施防止孔

斜或断杆，也可配置测斜探头，量测触探孔的偏斜角，校正土层界线的深度。

2. 静力触探试验成果的应用

静力触探试验的主要成果有：比贯入阻力－深度（$p_s - h$）关系曲线［图 8 - 16 （a）］；锥尖阻力－深度（$q_c - h$）关系曲线［图 8 - 16 （b）］；侧壁阻力－深度（$f_s - h$）关系曲线和摩阻比－深度（$R_f - h$）关系曲线［图 8 - 16 （c）］等。

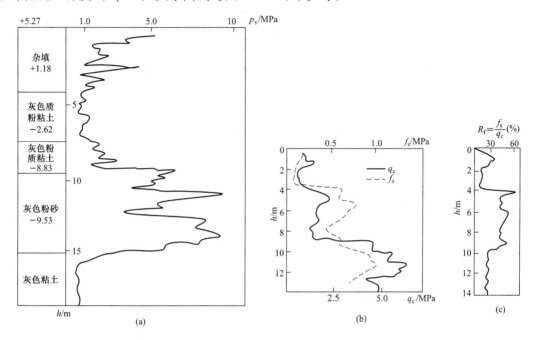

图 8 - 16　静力触探曲线

（a）静力触探 $p_s - h$ 曲线；（b）静力触探 $q_c - h$ 和 $f_s - h$ 曲线；（c）静力触探 $R_f - h$ 曲线

根据目前的研究与经验，静力触探试验成果的应用主要有以下几个方面：

（1）划分土层界线。

根据贯入曲线的线型特征，并结合相邻钻孔资料和地区经验，可以来划分土层。由于地基土层特性变化的复杂性，在划分土层的界线时，应注意以下两个问题：

1）在探头贯入不同工程性质的土层界线时，p_s 或 q_c 及 f_s 值的变化一般是显著的，但并不是突变的，而是在一段距离内逐渐变化的。如图 8 - 17 中的曲线 ABC 段所示，探头由软土层向硬土层贯入时测得的值有提前和滞后现象，即当探头离硬土层面一定距离时，开始逐渐增大，并且当探头贯入硬土层一定深度才达到其最大值。同理，当探头通过硬土层而贯入软土层时的情形也是如此，只不过值由最大逐渐变小。因此，软土层与硬土层的分界线应为 B 点和 E 点。

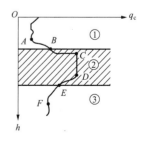

图 8 - 17　不同土层界线处的超前和滞后

2）工程实践中经常发现，静力触探所划分的土层界线与实际分界线在深度不大时，两者相差不多，差 20 ~ 40cm。当触探深度较大超过 40m 以上，而且下部有硬土层存在时，静力触探定出的分层深度往往比钻探所定的分层深度大。产生这种误差的原因是在触探中深度记录误差过大和细长的探杆发生挠曲，探杆弯曲后就沿弯曲方向继续贯入，使触探深度大于实际深度。产生深度误差的这两个因素，通过严格认真的操作，并在探头内附设测斜装置，是能够将误差控制在规定的范围之内的。综上所述，用静力触探曲线划分土层界线的原则如下：

①上下层贯入阻力相差不大时，取超前深度和滞后深度的中心，或中心偏向小阻力土层 $5 \sim 10cm$ 处作为分层界线。

②上下层贯入阻力相差一倍以上时，取软土层最后一个（或第一个）贯入阻力小值偏向硬土层 10cm 处作为分层界线。

③上下层贯入阻力无甚变化时，可结合 f_s 或 R_f（摩阻比）的变化确定分层界线。

（2）评定地基土的强度参数。

对于粘性土，由于静力触探试验的贯入速率较快，因此对量测粘性土的不排水抗剪强度是一种可行的方法。经过大量试验和研究，探头锥尖阻力基本上与粘性土的不排水抗剪强度呈某种确定的函数关系，而且将大量的测试数据经数理统计分析，其相关性都很理想。其典型的实用关系式见表 8 – 20。

对于砂土，其重要的力学参数是内摩擦角 φ，我国铁道部《静力触探技术规则》（TGJ 37—1993）第 6.4.5 条根据静力触探比贯入阻力，按表 8 – 21 可估算砂土内摩擦角 φ。

此外，静力触探试验成果还能用来估算浅基或桩基的承载力、砂土或粉土的液化。利用静探资料估算变形参数时，由于贯入阻力与变形参数间不存在直接的机理关系，可能可靠性差些。

表 8 – 20　　　　　用静力触探估算粘性土的不排水抗剪强度　　　　（单位：kPa）

实用关系式	适用条件	来　源
$C_u = 0.071q_c + 1.28$	$q_c < 700kPa$ 的滨海相软土	同济大学
$C_u = 0.039q_c + 2.7$	$q_c < 800kPa$	铁道部
$C_u = 0.0308p_s + 4.0$	$p_s = 100 - 1500kPa$ 新港软粘土	一般设计研究院
$C_u = 0.0696p_s - 2.7$	$p_s = 300 - 1200kPa$ 饱和软粘土	武汉静探联合组
$C_u = 0.19q_c$	$\varphi = 0$ 纯粘土	日本
$C_u = 0.105q_c$		Meyerhof

表 8 – 21　　　　　用静力触探比贯入阻力 p_s 估算砂土内摩擦角 φ

p_s / MPa	1.0	2.0	3.0	4.0	6.0	11.0	15	30
$\varphi / (\degree)$	29	31	32	33	34	36	37	39

8.5.5　十字板剪切试验（VST）

十字板剪切试验是用插入土中的标准十字板探头，以一定速率扭转，量测土破坏时的抵抗力距，测定土的不排水抗剪强度。十字板剪切仪构造如图 8 – 18 所示。试验时先将套管打到预定的深度，并将套管内的土清除。将十字板装在钻杆的下端后，通过套管压入土中。压入深度约为 750mm。然后由地面上的扭力设备仪对钻杆施加扭矩，使埋在土中的十字板旋转，直至土剪切破坏（图 8 – 19）。破坏面为十字板旋转所形成的圆柱面。设剪切破坏时所施加的扭矩为 M，则它应该与剪切破坏圆柱面（包括侧面和上下面）上土的抗剪强度所产生的抵抗力矩相等，即

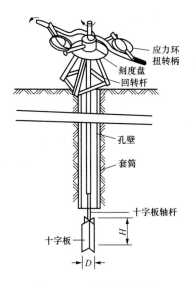

图 8 – 18　十字板剪切仪

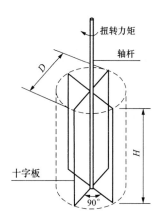

图 8 – 19　十字板剪切原理

$$M = \pi DH \frac{D}{2}\tau_v + 2\frac{\pi D^2}{4}\frac{D}{3}\tau_H = \frac{1}{2}\pi D^2 H\tau_v + \frac{1}{6}\pi D^3\tau_H \qquad (8 - 18)$$

式中　M——剪切破坏时的扭力矩（kN·m）；

　　τ_v、τ_H——剪切破坏时的圆柱体侧面和上下面土的抗剪强度（kPa）；

　　H、D——十字板高度和直径（m）。

实用上为了简化计算，在常规的十字板剪切试验中仍假设 $\tau_v = \tau_H = \tau_f$，将这一假设代入式（8 – 18）中，得

$$\tau_f = \frac{2M}{\pi D^2\left(H + \dfrac{D}{3}\right)} \qquad (8 - 19)$$

式中　τ_f——在现场由十字板剪切仪测定的土的抗剪强度（kPa），其余符号同前。在实际土

　　　　层中，τ_V 和 τ_H 是不同的。爱斯（Aas）曾利用不同的 $\dfrac{D}{H}$ 的十字板剪切仪测定

　　　　饱和粘性土的抗剪强度。试验结果表明：对于所试验的正常固结饱和粘性土，
　　　　$\tau_H/\tau_V = 1.5 \sim 2.0$；对于稍超固结的饱和软粘土，$\tau_H/\tau_V = 1.1$。这一试验结果
　　　　说明天然土层的抗剪强度是非等向的，即水平面上的抗剪强度大于垂直面上的
　　　　抗剪强度。这主要是由于水平面上的固结压力大于侧向固结压力的缘故。

十字板剪切仪适用于饱和软粘土（$\varphi = 0$），它的优点是构造简单、操作方便，原位测试时对土的结果扰动也较小，故在实际中得到广泛的应用。但在软土层中夹薄砂层时，测试结果可能失真或偏高。

8.5.6　旁压试验（PMT）

旁压试验是将圆柱形旁压器竖直地放入土中，利用旁压器的扩张，对周围土施加均匀压力，测量压力和径向变形的关系即可得地基土在水平方向上的应力关系。图 8 – 20 为旁压测试示意图。

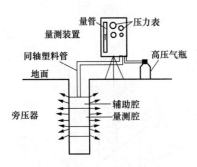

图 8-20　旁压测试示意图

根据将旁压器设置于土中的方法，可以将旁压仪分为预钻式、自转式和压入式三种。国内目前以预钻式为主，本节以下介绍也是针对预钻式的。

旁压试验主要适用于粘性土、粉土、砂土、碎石土、残积土、极软岩和软岩等。

1. 旁压试验的基本技术要求

旁压试验点的布置，应在了解地层剖面的基础上进行，最好先作静力触探或动力触探或标准贯入试验，以便能合理地在有代表性的位置上布置试验。布置时要保证旁压器的量测腔在同一土层内。根据实践经验，旁压试验的影响范围，水平向约为 60cm，上下方向约为 40cm。为避免相邻应力影响范围重叠，建议试验点的垂直间距至少为 1m。成孔质量是预钻式旁压试验成败的关键，成孔质量差，会使旁压曲线反常失真，无法应用。为保证成孔质量应注意三点：① 孔壁垂直、光滑、呈规则圆形，尽可能减少孔壁扰动；② 对软弱土层，为了避免缩孔、坍孔，应用泥浆护壁；③ 钻孔孔径应略大于旁压器外径，一般宜大于 2～8mm。

加荷等级以 8～14 级为宜，各级压力增量可相等，也可不相等。初始阶段加荷等级可取小值。不同土类的加荷等级可按表 8-22 选用。

表 8-22　　　　　　　　　旁压压力增量的建议值

土　类	压力增量/kPa	
	临塑压力前	临塑压力后
淤泥、淤泥质土、流塑粘性土、粉土、饱和或松散的粉细砂	≤15	≤30
软塑粘性土、粉土、疏松黄土、稍密很湿粉细砂、稍密中粗砂	15～25	30～50
可塑～硬塑粘性土、粉土、黄土、中密～密实很湿粉细砂、稍密～中密中粗砂	25～50	50～100
坚硬粘性土、粉土、密实中粗砂	50～100	100～200
中密～密实碎石土、软岩的强风化类	≥100	≥200

当量测腔的扩张体积相当于量测腔的固有体积，加荷接近或达到极限压力时，应终止试验。旁压试验的率定是十分重要的工作，它是保证得到正确的压力－体积变化曲线或压力－径向应变曲线所必不可少的工序。率定包括弹性膜约束力的率定、仪器综合变形率定以及旁压仪精度率定。

2. 旁压试验成果分析应用

旁压试验成果主要是压力－扩张体积曲线（$P-V$ 曲线），典型的 $P-V$ 曲线见图 8-21，它可分为三段。

Ⅰ段：初步阶段；

Ⅱ段：似弹性阶段，压力与体积变化量大致呈直线关系；

Ⅲ段：塑性阶段，随着压力的增大，体积变化量迅速增加。

Ⅰ—Ⅱ段的界限压力相当于初始水平应力 P_0；

Ⅱ—Ⅲ段的界限压力相当于临塑压力 P_f，Ⅲ段末尾渐近线的压力为极限压力 P_l。则旁压曲线的特征值为初始压力（P_0），临塑压力（P_f），极限压力（P_1）。

旁压曲线（$P - V$曲线）可以评定地基承载力。评定方法为：

（1）根据当地经验，直接取用 P_f 或 $(P_f - P_0)$ 作为地基承载力。

（2）根据当地经验，取 $(P_1 - P_0)$ 除以安全系数作为地基承载力。

根据旁压曲线（$P - V$曲线）的直线段斜率，可按下式计算旁压模量。

$$E_m = 2（1 + \mu）\left(V_c + \frac{V_0 + V_f}{2}\right)\frac{\Delta P}{\Delta V}$$

$$（8 - 20）$$

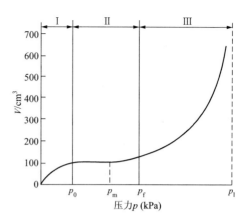

图 8 - 21　旁压试验 $P - V$ 曲线

式中　E_m——旁压模量（kPa）；

　　　μ——泊松比（碎石土取 0.27，砂土取 0.30，粉土取 0.35，粉质粘土取 0.38，粘土取 0.42）；

　　　V_c——旁压器量测腔初始固有体积（cm^3）；

　　　V_f——与临塑压力对应的体积（cm^3）；

　　　V_0——与初始压力对应的体积（cm^3）；

　　　$\dfrac{\Delta P}{\Delta V}$——旁压曲线直线段的斜率（kPa / cm^3）。

8.5.7　现场直接剪切试验

现场直接剪切试验的原理与室内直剪试验基本相同，由于试验岩土体远比室内试样大，且在现场进行，因此能把土体的非均质性及软弱面等对抗剪强度的影响更真实反映出来，试验成果更符合实际。适用于测求各类土以及岩土接触面或活动面的抗剪强度。通常本试验不应少于 3 处。

现场直接剪切试验可在试洞、试坑、探槽或大口径钻孔内进行。对于土体或软弱面，当剪切面水平或近于水平时，可采用平推法；对于混凝土和岩体，常采用斜推法；当软弱面倾角大于其内摩擦角时，可采用楔形体法。本节仅介绍平推法。

1. 试验的布置

试验在试坑内进行。试验重要设备有：装有压力表或测力计并经标定的卧式千斤顶；千斤顶前者的前枕木尺寸一般为 8cm × 32cm，厚约 5cm，千斤顶底座处的后枕木尺寸可稍大。钢材尺寸同枕木，厚度以加力后不变形为限。试验布置见图 8 - 22。

2. 试验的主要技术要求

（1）在试坑预定深度处将试验土体加工成三面垂直临空的半岛状，尺寸为：$H > 5$ 倍最大土粒径，$H/B = 1/3 \sim 1/4$，$L = （0.8 \sim 1.0）B$（H、B、L 分别为试体的高度、宽度和长度）。试体两侧各挖约 20cm 宽的小槽，槽中放置塑料布，其上用挖出的土回填并稍加夯实。

（2）千斤顶的着力点对准矩形试体面的 $1/3\ H$ 与 $1/2\ B$ 处。

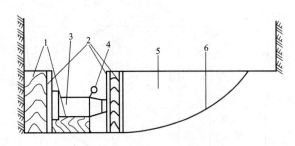

图 8 – 22　平推法试验布置

1—枕木；2—钢板；3—千斤顶；

4—压力表；5—试体；6—破坏滑面

（3）水平推力以每 15～20min 内水平位移约 4mm 的缓慢速度施加。当压力表读数开始下降时试体被剪坏，此时的压力表值即为最大推力 P_{max}。

（4）测定 P_{min} 值，其测定标准为下列之一：

1）千斤顶加压到 P_{max} 值后即停止加压，油压表读数后退所保持的稳定值；

2）试体刚开始出现裂缝时的压力表读数；

3）当千斤顶加压到 P_{max} 后，松开油阀，然后关上油阀重新加压，以其峰值作为 P_{min} 值。

（5）确定滑面位置，并量测滑面上各点的距离和高度，绘制滑面剖面图。当滑面位置难以确定时，可将剪坏后的试体反复加压、减压，以使剪坏与未剪坏的土体界限明显。

3. 试验成果分析

对实测的滑弧剖面按条分法计算 c、φ 值（图 8 – 23）：

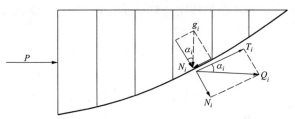

图 8 – 23　水平推挤法滑体剖面

$$c = \frac{P_{max} - P_{min}}{\sum\limits_{i=1}^{n} l_i} \qquad (8-21)$$

$$\tan\varphi = \frac{\dfrac{P_{max}}{G}\sum\limits_{i=1}^{n} g_i\cos\alpha_i - \sum\limits_{i=1}^{n} g_i\sin\alpha_i - c\sum\limits_{i=1}^{n} l_i}{\dfrac{P_{max}}{G}\sum\limits_{i=1}^{n} g_i\sin\alpha_i + \sum\limits_{i=1}^{n} g_i\cos\alpha_i} \qquad (8-22)$$

式中　　P_{max}——最大推力（kN）；

　　　　P_{min}——最小推力（即土的摩擦力）（kN）；

　　　　g_i——第 i 条块土重（kN）；

　　　　G——滑体的总重（kN）；

　　　　α_i——第 i 条块滑面与水平面夹角（°）；

　　　　l_i——第 i 条块滑弧长度（m）。

8.5.8　激振法测试

激振法测试可用于测定天然地基和人工地基的动力特性，为动力机器基础设计提供地基土的刚度、阻尼比和参振质量等动力参数。

激振法测试可分为强迫振动试验和自由振动试验。当设计周期性振动的动力机器基础时，应进行强迫振动试验测定地基土的动力参数；为冲击振动的机器基础设计测定地基土的动力参数时，可进行自由振动试验。有条件时，宜同时采用强迫振动和自由振动两种测试法。

1. 试验基本要求

（1）进行地基土的动力参数测试时，应收集机器性能、基础型式、基底标高以及地基土层的均匀性、地下有无空穴等资料。

（2）块体基础的尺寸宜采用 2.0m×1.5m×1.0m。在同一地层条件，宜采用两个块体基础进行对比试验，并应保持基底面积一致，其高度为 1.0m 及 1.5m。桩基试验应采用两根桩，桩间距取设计间距，桩台边至桩边缘的距离不应小于 25cm，桩台的长宽比为 2:1，高度可为 1.6m，进行不同桩数的对比试验。当增加桩数时，应相应增加桩台面积，块体及桩承台的混凝土强度等级不应低于 C15。

（3）试验块体应置于拟建基础附近，并应放在同一土层上，使其底面标高与拟建基础标高一致。

（4）试验块体可明置或埋置，一般作垂直振动试验、水平回转振动试验，必要时作扭转振动试验。

2. 试验基本方法

（1）垂直振动试验。可分为垂直强迫振动试验和垂直自由振动试验。

1）垂直强迫振动试验。垂直强迫振动试验时，旋转式激振器产生垂直方向的激振力，应该尽可能使激振力和基础重心及底面形心位于同一条直线上。经标定校准后的两台检波器布置在基础顶面沿长边方向轴线的两端（图 8-24）。

2）垂直自由振动试验。测垂直向自由振动时，可用自由下落冲击块体基础顶面的中心，实测基础的固有频率和最大振幅，试验重复 3～4 次。球的重量可取基础重量的 1/100～1/200（图 8-25）。

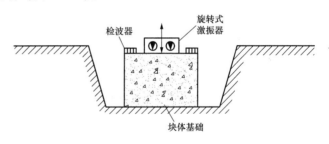

图 8-24　垂直强迫振动试验

（2）水平回转振动试验。此试验可分为水平回转自由振动试验和水平回转强迫振动试验。

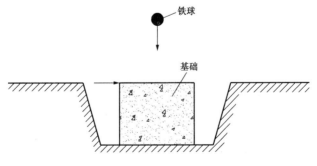

图 8-25　垂直自由振动试验

1）水平回转自由振动试验。进行水平回转自由振动试验时，可用木锤水平撞击块体基础侧面顶端，使基础产生水平回转振动，实测振动波形，试验重复 3～4 次（图 8-26）。

　　2）水平回转强迫振动试验。水平回转强迫振动试验时，旋转式激振器产生水平激振力。沿基础顶面轴线两端（与激振力方向相同）竖向、水平向各放置两台经标定校准后的检波器，并量出两台竖向检波器之间的距离（图 8-27）。

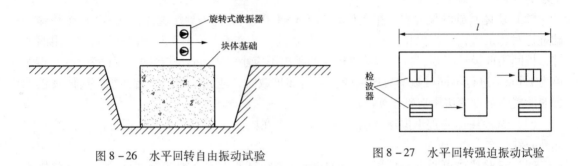

图 8-26　水平回转自由振动试验　　　　　图 8-27　水平回转强迫振动试验

　　3. 激振法测试成果

　　强迫振动测试结果经数据处理后可得到变扰力或常扰力的幅频响应曲线，根据幅频响应曲线上的共振频率和共振振幅可计算动力参数。自由振动测试结果为波形图，根据波形图上的振幅和周期数计算动力参数。具体计算方法和计算公式按现行国家标准《地基动力特性测试规范》（GB/T 50269—1997）的规定执行。

8.5.9　波速测试

　　波速测试就是测定土层中的压缩波、剪切波或瑞利波的波速，依据波速来计算岩土小应变的动弹性模量、动剪切模量和动泊松比；剪切波速也是划分建筑场地类别的重要依据。

　　《建筑抗震设计规范》（GB5 0011—2001）要求建筑场地类别应根据剪切波速和场地覆盖层的厚度来划分，并且对土层剪切波速的测量规定：① 在场地初步勘察阶段，对大面积的同一地质单元，测量土层剪切波速的钻孔数量，应为控制性钻孔数量的 1/3～1/5，山间河谷地区可适量减少，但不宜少于 3 个。② 在场地详细勘察阶段，对单幢建筑，测量土层剪切波速的钻孔数量不宜少于 2 个，数据变化较大时，可适当增加；对小区中处于同一地质单元的密集建筑群，测量土层剪切波速的钻孔数量可适当减少，但每栋高层建筑下不得少于 1 个；③ 对于丁类建筑及层数不超过 10 层且高度不超过 30m 的丙类建筑，当无实测剪切波速时，可根据当地建筑经验估计各土层的剪切波速。

　　波速测试可根据任务要求，采用单孔法（检层法）、跨孔法或面波法（图 8-28）。

　　根据《岩土工程勘察规范》（GB 50021—2001），波速测试技术要求应符合以下规定：

　　（1）对单孔法［图 8-28（a）］，要求测试孔垂直；将三分量检波器固定在孔内预定深度处，并紧贴孔壁；应结合土层布置测点，测点的垂直间距宜取 1～3m，层位变化处加密，并宜自下而上逐点测试。

　　（2）对跨孔法［图 8-28（b）］，要求振源孔和测试孔，布置在一条直线上；测试孔的孔距在土层中宜取 2～5m，在岩层上宜取 8～15m，测点垂直间距宜取 1～2m；近地表测点宜布置在 0.4 倍孔距的深度处。震源和检波器应置于同一地层的相同标高处。

　　对面波波速测试可采用稳态法［图 8-28（c）］或瞬态法，宜采用低频检波器。

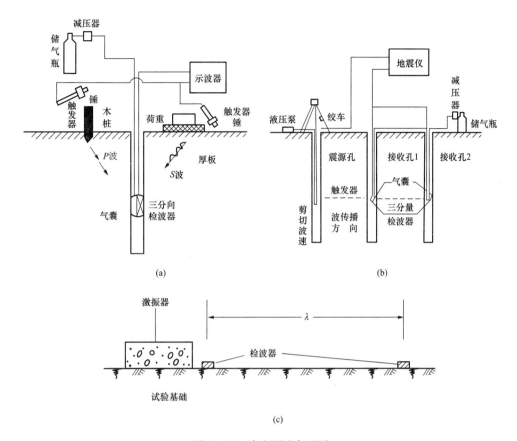

图 8-28 波速测试布置图

(a) 单孔法；(b) 跨孔法；(c) 稳态法

波速测试成果分析主要包括：在波形记录上识别压缩波和剪切波的初至时间；计算由振源到达测点的距离；根据波的传播时间和距离确定波速。

8.6 地基土的野外鉴别与描述

工程地质勘察的钻探法在钻进的过程中，必须随时做好钻孔记录，这是一项极其重要的工作。钻探记录应从钻机定位后由地表开钻到终孔为止，在整个钻探进行过程中同时完成。野外记录应由经过专业训练的人员承担；记录应真实及时，按钻进回次逐段填写，严禁事后追记。

8.6.1 地基土的野外鉴别

钻探现场的鉴定要求快速，以目测、手触方法为主。对碎石土和砂土的鉴别方法是利用日常熟悉的食品，如绿豆、小米、砂糖、玉米面的颗粒作为标准，进行对比鉴别，详见表 8-23。对粘性土与粉土是根据手搓滑腻感或砂粒感等感觉进行鉴别区分的（表 8-24）。

表 8 – 23　　　　　　　　　　　　碎石土和砂土的野外鉴别

岩性 鉴别特征	碎石土		砂土				
	卵石（碎石）	圆砾（角砾）	砾砂	粗砂	中砂	细砂	粉砂
颗粒粗细	一半以上颗粒接近或超过干枣大小（约20mm）	一半以上颗粒接近或超过绿豆大小（约2mm）	四分之一以上颗粒接近或超过绿豆大小	一半以上颗粒接近或超过小米粒大小	一半以上颗粒接近或超过砂糖	颗粒粗细类似粗玉米面	颗粒粗细类似细砂糖
干燥时的状态	完全分散	完全分散	完全分散	完全分散	基本分散	基本分散	颗粒部分分散、部分轻微胶结
湿润时用手拍后的状态	表面无变化	表面无变化	表面无变化	表面无变化	表面偶有水印	接近饱和时表面有水印	接近饱和时表面翻浆
湿土粘着状态	无粘着感	无粘着感	无粘着感	无粘着感	无粘着感	偶有轻微粘着感	偶有轻微粘着感

表 8 – 24　　　　　　　　　　　　粘性土与粉土的野外鉴别

岩性 鉴别特征	粘土	粉质粘土	粉土
用手捻摸的感觉	捻摸湿土有滑腻感觉，当水分较大时，极易粘手，感觉不到有颗粒的存在	仔细捻摸感觉到有少量的细颗粒，稍有滑腻，有粘滞感	感觉有细颗粒存在或感觉粗糙，有轻微黏滞感或无黏滞感
干燥时的状态	坚硬，用锤击才能打碎，不易击成粉末	用锤易击碎，用手难捏碎	用手很易捏碎
湿土搓条情况	能搓成小于 0.5mm 的土条（长度不短于手掌），手持一端不至于断裂	能搓成 0.5～2mm 的土条	能搓成 2～3mm 的土条
湿土粘着状态	湿土极易粘着物体，干燥后不易剥去，用水反复洗才能去掉	能粘着物体，干燥后容易剥掉	一般不粘着物体，干后一碰即掉
湿润时用刀切	切面非常光滑，刀面有粘腻的阻力	稍有光滑面，切面规则	无光滑面，切面比较粗糙

8.6.2　地基土的野外描述

在野外钻孔编录中，除了要记录钻孔的孔口标高、鉴定各土层的名称、埋藏深度以及地下水的初见水位和静止水位外，还需要对每一层土进行详细描述，作为评价各土层工程性质好坏的重要依据。描述内容如下：

1. 颜色

土的颜色取决于该土的矿物成分和含有的其他成分，描述时从色在前，主色在后。例如，褐红色，是以红色为主，带褐色。一般情况下，若土中含有大量有机质，则呈黑色，表明此土土质不良；若土中含有大量高岭土，则土呈白色；若土中含较多的氧化铁，则土呈红色或棕色。

2. 无粘性土的密实度

无粘性土的密实程度是评价无粘性土工程地质性质好坏的重要方面。无粘性土的密实程度除了根据现场原位测试结果进行定量评价外，根据《建筑工程地质钻探技术标准》（JGJ 87—1992）在野外可根据表 8 - 25 的鉴别方法进行描述。

表 8 - 25　　　　　　　　　碎石土、卵石土密实度野外鉴别方法

密实状态	天然陡坎或坑壁情况	骨架和充填物	挖掘情况	钻探情况	备注
密实	天然陡坎稳定，能陡立，坎下堆积物少；坑壁稳定，无掉块现象	骨架颗粒含量大于总重的70%，呈交错排列，连续紧密接触，空隙填满，坚硬密实，掏取大颗粒后填充物能成窝形，不易掉落	用锹挖掘困难，用撬棍方能松动，用手掏取大颗粒极困难	钻进极困难，冲击钻探时钻杆和吊锤跳动剧烈	① 密实程度按表列各项综合确定；② 本表不包含半胶结的碎石、卵石土；③ 本表未考虑风化和地下水的影响
中密	天然陡坎不能陡立或坎下有较多的堆积物，自然坡角大于颗粒的休止角	骨架颗粒含量占总重的70%，呈交错排列，大部分接触，疏密不均，孔隙填满，填充砂土时掏取大颗粒后填充物难成窝形	用锹可挖掘，用手可掏取大颗粒	钻进较困难，冲击钻探时钻杆和吊锤跳动不剧烈	
稍密	不能形成陡坎，自然坡角接近于颗粒的休止角，坑壁不能稳定，易发生坍塌	骨架颗粒含量小于总重的60%，排列混乱，大部分不接触，而被填充物包裹填充砂土时，掏取大颗粒后砂随即坍塌	用镐易刨开，手锤轻击即可部分塌落	钻进较容易，冲击钻探时，钻杆稍有跳动	

3. 粘性土的稠度

粘性土的稠度是决定粘性土工程性质好坏的重要因素。野外描述时可分成五种状态按表 8 - 26 进行。

表 8 - 26　　　　　　　　　粘性土状态的现场鉴别

稠度状态	粉质粘土	粘　　　土
坚硬	干硬，能掰开或捏成块，有棱角	干而坚硬，很难掰成块
硬塑	手捏感觉硬，不易变形，土块用力可打散成碎块；手按无指印	用力捏先裂成块后显柔性，手捏感觉干，不易变形；手按无指印
可塑	手按土易变形，有柔性，掰时似橡皮；能按成浅坑	手捏似橡皮有柔性；手按有指印
软塑	手捏很软，易变形，掰时似橡皮；用力不大就成坑	手捏很软，易变形，土块掰时似橡皮；用力不大就成坑
流塑	土柱不能自立，自行变形	土柱不能自立，自行变形

4. 湿度

在野外对砂土和粉土一般需要描述其湿度情况，具体的野外鉴别方法详见表 8 - 27 和表

8－28。

表 8－27   **粉土湿度的现场鉴别**

湿度	稍湿	湿	很湿
鉴别特征	土扰动后不易握成团，一摇即散	土扰动后能握成团，摇动时土表面稍出水，手中有湿印，用手捏水即吸回	用手摇动时有水流出，土体塌流呈扁圆形

表 8－28   **砂土湿度的现场鉴别**

湿度	稍湿	很湿	饱和
鉴别特征	呈松散状，用手握时感到湿、凉，放在纸上不会浸湿，加水时吸收很快	可以勉强握成团，放在手上有湿感、水印，放在纸上浸湿很快，加水时吸收得很慢	钻头上有水，放在手掌上水自由渗出

5. 包含物

土中含有非本层土成分的其他物质称为包含物。例如，炉渣、石灰渣、植物根、碎砖、有机质、氧化铁、贝壳等。有些地区的土层中含有形状不规则的钙质结核等。在野外描述中应说明含有物的大小和数量。

6. 其他

除上述几个方面描述之外，对不同类型的土还应在其他方面进行描述。

对碎石土要求描述的内容还应有：颗粒级配、颗粒形状、母岩成分、风化程度以及层理特征；

对砂土包括：颗粒级配、颗粒形状和矿物组成以及层理特征；

对粉土包括：颗粒级配以及层理特征；

对粘性土要求描述的内容包括：结构及层理特征。

钻探成果按照规定的分层记录表式（表 8－29）进行填写。岩土芯样作为文字记录的辅助资料应在一段时间内妥善保存，岩土芯样不仅对原始记录的检查核对是必要的，而且对施工开挖过程的资料核对，发生纠纷时的取证、仲裁，也有重要的价值。

表 8－29   **钻 孔 现 场 记 录 表 式**

_____工程钻探野外记录   全___页，第___页

钻孔（探井）编号：_____，孔口标高：_____m

工作地点：_____，钻机型号_____

钻孔口径：开孔_____m，终孔_____m

孔位坐标：X _____m，Y _____m

地下水位：初见_____m，静止_____m

时间：自_____年_____月_____日起至_____年_____月_____日止

回次	进尺/m		地层名称	地层描述							土样				原位测试类型及成果	钻进过程情况记录
	自	止		颜色	状态	密度	湿度	成分及其他	钻头	套管	编号	取样深度	取土器型号	回收率		

钻探单位_____ 钻探机长_____ 钻探班长_____ 记录员_____

8.7　工程地质勘察成果报告

工程地质勘察的最终成果是勘察报告书。当现场勘察工作（如调查、勘探、测试等）和室内试验完成后，应对各种原始资料进行整理、检查、分析、鉴定，然后编制成工程地质勘察报告，提供给设计和施工单位使用，并作为技术文件存档长期保存。

工程地质勘察报告应资料完整、真实准确、数据无误、图表清晰、结论有据、建议合理、便于使用和适宜长期保存，并应因地制宜，重点突出，有明确的工程针对性。

工程地质勘察报告的内容，应根据任务要求、勘察阶段、地质条件、工程特点等具体情况编写，通常包括文字部分和图表部分。

8.7.1　勘察报告文字部分

文字部分主要包括以下内容：

（1）拟建工程概况。

（2）勘察目的、任务要求和依据的技术标准。

（3）勘察方法和勘察工作布置。

（4）场地地形、地貌、地质构造、不良地质作用的描述和对工程危害程度评价及地震基本烈度等。

（5）场地稳定性和适宜性的评价。

（6）地层岩性描述。包括地层形成地质年代、成因、颜色、密度、湿度、物理状态、层厚等；

（7）根据各层岩土原位测试成果、室内土工试验指标以及现场的鉴定，进行综合分析，提出地基承载力的建议值并对地基压缩性进行评价。

（8）地下水埋藏情况、类型、水位及其变化以及场地地下水对建筑材料的腐蚀性评价。

（9）对岩土利用、整治和改造的方案进行分析论证，提出建议。

（10）对工程施工和使用期间可能发生的岩土工程问题进行预测，提出监控和预防措施的建议。

除上述内容外，工程地质勘察报告尚应对岩土利用、整治和改造方案进行分析论证，提出建议；对工程施工和使用期间可能发生的岩土工程问题进行预测，提出监控和预防措施的建议。对岩土的利用、整治和改造的建议，宜进行不同方案的技术经济论证，并提出对设计、施工和现场监测要求的建议。

8.7.2　勘察报告图表部分

工程地质勘察报告中所附图表的种类应根据工程具体情况而言，常用的图表有：勘探点平面布置图、工程地质剖面图、钻孔柱状图、室内土的物理力学性质试验总表、地下水水质分析试验表。根据工程情况，需要时尚可提供工程地质柱状图，综合工程地质图、综合地质柱状图、地下水等水位线图、素描、照片、综合分析图表以及岩土利用、整治和改造方案的有关图表、岩土工程计算简图及计算成果图表等。

1. 勘探点平面布置图

勘探点平面布置图是在建筑场地地形图上，把建筑物的位置、各类勘探及测试点的位置、编号用不同的图例表示出来，并注明各勘探、测试点的标高、深度、剖面线及其编号等（图 8－29）。

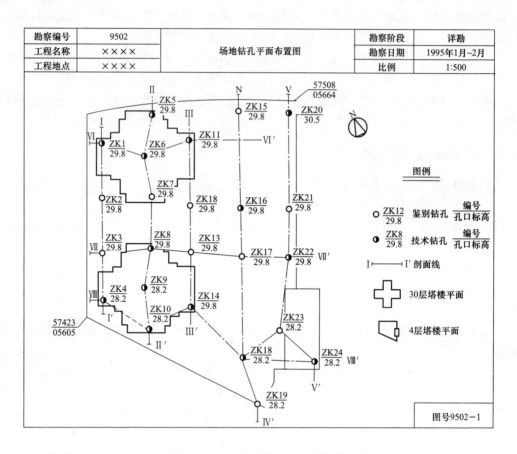

图 8－29　某场地钻孔平面布置图

2. 钻孔柱状图

钻孔柱状图是根据钻孔的现场记录整理出来的。记录中除注明钻进的工具、方法和具体事项外，其主要内容是关于地基土层的分布（层面深度、分层厚度）和地层的名称及特征的描述。绘制柱状图时，应从上而下对地层进行编号和描述，并用一定的比例尺、图例和符号表示。在柱状图中还应标出取土深度、地下水位高度等资料（图 8－30）。

3. 工程地质剖面图

柱状图只反映场地某勘探点处地层的竖向分布情况，工程地质剖面图则反映某一勘探线上地层沿竖向和水平向的分布情况（图 8－31）。由于勘探线的布置常与主要地貌单元或地质构造轴线垂直，或与建筑物的轴线相一致，故工程地质剖面图能最有效地表示场地工程地质条件。

勘察编号	9502				钻　孔　柱　状　图		孔口标高		29.8m
工程名称	×　×　×						地下水位		27.6m
钻孔编号	ZK1						钻探日期		1995. 5. 6
							原位测试		土样
层序	地质年代	地层名称	层底深度/m	层厚/m	图例	岩性描述	试验深度(m)	实际击数 / 校正击数	编号 / 取样深度/m
①	Q_4^{ml}	填土	3.0	3.0	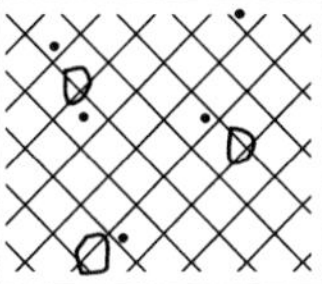	杂色、松散，内有碎砖、瓦片、混凝土块、粗砂及粘性土			
②	Q_3^{al}	粘土	10.7	7.7	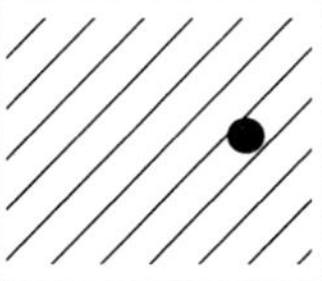	黄褐色，可塑、具粘滑感，上部颜色稍深，底部含较多粗颗粒			ZK1－1 / 9.8－10
③	Q_2^{al}	砾石	14.3	3.6		土黄色，松散，上部以砾砂为主，含泥量较大，下部颗粒变粗	10.85～11.15	31 / 25.7	
④	Q_1^{el}	粉质粘土	27.3	13.0	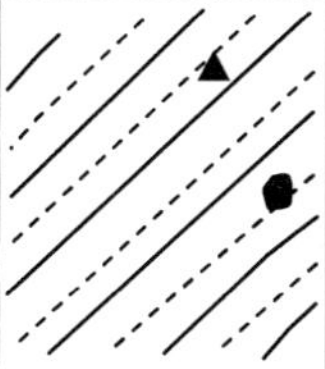	黄褐色带白色斑点，为花岗岩风化产物，坚硬－硬塑，土中含较多粗石英粒	17.55～20.85	42 / 29.8	ZK1－2 / 20.2－20.4
⑥	γ_s^3	花岗岩	32.4	5.1	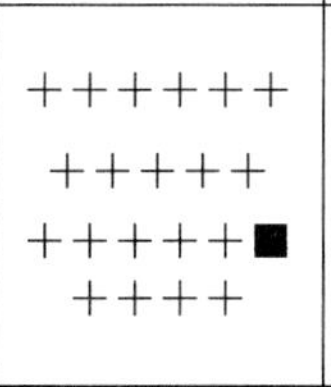	灰白色－肉红色，粗粒结晶，中等－微风化，岩质坚硬、性脆，可见主要矿物成分有长石、石英、黑云母、角闪石			ZK1－3 / 31.2－31.03

注：●土样　▲标贯试验　■岩样　△圆锥动力触探

制图＿＿＿＿＿＿　　校对＿＿＿＿＿＿

图 8－30　某场地钻孔柱状图

工程地质剖面图绘制时，首先将勘探线的地形剖面线画出，标出勘探线上各钻孔中的地层层面，然后在钻孔的两侧分别标出层面的高程和深度，再将相邻钻孔中相同土层分界点以直线相连。

当某地层在邻近钻孔中缺失时，该层可假定于相邻两孔中间尖灭。剖面图中的垂直距离和水平距离可采用不同的比例尺。在柱状图和剖面图上也可同时附上土的主要物理力学性质指标及某些试验曲线，如静力触探、动力触探或标准贯入试验曲线等。

当任务需要时，还可根据任务要求提交下列专题报告：岩土工程测试报告，岩土工程检验或监测报告、岩土工程事故调查与分析报告、岩土利用、整治或改造方法报告等。

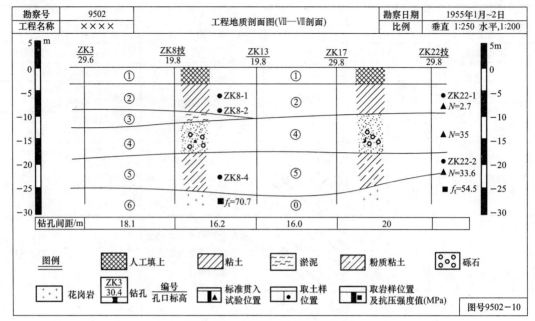

图 8-31　某场地工程地质剖面图

对丙级岩土工程勘察的报告可适当简化，采用以图表为主，辅以必要的文字说明；对甲级岩土工程勘察的报告除应符合上述要求外，尚可对专门性的岩土工程问题提交专门的试验报告，研究报告或监测报告。

8.8　现场检验与监测

8.8.1　地基基础检验和监测

1. 天然地基基坑检验

天然地基基坑（基槽）检验（又称验槽），是建筑施工第一阶段基槽开挖后的重要工序，也是勘察工作的最后一个环节。当施工单位将基槽开挖完毕后，由勘察、设计、施工和使用单位四方面技术负责人共同到施工现场进行验槽。

（1）验槽的目的。

1）检验有限的钻孔与实际全面开挖的地基是否一致，勘察报告的结论与建议是否准确。

2）根据基槽开挖实际情况，研究解决新发现的问题和勘查报告遗留的问题。

（2）验槽的基本内容。

1）核对基槽开挖平面位置和槽底标高是否与勘察、设计要求相符。

2）检验槽底持力层土质与勘探是否相符，参加验槽人员需沿槽底依次逐段检验。

3）当基槽土质显著不均匀或局部有古井、坟穴时，可用钎探查明平面范围与深度。

4）研究决定地基基础方案是否有必要修改或作局部处理。

（3）验槽的方法。

验槽的方法以肉眼观察或使用袖珍贯入仪等简便易行的方法为主，必要时可辅以夯、拍或轻便勘探。

1）观察验槽应重点注意柱基、墙角、承重墙下受力较大的部位。仔细观察基底土的结构、孔隙、湿度及含有物等，并与勘察资料相比较，确定是否已挖到设计土层。对于可疑之处应局部下挖检查。

2）用木夯、蛙式打夯机或其他施工机具对干燥的基坑进行夯、拍（对潮湿和软土地基不宜夯、拍以免破坏基底土层），从夯、拍声音判断土中是否存在土洞或墓穴。对可疑迹象用轻便触探仪进一步调查。

3）用钎探、轻便动力触探、手持式螺旋钻、洛阳铲等对地基主要受力层范围的土层进行勘探，或对上述观察、夯或拍发现异常情况进行探查。

2. 基坑工程监测

目前基坑工程的设计计算，还不能十分准确，无论计算模式还是计算参数，常常和实际情况不一致。为了保证工程安全，监测是非常必要的。通过对监测数据的分析，必要时可调整施工程序，调整设计方案。遇有紧急情况时，应及时发出警报，以便采取应急措施。

从保证基坑安全的角度出发，基坑工程监测方案，应根据场地条件和开挖之后的施工设计确定，主要包括下列内容：

（1）支护结构的变形。

（2）基坑周边的地面变形。

（3）邻近工程和地下设施的变形。

（4）地下水位。

（5）渗漏、冒水、冲刷、管涌等情况。

3. 沉降观测

建筑物沉降观测能反映地基的实际变形对建筑物影响程度，是分析地基事故及判别施工质量的重要依据，也是检验勘察资料的可靠性，验证理论计算正确性的重要资料，《岩土工程勘察规范》（GB 50021—2001）规定，下列建筑物应进行沉降观测。

（1）地基基础设计等级为甲级的建筑物。

（2）不均匀地基或软弱地基上的乙级建筑物。

（3）加层、接建、邻近开挖、堆载等，使地基应力发生显著变化的工程。

（4）因抽水等原因，地下水位发生急剧变化的工程。

（5）其他有关规范规定需要做沉降观测的工程。

建筑物沉降观测试验应注意以下几个要点：

（1）基准基点的设置以保证其稳定可靠为原则，故宜布置在基岩上，或设置在压缩性较低的土层上。水准基点的位置宜靠近观测对象，但必须在建筑物所产生压力影响范围以外。在一个观测区内，水准基点不应少于 3 个。

（2）观测点的布置应全面反映建筑物的变形并结合地质情况确定，数量不宜少于 6 个。

（3）水准测量宜采用精密水准仪和铟钢尺。对于一个观测对象宜固定测量工作，固定人员，观测前仪器必须严格校验。测量精度宜采用 II 级水准测量，视线长度宜为 20～30m，视线高度不宜低于 0.3m。水准测量应采用闭合法。

另外，观测时应随时记录气象资料。观测次数和时间，应根据具体情况确定。一般情况下，民用建筑每施工完一层应观测一次；工业建筑按不同荷载阶段分次观测，但施工阶段的观测次数不应少于 4 次。建筑物竣工后的观测，第一年不少于 3 ~ 5 次，第二年不少于 2 次，以后每年一次直到沉降稳定为止。对于突然发生严重裂缝或大量沉降等特殊情况时，应增加观测次数。

8.8.2 不良地质作用和地质灾害的监测

根据《岩土工程勘察规范》（GB 50021—2001）规定，不良地质作用和地质灾害的监测，应根据场地及其附近的地质条件和工程实际需要编制监测纲要，按纲要进行。纲要内容包括：监测目的和要求、监测项目、测点布置、观测时间间隔和期限、观测仪器、方法和精度、应提交的数据、图件等，并及时提出灾害预报和采取措施的建议。

对下列情况应进行不良地质作用和地质灾害的监测：

（1）场地及其附近有不良地质作用或地质灾害，并可能危及工程的安全或正常使用时。

（2）工程建设和运行，可能加速不良地质作用的发展或引发地质灾害时。

（3）工程建设和运行，对附近环境可能产生显著不良影响时。

岩溶对工程的最大危害是土洞和塌陷。而土洞和塌陷的发生和发展又与地下水的运动密切相关，特别是人工抽取地下水，使地下水位急剧下降时，常引发大面积的地面塌陷。

岩溶土洞发育区应着重监测下列内容：

（1）地面变形。

（2）地下水位的动态变化。

（3）场区及其附近的抽水情况。

（4）地下水位变化对土洞发育和塌陷发生的影响。

滑坡监测应包括下列内容：

（1）滑坡体的位移。

（2）滑面位置及错动。

（3）滑坡裂缝的发生和发展。

（4）滑坡体内外地下水位、流向、泉水流量和滑动带孔隙水压力。

（5）支挡结构及其他工程设施的位移、变形、裂缝的发生和发展。

8.8.3 地下水的监测

地下水的动态变化，包括水位的季节变化和多年变化，人为因素造成的地下水的变化，水中化学成分的运移等，对工程的安全和环境的保护，常常是最重要最关键的因素。因此，对地下水进行监测有重要的实际意义。《岩土工程勘察规范》（GB 50021—2001）规定，下列情况应进行地下水监测：

（1）地下水位升降影响岩土稳定时。

（2）地下水位上升产生浮托力对地下室或地下构筑物的防潮、防水或稳定性产生较大影响时。

（3）施工降水对拟建工程或相邻工程有较大影响时。

（4）施工或环境条件改变，造成的孔隙水压力、地下水压力变化，对工程设计或施工有较大影响时。

（5）地下水位的下降造成区域性地面沉降时。

（6）地下水位升降可能使岩土产生软化、湿陷、胀缩时。

（7）需要进行污染物运移对环境影响的评价时。

地下水位的监测一般可设置专门的地下水位观测孔，或利用水井、地下水天然露头进行；监测工作布置，可根据监测目的、场地条件、工程要求以及水文地质条件等进行确定，孔隙水压力和地下水压力的监测应特别注意设备的埋设和保护，建立长期良好而稳定的工作状态。水质监测每年不少于四次，原则上可以每季度一次。

思 考 题

8-1　工程地质勘察目的及任务是什么？

8-2　工程地质勘察分为哪几个等级？划分依据是什么？

8-3　工程地质勘察分为哪几个阶段？每个阶段工作要求如何？

8-4　常用工程地质勘察的手段有哪些？

8-5　常用工程地质原位测试方法有哪些？

8-6　如何进行地基土的野外鉴别和描述？

8-7　工程地质勘察报告应包括哪些内容？

8-8　天然地基基坑检验目的、内容及方法分别是什么？

8-9　基坑工程监测主要包括哪些内容？

参 考 文 献

[1] 郭抗美，王健. 土木工程地质［M］. 北京：北京机械工业出版社，2005.

[2] 齐丽云，徐秀华. 工程地质［M］. 北京：北京人民交通出版社，2002.

[3] 韩晓雷. 工程地质学原理［M］. 北京：北京机械工业出版社，2003.

[4] 孔宪立，石振明. 工程地质学［M］. 北京：中国建筑工业出版社，2001.

[5] 戴文亭. 土木工程地质［M］. 武汉：武汉华中科技大学出版社，2008.

[6] 陈洪江. 土木工程地质［M］. 北京：北京中国建材工业出版社，2005.

[7] 路凤香，桑隆康. 岩石学［M］. 北京：地质出版社，2004.

[8] 潘兆橹. 结晶学及矿物学［M］. 北京：地质出版社，1994.

[9] 陈武，李寿元. 矿物学导论［M］. 北京：地质出版社，1985.

[10] 刘春原. 工程地质学［M］. 北京：中国建材工业出版社，2000.

[11] 孙家齐. 工程地质［M］. 2 版. 武汉：武汉理工大学出版社，2003.

[12] 罗固源，孔思丽. 工程地质学［M］. 重庆：重庆大学出版社，2001.

[13] 陈晓平，陈书申. 土力学与地基基础［M］. 武汉：武汉理工大学出版社，2006.

[14] 许兆义，王连俊、杨成永. 工程地质基础［M］. 北京：中国铁道出版社，2003.

[15] 东南大学，浙江大学，等. 土力学［M］. 北京：中国建筑工业出版社，2001.

[16] 张咸恭，王思敬，李智毅. 工程地质学概论［M］. 北京：地震出版社，2005.

[17] 郭抗美. 工程地质学［M］. 北京：中国建材工业出版社，2006.

[18] 刘佑荣，唐辉明. 岩浆力学［M］. 武汉：中国地质大学出版社，1999.

[19] 白云峰. 工程地质［M］. 郑州：郑州大学出版社，2007.

[20] 陈仲颐，周景星，王洪瑾. 土力学. 北京：清华大学出版社，1994.

[21]《工程地质手册》编委会. 工程地质手册［M］. 4 版. 北京：中国建筑工业出版社，2007.

[22] 张咸恭，王思敬，张倬元. 中国工程地质学［M］. 北京：科学出版社，2000.

[23] 任宝玲. 工程地质［M］. 北京：人民交通出版社，2008.

[24] 胡厚田，白志勇. 土木工程地质［M］. 北京，高等教育出版社，2008.

[25] 李智毅，杨裕云. 工程地质学概论［M］. 武汉：中国地质大学出版社，1996.

[26] 岩土工程手册编写委员会. 岩土工程手册［M］. 北京：中国建筑工业出版社，1994.